"十四五"职业教育国家规划教材

# 焊接方法与设备

邱葭菲 主编　　王瑞权 邱玮杰 副主编

第三版

化学工业出版社

·北京·

## 内 容 简 介

《焊接方法与设备》系统地讲述了各种常用焊接方法的原理、特点、焊接材料、设备及工艺等知识，并对气割、等离子弧切割等切割方法与技术及焊接方法的新发展作了介绍。全书共分九个单元，包括：焊接方法概述，焊条电弧焊，埋弧焊，熔化极气体保护焊，钨极惰性气体保护焊（TIG 焊），气焊与气割，等离子弧焊及切割，电阻焊和其他焊接、切割方法与工艺。本教材在编写中，力求体现"以就业为导向，突出职业能力培养"的精神，教材内容与国家职业技能标准和 1＋X 考证标准有机衔接，实现了理论与实践相结合，以满足"教、学、做合一"的教学需要。本教材体系新、实用性强，每单元都安排有生产实际中的焊接实例。教材单元部分增加了"焊接榜样"栏目，注重弘扬爱国主义精神、科学家精神、工匠精神，发挥榜样示范引领作用。

本书为高职院校智能焊接技术及相关专业教材，也可作为各类成人教育、中等职业学校焊接专业教材或培训用书，还可供从事焊接工作的工程技术人员参考。

**图书在版编目（CIP）数据**

焊接方法与设备/邱葭菲主编． —3 版． —北京：化学工业出版社，2021.5（2025.2 重印）
"十二五"职业教育国家规划教材． 经全国职业教育教材审定委员会审定
ISBN 978-7-122-38705-9

Ⅰ．①焊…　Ⅱ．①邱…　Ⅲ．①焊接工艺-高等职业教育-教材②焊接设备-高等职业教育-教材　Ⅳ．①TG4

中国版本图书馆 CIP 数据核字（2021）第 043768 号

---

责任编辑：韩庆利　　　　　　　　　　　装帧设计：刘丽华
责任校对：王鹏飞

---

出版发行：化学工业出版社（北京市东城区青年湖南街 13 号　邮政编码 100011）
印　　装：北京天宇星印刷厂
787mm×1092mm　1/16　印张 14　字数 324 千字　2025 年 2 月北京第 3 版第 7 次印刷

---

购书咨询：010-64518888　　　　　　　　售后服务：010-64518899
网　　址：http://www.cip.com.cn
凡购买本书，如有缺损质量问题，本社销售中心负责调换。

---

定　价：42.00 元

# 第三版前言

本书是根据国务院《国家职业教育改革实施方案》和教育部《职业院校教材管理办法》文件精神，同时参考《焊工国家职业技能标准》及特殊焊接技术 1＋X 职业技能等级标准书证融通要求编写而成。

本书具有以下特色：

1. 体现科学性和职业性。本书以焊接方法实施（应用）过程为导向，体现校企合作、工学结合的职业教育理念，体现"以就业为导向，突出职业能力培养"精神，教材内容反映职业岗位能力要求、与焊工国家职业技能标准及特殊焊接技术 1＋X 职业技能等级标准有效衔接，实现理论与实践相结合，以满足"教、学、做合一"的教学需要。

2. 体现应用性和实用性。教材内容以应用性和实用性为原则选取。通过"增"（即增加生产中常用的"新"知识），"删"（即删除偏难的、过时的、"纯"理论知识），"移"（即根据学生认知特点调整内容顺序）三原则，使教学内容与生产实际零距离，教学过程与生产过程有机对接。

3. 注重先进性和创新性。教材编写注重知识的先进性，体现焊接新技术、新工艺、新方法、新标准，使学生在第一时间学习到新知识、新技术、新技能，以适应职业和岗位的变化，有利于提高学生可持续发展能力和职业迁移能力。

4. 本书深入贯彻党的二十大精神进教材要求，弘扬爱国主义精神、科学家精神、工匠精神，发挥榜样示范引领作用，教材单元增加了"焊接榜样"栏目，介绍焊接科学家和焊接大国工匠等事迹，有利于培养学生爱党、爱国、爱岗、敬业等精神，达到既教书又育人目的。教材将特殊焊接技术 1＋X 职业技能等级标准的知识、技能、素质要求较好地"融"入教材对应的模块中，实现了书证融通与课证融通。同时每个模块都有"特殊焊接技术 1＋X 职业技能等级证书考证训练题库"以方便特殊焊接技术 1＋X 职业技能等级证书考证。

5. 教材体系与模式新。教材采用单元-模块式结构形式，全书共分为九个单元，每个单元按照"认识焊接方法—设备及工具—焊接材料—焊接工艺—工程应用实例—特殊焊接技术 1＋X 职业技能等级证书考证训练题库"等编写。书中对易混淆、难理解的知识点用"师傅点拨""小提示"等栏目加以提醒（示）。通过提供焊接经验公式以解决参数不会选或选用不准的问题。采用"纸质教材＋数字课程"形式，通过扫描二维码可观看视频、微课、动画等数字资源以方便学习。留白编排方式新颖。

6. 校企互补编审团队。本教材简明扼要，条理清晰，层次分明，图文并茂，通俗易懂。为使教学内容更贴近生产实际，更具有针对性，本书特邀了部分生产一线的工程技术人员和能工巧匠参加了编审稿工作。

本书由浙江机电职业技术大学邱葭菲任主编，浙江机电职业技术大学王瑞权和杭州科技职业技术学院邱玮杰任副主编，湖南机电职业技术学院易传佩，浙江机电职业技术大学张伟、冯秋红及杭州杭氧换热设备有限公司宋中海参加编写。全书由邱葭菲统稿，周正强、申文志审稿。

本书在编写过程中，参阅了大量的国内外出版的有关教材和资料，充分吸收了国内多所职业院校近年来的教学改革经验，得到了许多专家及能工巧匠，如蔡秋衡、廖凤生、谢长林、蔡郴英等的支持和帮助，在此一并致谢。

由于编者水平有限，书中难免有疏漏，恳请有关专家和广大读者批评指正。

编　者

# 目录

# 第一单元

## 焊接方法概述

## 模块一 认识焊接及焊接方法

### 一、焊接及其本质

在金属结构和机器的制造中，经常需要将两个或两个以上的零件按一定形式和位置连接起来。通常可以根据这些连接方法的特点，将其分为两大类：一类是可拆卸的连接方法，即不必毁坏零件就可以拆卸，如螺栓连接、键连接等，如图1-1所示；另一类是永久性连接方法，其拆卸只有在毁坏零件后才能实现，如铆接、焊接等，如图1-2所示。

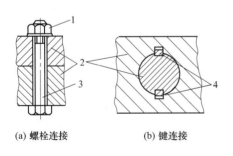

(a) 螺栓连接　　(b) 键连接

图 1-1　可拆卸连接

1—螺母；2—零件；3—螺栓；4—键

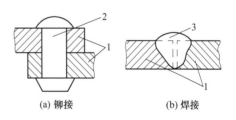

(a) 铆接　　(b) 焊接

图 1-2　永久性连接

1—零件；2—铆钉；3—焊缝

焊接就是通过加热或加压，或两者并用，用或不用填充材料，使焊件达到结合的一种加工工艺方法。

由此可见，焊接最本质的特点就是通过焊接使焊件达到结合，从而将原来分开的物体形成永久性连接的整体。要使两部分金属材料达到永久连接的目的，就必须使分离的金属相互非常接近，使之产生足够大的结合力，才能形成牢固的接头。这对液体来说是很容易的，而对固体来说则比较困难，需要外部给予很大的能量如电能、化学能、机械能、光能等，这就是金属焊接时必须采用加热、加压或两者并用的原因。

> **小提示**
>
> 焊接不仅可以连接金属材料，而且也可以实现某些非金属材料的永久性连接，如玻璃焊接、陶瓷焊接、塑料焊接等。在工业生产中焊接方法主要用于金属的连接。

### 二、焊接方法分类

按照焊接过程中金属所处的状态不同，可以把焊接方法分为熔焊、压焊和钎焊三类。焊接方法的分类如图 1-3 所示。

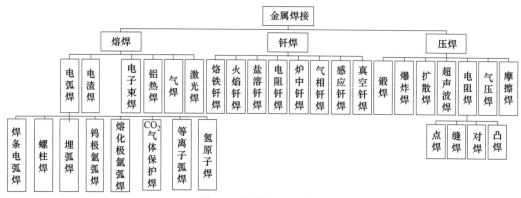

图 1-3　焊接方法的分类

#### 1. 熔焊

熔焊是在焊接过程中，将焊件接头加热至熔化状态，不加压力完成焊接的方法。在加热的条件下，当被焊金属加热至熔化状态形成液态熔池时，原子之间可以充分扩散和紧密接触，因此冷却凝固后，可形成牢固的焊接接头。常见的气焊、焊条电弧焊、电渣焊、气体保护电弧焊等都属于熔焊的方法。

#### 2. 压焊

压焊是在焊接过程中，必须对焊件施加压力（加热或不加热），以完成焊接的方法。这类焊接有两种形式：一是将被焊金属接触部分加热至塑性状态或局部熔化状态，然后加一定的压力，以使金属原子间相互结合而形成牢固的焊接接头，如锻焊、电阻焊、摩擦焊和气压焊等；二是不进行加热，仅在被焊金属的接触面上施加足够大的压力，借助于压力所引起的塑性变形，而使原子间相互接近直至获得牢固的压挤接头，如冷压焊、爆炸焊等均属此类。

#### 3. 钎焊

钎焊是采用比母材熔点低的金属材料作钎料，将焊件和钎料加热到高于钎料熔点，低于母材熔点的温度，利用液态钎料润湿母材，填充接头间隙并与母材相互扩散实现连接焊件的方法。常见的钎焊方法有烙铁钎焊、火焰钎焊等。

熔焊、压焊和钎焊三类焊接方法的对比如图 1-4 所示。常用焊接方法如图 1-5 所示。

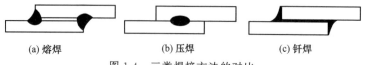

(a) 熔焊　　　　　　(b) 压焊　　　　　　(c) 钎焊

图 1-4　三类焊接方法的对比

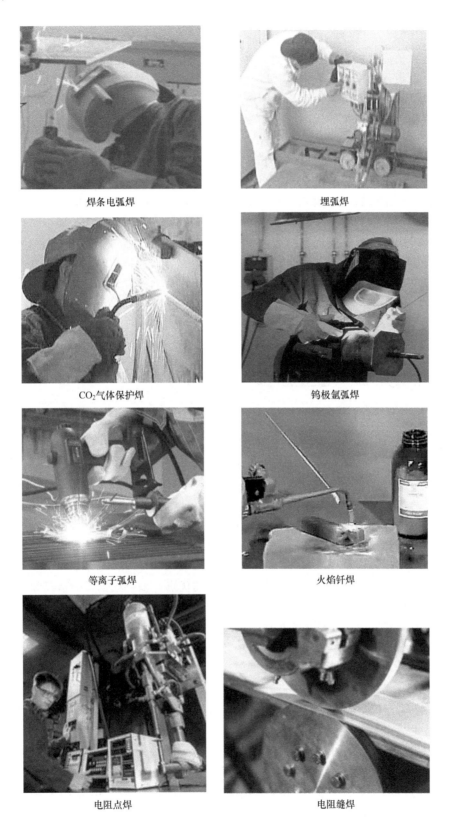

焊条电弧焊

埋弧焊

$CO_2$气体保护焊

钨极氩弧焊

等离子弧焊

火焰钎焊

电阻点焊

电阻缝焊

图 1-5　常用焊接方法

## 三、焊接方法特点

焊接是目前应用极为广泛的一种永久性连接方法。焊接在许多工业部门的金属结构中，几乎全部取代了铆接；在机械制造业中，不少过去一直用整铸、整锻方法生产的大型毛坯也改成了焊接结构，大大简化了生产工艺，降低了成本。目前世界各国年平均生产的焊接结构用钢已占钢产量的45%左右，焊接方法之所以能迅速地发展，是因为它本身具有一系列优点。

(1) 焊接与铆接相比，首先可以节省大量金属材料，减轻结构的重量。例如起重机采用焊接结构，其重量可以减轻15%～20%，建筑钢结构可以减轻10%～20%。其原因在于焊接结构不必钻铆钉孔，材料截面能得到充分利用，也不需要辅助材料，如图1-6所示。其次简化加工与装配工序，焊接结构生产不需钻孔，划线的工作量较少，因此劳动生产率高。另外焊接设备一般也比铆接生产所需的大型设备（如多头钻床等）的投资低。焊接结构还具有比铆接结构更好的密封性，这是压力容器特别是高温、高压容器不可缺少的性能。焊接生产与铆接生产相比还具有劳动强度低，劳动条件好等优点。

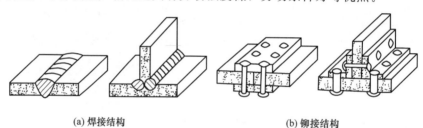

(a) 焊接结构                    (b) 铆接结构

图1-6    焊接与铆接比较

(2) 焊接与铸造相比，首先它不需要制作木模和砂型，也不需要专门熔炼、浇铸，工序简单，生产周期短，对于单件和小批生产特别明显。其次，焊接结构比铸件能节省材料。通常，其重量比铸钢件轻20%～30%，比铸铁件轻50%～60%，这是因为焊接结构的截面可以按需要来选取，不必像铸件那样因受工艺条件的限制而加大尺寸，且不需要采用过多的肋板和过大的圆角。最后，采用轧制材料的焊接结构材质一般比铸件好。即使不用轧制材料，用小铸件拼焊成大件，小铸件的质量也比大铸件容易保证。

(3) 焊接具有一些用别的工艺方法难以达到的优点，如可根据受力情况和工作环境在不同的部位选用不同强度和不同耐磨、耐腐蚀、耐高温等性能的材料。

焊接也有一些缺点：如产生焊接应力与变形，而焊接应力会削弱结构的承载能力，焊接变形会影响结构形状和尺寸精度。焊缝中还会存在一定数量的缺陷，焊接中还会产生有毒有害的物质等。这些都是焊接过程中需要注意的问题。

## 四、焊接方法发展概况

我国是世界上较早应用焊接方法的国家之一。古书上有这样的记载："凡钎铁之法……小钎用白铜末，大钎则竭力挥槌而强合之……"。这说明当时我国已掌握了用铜钎接和锻焊方法来连接铁类金属的技术，这也说明我国是一个具有悠久的焊接历史的国家。

近代焊接技术，是从1885年出现碳弧焊开始，直到20世纪40年代才形成较完整的焊接工艺方法体系。特别是20世纪40年代初期出现了优质电焊条后，焊接技术得到了一次飞跃。

笔记

现在世界上已有 50 余种焊接工艺方法应用于生产中,随着科学技术的不断发展,特别是计算机技术的应用与推广,使焊接技术特别是焊接自动化技术达到了一个崭新的阶段。各种新工艺方法,如多丝埋弧焊(图 1-7)、窄间隙气体保护全位置焊、水下二氧化碳半自动焊、全位置脉冲等离子弧焊、异种金属的摩擦焊和数控切割设备及焊接机器人(图 1-8)等,已广泛应用于船舶、车辆、航空、锅炉、电机、冶炼设备、石油化工机械、矿山机械、起重机械、建筑及国防等各个工业部门,并成功地完成了不少重大产品的焊接,

图 1-7 多丝埋弧焊焊接厚壁压力容器

图 1-8 焊接机器人应用于汽车制造

📝 笔 记

如 12000t 水压机、直径 15.7m 的大型球形容器、万吨级远洋考察船"远望号"、世界最大最重的三峡电机定子座（直径 22m、重量 832t，见图 1-9）以及核反应堆、人造卫星、神舟系列太空飞船（图 1-10）、世界第一穹顶的北京国家大剧院、长江芜湖大桥 2008 北京奥运会主体育场"鸟巢"（图 1-11）等尖端产品。焊接方法的发展简史见表 1-1。

图 1-9　世界最大最重的三峡电机定子座

📝 笔 记

(a) 神舟5号

(b) 神舟3号

图 1-10　神舟系列太空飞船

图 1-11 2008 北京奥运会主体育场"鸟巢"

表 1-1 焊接方法的发展简史

| 焊接方法 | 英文缩写 | 发明国 | 发明年份 |
|---|---|---|---|
| 电阻焊 | RW | 美国 | 1886—1900 |
| 氧炔气焊 | OAW | 法国 | 1900 |
| 铝热焊 | TW | 德国 | 1900 |
| 焊条电弧焊 | MMA,SMAW | 瑞典 | 1907 |
| 电渣焊 | ESW | 俄国,苏联 | 1908—1950 |
| 等离子弧焊 | PAW | 德国,美国 | 1909—1953 |
| 钨极惰性气体保护焊 | TIG,GTAW | 美国 | 1920—1941 |
| 药芯焊丝电弧焊 | FCAW | 美国 | 1926 |
| 螺柱焊 | SW | 美国 | 1930 |
| 熔化极惰性气体保护焊 | MIG,GMAW | 美国 | 1930—1948 |
| 埋弧焊 | SAW | 美国 | 1930 |
| $CO_2$ 气体保护焊 | MAG,CMAW | 苏联 | 1953 |
| 电子束焊 | EBW | 苏联 | 1956 |
| 激光束焊 | LBW | 英国 | 1970 |
| 搅拌摩擦焊 | FSW | 英国 | 1991 |

 笔记

## 五、焊接方法的新发展

随着工业和科学技术的发展，焊接方法也在不断进步和完善，焊接已从单一的加工工艺发展成为综合性的先进工艺技术。焊接方法的新发展主要体现在以下几个方面。

**1. 提高焊接生产率，进行高效化焊接**

焊条电弧焊中的铁粉焊条、重力焊条和躺焊条工艺；埋弧焊中的多丝焊、热丝焊、窄间隙焊接；气体保护电弧焊中的气电立焊、热丝 MAG 焊、TIME 焊等，是常用的高效化焊接方法。

**2. 提高焊接过程自动化、智能化水平**

国外焊接过程机械化、自动化已达很高程度，而我国手工焊接所占比例却很大。焊接机器人的应用是提高焊接过程自动化水平的有效途径，应用焊接专家系统、神经网络系统等都能提高焊接过程智能化水平。

### 3. 研究开发新的焊接热源

焊接工艺几乎运用了世界上一切可以利用的热源,如火焰、电弧、电阻、激光、电子束等。但新的更好的更有效的焊接热源研发一直在进行,例如采用两种热源的叠加,以获得更强的能量密度,如等离子束加激光、电弧中加激光等。

# 模块二  焊接方法的热源

要实现金属的焊接,必须提供其能量,对于熔焊,主要是热源的热能。常用焊接方法的热源有电弧热、电阻热、化学热、摩擦热、激光束、电子束等。常用焊接热源的特点及对应焊接方法与技术见表1-2。由于电弧热是目前焊接中应用最广的热源,电弧焊是目前焊接中应用最广的焊接方法,所以这里重点介绍焊接电弧的有关知识。

表1-2  常用焊接热源的特点及对应焊接方法与技术

| 焊接热源 | 特　点 | 对应焊接方法与技术 |
|---|---|---|
| 电弧热 | 气体介质在两电极间或电极与母材间强烈而持久的放电过程所产生的热能为焊接热源。电弧热是目前焊接中应用最广的热源 | 电弧焊,如焊条电弧焊、埋弧焊、气体保护焊、等离子弧焊、等离子弧切割等 |
| 化学热 | 利用可燃气体的火焰放出的热量或铝、镁热剂与氧或氧化物发生强烈反应所产生的热量为焊接热源 | 气焊、气割、钎焊、热剂焊(铝热剂) |
| 电阻热 | 利用电流通过导体及其界面时所产生的电阻热为焊接热源 | 电阻焊、高频焊(固体电阻热)、电渣焊(熔渣电阻热) |
| 摩擦热 | 利用机械高速摩擦所产生的热量为焊接热源 | 摩擦焊 |
| 电子束 | 利用高速电子束轰击工件表面所产生的热量为焊接热源 | 电子束焊 |
| 激光束 | 利用聚焦的高能量的激光束为焊接热源 | 激光焊 |

电弧形成
过程

📝 笔记

## 一、焊接电弧的产生

由焊接电源供给的,具有一定电压的两电极间或电极与母材间,在气体介质中产生的强烈而持久的放电现象,称为焊接电弧。如图1-12所示为焊条电弧焊电弧示意图。

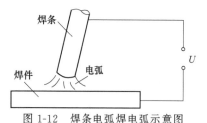

图1-12  焊条电弧焊电弧示意图

焊接电弧是一种特殊的气体放电现象,它与日常所见的气体放电现象(如电源拉合闸时产生的火花)的区别在于,焊接电弧能连续持久地产生强烈的光和大量的热量。电弧焊就是依靠焊接电弧把电能转变为焊接过程所需的热能和机械能来达到连接金属的目的。

### 1. 焊接电弧的产生条件

正常状态下,气体是良好的绝缘体,气体的分子和原子处于中性状态,气体中没有带电粒子,因此气体不能导电,电弧也不能自发地产生。要使电弧产生和稳定燃烧,就必须使两极(或电极与母材)之间的气体中有带电粒子,而获得带电粒子的方法就是中性气体的电离和金属电极(阴极)电子发射。所以气体电离和阴极电子发射是焊接电弧产生和维持的两个必要条件。

(1)气体电离  使中性的气体粒子(分子和原子)分离成正离子和自由电子的过程称为气体电离。使气体粒子电离所需的能量称为电离能(或电离功)。不同的气体或元素,由于原子构造不同，其电离能也不同，电离能越大，气体就越难电离，常见元素的电离能见表 1-3。

**表 1-3 常见元素的电离能**

| 元素 | K | Na | Ba | Ca | Cr | Ti | Mn | Fe | Si | H | O | N | Ar | F | He |
|------|------|------|------|------|------|------|------|------|------|-------|-------|-------|-------|-------|-------|
| 电离能/eV | 4.34 | 5.11 | 5.21 | 6.11 | 6.76 | 6.82 | 7.40 | 7.83 | 8.15 | 13.59 | 13.62 | 14.53 | 15.76 | 17.48 | 24.59 |

在焊接电弧中，使气体介质电离的形式主要有热电离、场致电离、光电离三种。

① 热电离 高温下，气体粒子受热的作用而互相碰撞产生的电离称为热电离。温度越高，热电离作用越大。

② 场致电离 带电粒子在电场的作用下，作定向高速运动，产生较大的动能，当与中性粒子相碰撞时，就把能量传给中性粒子，使该粒子产生电离。如两电极间的电压越高，电场作用越大，则电离作用越强烈。

③ 光电离 气体粒子在光辐射的作用下产生的电离，称为光电离。

热电离和场致电离本质上都属于碰撞电离。碰撞电离是电离产生带电粒子的主要途径，光电离则是产生带电粒子的次要途径。

> **小提示**
>
> 在含有易电离的 K、Na 等元素的气氛中，电弧引燃较容易，而在含有难电离的 Ar、He 等元素的气氛中，则电弧引燃就比较困难。因此，为提高电弧燃烧的稳定性，常在焊接材料中加入一些含电离能较低易电离的元素的物质，如水玻璃、大理石等就是基于这个道理。

（2）阴极电子发射 阴极金属表面的原子或分子，接受外界的能量而连续地向外发射出电子的现象，称为阴极电子发射。

一般情况下，电子是不能自由离开金属表面向外发射的，要使电子逸出电极金属表面而产生电子发射，就必须加给电子一定的能量，使它克服电极金属内部正电荷对它的静电引力。电子从阴极金属表面逸出所需的能量称为逸出功，电子逸出功的大小与阴极的成分有关。逸出功越小，阴极发射电子就越容易，常见元素的电子逸出功见表 1-4。

**表 1-4 常见元素的电子逸出功**

| 元素 | K | Na | Ca | Mg | Mn | Ti | Fe | Al | C |
|------|------|------|------|------|------|------|------|------|------|
| 逸出功/eV | 2.26 | 2.33 | 2.90 | 3.74 | 3.76 | 3.92 | 4.18 | 4.25 | 4.34 |

焊接时，根据所吸收能量的不同，阴极电子发射主要有热发射、电场发射、撞击发射等。

① 热发射 焊接时，阴极表面温度很高，阴极中的电子运动速度很快，当电子的动能达到或超出逸出功的时候，电子即冲出阴极表面产生热发射。温度越高，则热发射作用越强烈。

② 电场发射 在强电场的作用下，由于电场对阴极表面电子的吸引力，电子可以获得足够的动能，从阴极表面发射出来。当两电极的电压越高，金属的逸出功越小，则电场发射作用越大。

③ 撞击发射 当运动速度较高，能量较大的正离子撞击阴极表面时，将能量传递给阴极而产生电子发射现象称为撞击发射。如果电场强度越大，在电场的作用下正离子的运动速度也越快，则产生的撞击发射作用也越强烈。

在焊接过程中，上述几种电子发射形式常常是同时存在的，只是在不同条件下它们所起的作用各不相同。

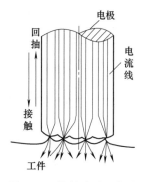
图1-13 接触引弧示意图

## 2. 焊接电弧的引燃方法

把造成两电极间气体发生电离和阴极发射电子而引起电弧燃烧的过程称为焊接电弧的引燃（引弧）。焊接电弧的引燃一般有两种方式：接触引弧和非接触引弧。

（1）接触引弧　弧焊电源接通后，将电极（焊条或焊丝）与工件直接短路接触，并随后拉开焊条或焊丝而引燃电弧，称为接触引弧。接触引弧是一种最常用的引弧方式。

当电极与工件短路接触时，由于电极和工件表面都不是绝对平整的，所以只是在少数突出点上接触（见图1-13）。通过这些点的短路电流比正常的焊接电流要大得多，加之接触点的面积又小，因此电流密度极大，这就产生了大量的电阻热，使接触部分的金属温度剧烈地升高而熔化，甚至汽化，引起强烈的电子发射和电离。随后在拉开电极的瞬间，由于电弧间隙极小，使其电场强度达到很大数值。这样，即使在室温下亦能产生明显的电子发射现象。同时，又使已产生的带电子粒子被加速，引起碰撞而电离，从而引燃电弧。

在拉开电极的瞬间，弧焊电源电压由短路时的零值增高到引弧电压值所需要的时间称电压恢复时间。电压恢复时间对于焊接电弧的引燃及焊接过程中电弧的稳定性具有重要的意义。这个时间长或短，是由弧焊电源的特性决定的。在电弧焊时，对电压恢复时间要求越短越好，一般不超过0.05s。如果电压恢复时间太长，则电弧就不容易引燃及造成焊接电弧不稳定。

这种引弧方法主要应用于焊条电弧焊、埋弧焊、熔化极气体保护焊等。对于焊条电弧焊，接触引弧又可分为划擦法引弧和直击法引弧两种，如图1-14、图1-15所示。划擦法引弧相对比较容易掌握。

（2）非接触引弧　引弧时，电极与工件之间保持一定间隙，然后在电极和工件之间施以高电压击穿间隙使电弧引燃，这种引弧方式称非接触引弧。

非接触引弧需利用引弧器才能实现，根据工作原理可分为高频高压引弧和高压脉冲引弧，高压脉冲引弧需高压脉冲发生器，频率一般为50～100Hz，电压峰值为3000～10000V。高频高压引弧需用高频振荡器，频率为150～260kHz左右，电压峰值为2000～3000V。

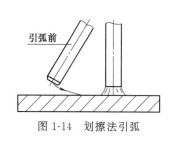
图1-14 划擦法引弧

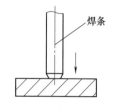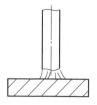
(a)直击短路　(b)拉开焊条点燃电弧　(c)电弧正常燃烧
图1-15 直击法引弧

非接触引弧方式主要应用于钨极氩弧焊和等离子弧焊。由于引弧时电极无需和工件接触，这样不仅不会污染工件上的引弧点，而且也不会损坏电极端部的几何形状，有利于电弧燃烧的稳定性。

## 二、焊接电弧的构造及静特性

### 1. 焊接电弧的构造

焊接电弧按其构造可分为阴极区、阳极区和弧柱三部分，如图 1-16 所示。

（1）阴极区 电弧紧靠负电极的区域称为阴极区，阴极区很窄，约为 $10^{-5} \sim 10^{-6} \text{cm}$。在阴极区的阴极表面有一个明亮的斑点，称为阴极斑点。它是阴极表面上电

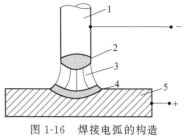

焊接电弧的构造及静特性

图 1-16 焊接电弧的构造
1—焊条；2—阴极区；3—弧柱；
4—阳极区；5—焊件

子发射的发源地，也是阴极区温度最高的地方。焊条电弧焊时，阴极区的温度一般达到 $2130 \sim 3230℃$，放出的热量占 $36\%$ 左右。阴极温度的高低主要取决于阴极的电极材料。

（2）阳极区 电弧紧靠正电极的区域称为阳极区，阳极区较阴极区宽，约为 $10^{-3} \sim 10^{-4} \text{cm}$，在阳极区的阳极表面也有光亮的斑点，称为阳极斑点。它是电弧放电时，正电极表面上集中接收电子的微小区域。

阳极不发射电子，消耗能量少，因此当阳极与阴极材料相同时，阳极区的温度要高于阴极区。焊条电弧焊时，阳极区的温度一般达 $2330 \sim 3930℃$，放出热量占 $43\%$ 左右。

（3）弧柱 电弧阴极区和阳极区之间的部分称为弧柱。由于阴极区和阳极区都很窄，因此弧柱的长度基本上等于电弧长度。焊条电弧焊时，弧柱中心温度可达 $5370 \sim 7730℃$，放出的热量占 $21\%$ 左右。弧柱的温度与弧柱气体介质和焊接电流大小等因素有关；焊接电流越大，弧柱中电离程度也越大，弧柱温度也越高。

必须注意的问题：一是不同的焊接方法，其阳极区、阴极区温度的高低并不一致，如表 1-5 所示；二是以上分析的是直流电弧的热量和温度分布情况，而交流电弧由于电源的极性是周期性地改变的，所以两个电极区的温度趋于一致，近似于它们的平均值。

表 1-5 各种焊接方法的阴极与阳极温度比较

| 焊接方法 | 焊条电弧焊 | 钨极氩弧焊 | 熔化极氩弧焊 | $CO_2$ 气体保护焊 | 埋弧焊 |
|---|---|---|---|---|---|
| 温度比较 | 阳极温度＞阴极温度 | | 阴极温度＞阳极温度 | | |

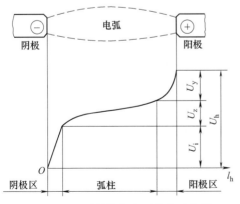

图 1-17 电弧结构与电压分布示意图

（4）电弧电压 电弧两端（两电极）之间的电压称为电弧电压。当弧长一定时，电弧电压分布如图 1-17 所示。电弧电压 $U_h$ 由阴极压降 $U_i$、阳极压降 $U_y$ 和弧柱压降 $U_z$ 组成。

### 2. 焊接电弧的静特性

在电极材料、气体介质和弧长一定的情况下，电弧稳定燃烧时，焊接电流与电弧电压变化的关系称为电弧静特性，一般也称伏-安特性。表示它们关系的曲线叫作电弧静特性曲线。

（1）电弧静特性曲线 焊接电弧是焊接回路中的负载，它与普通电路中的普通电阻不同，普通电阻的电阻值是常数，电阻两端的电压与通过的电流成正比（$U = IR$），遵循欧姆定律，这种特性称为电阻静特性，为一条直线，

如图 1-18 中的曲线 1。焊接电弧也相当于一个电阻性负载，但其电阻值不是常数。电弧两端的电压与通过的焊接电流不成正比关系，而呈 U 形曲线关系，如图 1-18 中的曲线 2。

电弧静特性曲线分为三个不同的区域，当电流较小时（图 1-18 中的 $ab$ 区），电弧静特性属下降特性区，即随着电流增加电压减小；当电流稍大时（图 1-18 中的 $bc$ 区），电弧静特性属平特性区，即电流变化时，而电压几乎不变；当电流较大时（图 1-18 中 $cd$ 区），电弧静特性属上升特性区，电压随电流的增加而升高。

（2）电弧静特性曲线的应用    不同的电弧焊方法，在一定的条件下，其静特性只是曲线的某一区域。静特性的下降特性区由于电弧燃烧不稳定而很少采用。

焊条电弧焊、埋弧焊一般工作在静特性的平特性区，即电弧电压只随弧长而变化，与焊接电流关系很小。

钨极氩弧焊、等离子弧焊一般也工作在平特性区，当焊接电流较大时才工作在上升特性区。

熔化极氩弧焊、$CO_2$ 气体保护焊和熔化极活性气体保护焊（MAG 焊），基本上工作在上升特性区。

电弧静特性曲线与电弧长度密切相关，当电弧长度增加时，电弧电压升高，其静特性曲线的位置也随之上升，如图 1-19 所示。

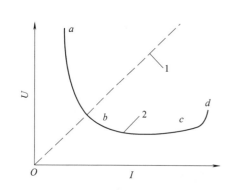

图 1-18    普通电阻静特性与电弧的静特性
1—普通电阻静特性；2—电弧静特性

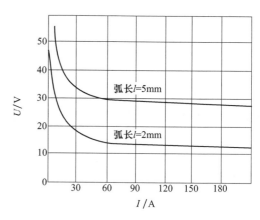

图 1-19    不同电弧长度的电弧静特性曲线

## 三、焊接电弧的稳定性

焊接电弧的稳定性是指电弧保持稳定燃烧（不产生断弧、飘移和偏吹等）的程度。电弧的稳定燃烧是保证焊接质量的一个重要因素，因此维持电弧稳定性是非常重要的。电弧不稳定的原因除焊工操作技术不熟练外，还与下列因素有关。

**1. 弧焊电源的影响**

采用直流电源焊接时，电弧燃烧比交流电源稳定。此外具有较高空载电压的焊接电源不仅引弧容易，而且电弧燃烧也稳定。这是因为焊接电源的空载电压较高，电场作用强，电离及电子发射强烈，所以电弧燃烧稳定。

**2. 焊接电流的影响**

焊接电流越大，电弧的温度就越高，则电弧气氛中的电离程度和热发射作用就越强，电弧燃烧也就越稳定。通过实验测定电弧稳定性的结果表明：随着焊接电流的增大，电弧的引燃电压就降低；同时随着焊接电流的增大，自然断弧的最大弧长也增大。所以焊接电流越大，电弧燃烧越稳定。

**3. 焊条药皮或焊剂的影响**

焊条药皮或焊剂中加入电离能比较低的物质（如 K、Na、Ca 的氧化物），能增加电弧气氛中带电粒子，这样就可以提高气体的导电性，从而提高电弧燃烧的稳定性。

如果焊条药皮或焊剂中含有电离能比较高的氟化物（$CaF_2$）及氯化物（KCl、NaCl）时，由于它们较难电离，因而降低了电弧气氛的电离程度，使电弧燃烧不稳定。

**4. 焊接电弧偏吹的影响**

在正常情况下焊接时，电弧的中心轴线总是保持着沿焊条（丝）电极的轴线方向。即使当焊条（丝）与焊件有一定倾角时，电弧也跟着电极轴线的方向而改变，如图 1-20 所示。但在实际焊接中，由于气流的干扰、磁场的作用或焊条偏心的影响，会使电弧中心偏离电极轴线的方向，这种现象称为电弧偏吹，如图 1-21 所示为磁场作用引起的电弧偏吹。一旦发生电弧偏吹，电弧轴线就难以对准焊缝中心，影响焊缝成形和焊接质量。

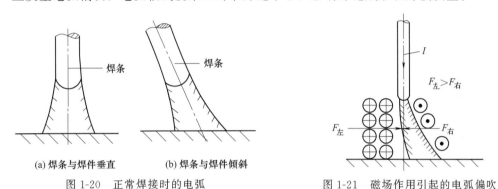

(a) 焊条与焊件垂直　　(b) 焊条与焊件倾斜

图 1-20　正常焊接时的电弧

图 1-21　磁场作用引起的电弧偏吹

（1）焊接电弧偏吹的原因

① 焊条偏心产生的偏吹　焊条的偏心度是指焊条药皮沿焊芯直径方向偏心的程度。焊条偏心度过大，使焊条药皮厚薄不均匀，药皮较厚的一边比药皮较薄的一边熔化时需吸收更多的热，因此药皮较薄的一边很快熔化而使电弧外露，迫使电弧往外偏吹。焊条偏心及引起的偏吹如图 1-22 所示。因此，为了保证焊接质量，在焊条生产中对焊条的偏心度有一定的限制。

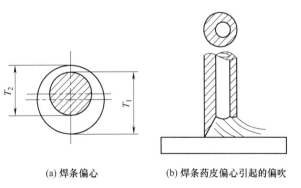

(a) 焊条偏心　　(b) 焊条药皮偏心引起的偏吹

图 1-22　焊条偏心及引起的偏吹

根据国家标准规定，直径不大于 2.5mm 的焊条，偏心度不大于 7%；直径为 2.5mm 和 3.2mm 的焊条，偏心度不大于 5%；直径不小于 5mm 的焊条，偏心度不大于 4%。焊条偏心产生的电弧偏吹偏向药皮较薄的一边。

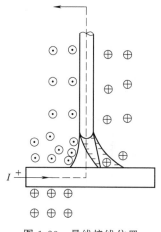

图 1-23  导线接线位置
引起的磁偏吹

焊条的偏心度可用下式计算：

$$焊条的偏心度 = 2(T_1 - T_2)/(T_1 + T_2)(\%)$$

② 电弧周围气流产生的偏吹  电弧周围气体的流动会把电弧吹向一侧而造成偏吹。造成电弧周围气体剧烈流动的因素很多，主要是大气中的气流和热对流的影响。如在露天大风中操作时，电弧偏吹状况很严重；在管子焊接时，由于空气在管子中流动速度较大，形成所谓"穿堂风"使电弧发生偏吹；在开坡口的对接接头第一层焊缝的焊接时，如果接头间隙较大，在热对流的影响下也会使电弧发生偏吹。

③ 焊接电弧的磁偏吹  直流电弧焊时，因受到焊接回路所产生的电磁力的作用而产生的电弧偏吹称为磁偏吹。它是由于直流电所产生的磁场在电弧周围分布不均匀而引起的电弧偏吹。

造成电弧产生磁偏吹的因素主要有下列几种。

a. 导线接线位置引起的磁偏吹  如图 1-23 所示，导线接在焊件一侧，焊件接"＋"（称为正接），焊接时电弧左侧的磁力线由两部分组成：一部分是电流通过电弧产生的磁力线；另一部分是电流流经焊件产生的磁力线。而电弧右侧仅有电流通过电弧产生的磁力线，从而造成电弧两侧的磁力线分布极不均匀，电弧左侧的磁力线较右侧的磁力线密集，电弧左侧的电磁力大于右侧的电磁力，使电弧向右侧偏吹。

> **小提示**　　如果把图 1-23 的导线接线位置改为焊件一侧接"－"（称为反接），则焊接电流方向和相应的磁力线方向都同时改变，但作用于电弧左、右两侧磁力线分布状况不变，电弧左侧的电磁力仍大于右侧的电磁力，故磁偏吹方向不变，即偏向右侧。

b. 铁磁物质引起的磁偏吹  由于铁磁物质（钢板、铁块等）的导磁能力远远大于空气，因此，当焊接电弧周围有铁磁物质存在时，在靠近铁磁物质一侧的磁力线大部分都通过铁磁物质形成封闭曲线，使电弧同铁磁物质之间的磁力线变得稀疏，而电弧另一侧磁力线就显得密集，造成电弧两侧的磁力线分布极不均匀，电弧向铁磁物质一侧偏吹，如图 1-24 所示。

c. 电弧运动至钢板的端部时引起的磁偏吹  当在焊件边缘处开始焊接或焊接至钢板端部时，经常会发生电弧偏吹，而逐渐靠近焊件的中心时，则电弧的偏吹现象就逐渐减小或没有。这是由于电弧运动至钢板的端部时，导磁面积发生变化，引起空间磁力线在靠近焊件边缘的地方密度增加，产生了指向焊件内部的磁偏吹，如图 1-25 所示。

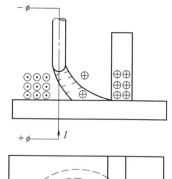

图 1-24  铁磁物质引起的磁偏吹

（2）防止或减少焊接电弧偏吹的措施

① 焊接时，在条件许可情况下尽量使用交流电源焊接。

② 调整焊条角度，使焊条偏吹的方向转向熔池，即将焊条向电弧偏吹方向倾斜一定

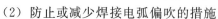

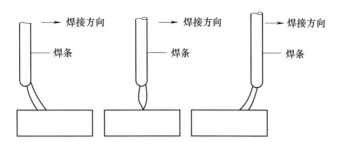

图 1-25 电弧在焊件端部焊接时引起的磁偏吹

角度，这种方法在实际工作中应用得较广泛。

③ 采用短弧焊接，因为短弧时受气流的影响较小，而且在产生磁偏吹时，如果采用短弧焊接，也能减小磁偏吹程度，因此采用短弧焊接是减少电弧偏吹的较好方法。

④ 改变焊件上导线接线部位或在焊件两侧同时接地线，可减少因导线接线位置引起的磁偏吹。如图 1-26 所示。图中虚线表示克服磁偏吹的接线方法。

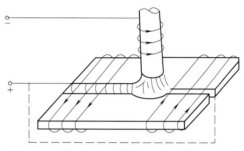

图 1-26 改变焊件上导线接线位置克服磁偏吹方法

⑤ 在焊缝两端各加一小块附加钢板（引弧板及引出板），使电弧两侧的磁力线分布均匀并减少热对流的影响，以克服电弧偏吹。

⑥ 在露天操作时，如果有大风则必须用挡板遮挡，对电弧进行保护。在管子焊接时，必须将管口堵住，以防止气流对电弧的影响。在焊接间隙较大的对接焊缝时，可在接缝下面加垫板，以防止热对流引起的电弧偏吹。

⑦ 采用小电流焊接，因为磁偏吹的大小与焊接电流有直接关系，焊接电流越大，磁偏吹越严重。

**5. 其他影响因素**

电弧长度对电弧的稳定性也有较大的影响，如果电弧太长，电弧就会发生剧烈摆动，从而破坏了焊接电弧的稳定性，而且飞溅也增大，所以应尽量短弧焊接。焊接处如有油漆、油脂、水分和锈层等存在时，也会影响电弧燃烧的稳定性，因此焊前做好焊件表面的清理工作十分重要。此外，焊条受潮或焊条药皮脱落也会造成电弧燃烧不稳定。

## 四、焊接电弧的分类及热效率

### 1. 焊接电弧的分类

焊接电弧的性质与供电电源的种类、电弧的状态、电弧周围的介质以及电极材料有关，所以焊接电弧的分类各异。按电流种类不同可分为交流电弧、直流电弧和脉冲电弧（包括高频脉冲电弧）；按电弧状态不同可分为自由电弧和压缩电弧；按电极材料不同可分为熔化极电弧和非熔化极电弧。

（1）直流电弧 直流电弧由直流电源提供热源，电弧燃烧稳定，有极性可供工艺选择，但有电弧偏吹现象发生。低氢碱性焊条焊接时，采用直流反接，电弧稳定，飞溅少，产生气孔倾向少。采用酸性焊条焊接时，采用直流正接，但焊接薄板时，为防止烧穿采用直流反接。钨极氩弧焊时，为防止钨极烧损采用直流正接。熔化极氩弧焊及二氧化碳气体保护电弧焊直流反接使飞溅少、电弧稳定。

（2）交流电弧　交流电弧由交流电源提供热源，电弧每秒都有 100 次过零点，过零点时电弧熄灭再反向引燃，所以电弧稳定性差。交流焊机上一般串接一个适当的电感来提高电弧稳定性。此外通过提高电源空载电压，采用方波电源亦能提高电弧的稳定性。交流电弧无磁偏吹现象发生。当电极材料与被焊工件物理性能相差很大时（如钨极氩弧焊焊接铝、镁及其合金），在电弧电流、电弧电压正负两个半周中会产生不对称而形成直流分量，直流分量影响焊接参数的稳定，必须设法消除。

（3）脉冲电弧　当弧焊电源的电流以脉冲形态输出时，其产生的电弧为脉冲电弧，脉冲电弧可用于钨极、熔化极氩弧焊等。脉冲电弧根据脉冲波形和频率不同而各有特点。脉冲电弧在整个焊接期间都有基值电流维持电弧稳定，即用于脉冲休止期间维持电弧连续燃烧，脉冲电流则用于加热熔化工件和焊丝，并使熔滴向工件过渡。脉冲电弧的波形有矩形波、正弦波、三角波等。

高频脉冲电弧的频率从几千赫兹到几万赫兹，可以保证在小电流薄板焊接时电弧具有较大的刚度，焊接时加热范围小，焊后变形小，高速焊时焊缝质量也很高。

（4）压缩电弧　未受到外界压缩的电弧为自由电弧。自由电弧中的气体电离是不充分的，能量不能高度集中，并且弧柱直径随着功率的增加而增加。如果把自由电弧进行强迫压缩，就能获得温度更高、能量更加集中的压缩电弧。等离子弧就是一种典型的压缩电弧，它是靠热收缩、磁收缩和机械压缩效应，使弧柱截面缩小、能量集中、气体几乎达到全部电离状态的电弧。

### 2. 焊接电弧的热效率

电弧焊时，焊接热源是电弧，是通过电弧将电能转换为热能来进行焊接的。因此电弧功率可由下式表示：

$$q_0 = I_h U_h$$

式中　$q_0$——电弧功率，即电弧在单位时间内放出的能量，W；

　　　　$I_h$——焊接电流，A；

　　　　$U_h$——电弧电压，V。

实际上电弧所产生的热量并没有全部被利用，有一些因辐射、对流及传导等损失掉了，焊条电弧焊和埋弧焊的热量分配如图 1-27 所示。所以真正有效用于加热、熔化焊件和填充材料的电弧功率称为电弧有效功率，可用下式表示：

$$q = \eta I_h U_h$$

式中　$\eta$——电弧有效功率系数，简称焊接热效率；

　　　　$q$——电弧有效功率，W。

在一定条件下 $\eta$ 是常数，主要决定于焊接方法、焊接工艺参数、焊接材料和保护方式等，常用焊接方法在通用工艺参数条件下的焊接热效率 $\eta$ 值见表 1-6。

表 1-6　常用焊接方法的焊接热效率 $\eta$ 值

| 焊接方法 | 焊条电弧焊 | 埋弧焊 | $CO_2$ 气体保护焊 | 钨极氩弧焊 | | 熔化极氩弧焊 | |
| --- | --- | --- | --- | --- | --- | --- | --- |
| | | | | 交流 | 直流 | 钢 | 铝 |
| 焊接热效率 $\eta$ 值 | 0.75～0.87 | 0.77～0.90 | 0.75～0.90 | 0.68～0.85 | 0.78～0.85 | 0.66～0.69 | 0.70～0.85 |

各种电弧焊方法的焊接热效率 $\eta$，在其他条件不变的情况下，均随电弧电压的升高而降低，因为电弧电压升高即电弧长度增加，热量辐射损失增多。

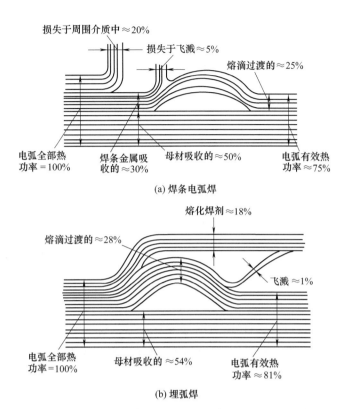

图 1-27 焊条电弧焊和埋弧焊热量分配

# 模块三 焊接方法的安全技术

焊接方法在焊接时可能要与电、可燃及易爆的气体、易燃液体、压力容器等接触，一些焊接方法在焊接过程中还会产生一些有害气体、焊接烟尘、弧光辐射、焊接热源（电弧、气体火焰）的高温、高频磁场、噪声和射线等。如果焊工不熟悉有关焊接方法的安全特点，不遵守各焊接方法的安全操作规程，就可能引起触电、灼伤、火灾、爆炸、中毒、窒息等事故，因此焊接时必须重视焊接方法的安全技术。

## 一、预防触电的安全技术

触电是大部分焊接方法焊接操作的主要危险因素，我国目前生产的焊条电弧焊机的空载电压限制在 90V 以下，工作电压可达 25～40V；埋弧焊机的空载电压为 70～90V；电渣焊机的空载电压一般是 40～65V；氩弧焊、$CO_2$ 气体保护电弧焊机的空载电压是 65V 左右；等离子弧切割机的空载电压高达 300～450V；所有焊机工作的网路电压为 380V/220V，50Hz 的交流电压，都超过安全电压（一般干燥情况为 36V，高空作业或特别潮湿场所，为 12V），因此触电危险是比较大的，必须采取措施预防触电。

（1）熟悉和掌握有关焊接方法的安全特点、有关电的基本知识、预防触电及触电后急救方法等知识，严格遵守有关部门规定的安全措施，防止触电事故发生。

（2）遇到焊工触电时，切不可用赤手去拉触电者，应先迅速将电源切断，如果切断电源后触电者呈昏迷状态时，应立即施行人工呼吸法，直至送到医院为止。

笔记

（3）在光线暗的场地、容器内操作或夜间工作时，使用的工作照明灯的安全电压应不大于36V，高空作业或特别潮湿场所，安全电压不超过12V。

（4）焊工的工作服、手套、绝缘鞋应保持干燥。

（5）在潮湿的场地工作时，应用干燥的木板或橡胶板等绝缘物作垫板。

（6）焊工在拉、合电源闸刀或接触带电物体时，必须单手进行。因为双手操作电源闸刀或接触带电物体时，如发生触电，会通过人体心脏形成回路，造成触电者死亡。

（7）在容器或船舱内或其他狭小工作场所焊接时，须两人轮换操作，其中一人留守在外面监护，以防发生意外时，立即切断电源便于急救。

（8）焊机外壳接地或接零。

## 二、预防火灾和爆炸的安全技术

电弧焊或气焊、火焰钎焊等时，由于电弧及气体火焰的温度很高并产生大量的金属火花飞溅物，而且在焊接过程中还可能会与可燃及易爆的气体、易燃液体、可燃的粉尘或压力容器等接触，都有可能引起火灾甚至爆炸。因此焊接时，必须防止火灾及爆炸事故的发生。

（1）焊接前要认真检查工作场地周围是否有易燃、易爆物品（如棉纱、油漆、汽油、煤油、木屑等），如有易燃、易爆物，应将这些物品距离焊接工作地10m以外。

（2）在焊接作业时，应注意防止金属火花飞溅而引起火灾。

（3）严禁设备在带压时焊接或切割，带压设备一定要先解除压力（卸压），并且焊割前必须打开所有孔盖。未卸压的设备严禁操作，常压而密闭的设备也不许进行焊接与切割。

（4）凡被化学物质或油脂污染的设备都应清洗后再焊接或切割。如果是易燃、易爆或者有毒的污染物，更应彻底清洗，经有关部门检查，并填写动火证后，才能焊接与切割。

（5）在进入容器内工作时，焊、割炬应随焊工同时进出，严禁将焊、割炬放在容器内而焊工擅自离去，以防混合气体燃烧和爆炸。

（6）焊条头及焊后的焊件不能随便乱扔，要妥善管理，更不能扔在易燃、易爆物品的附近，以免发生火灾。

（7）离开施焊现场时，应关闭气源、电源，应将火种熄灭。

## 三、预防焊接方法有害因素的安全技术

焊接过程中产生的有害因素有：有害气体、焊接烟尘、弧光辐射、高频电磁场、噪声和射线等。各种焊接方法焊接过程中产生的有害因素见表1-7。

表1-7　焊接方法焊接过程中产生的有害因素

| 焊接方法 | 有害因素 | | | | | | |
|---|---|---|---|---|---|---|---|
| | 弧光辐射 | 高频电磁场 | 焊接烟尘 | 有害气体 | 金属飞溅 | 射线 | 噪声 |
| 酸性焊条电弧焊 | 轻微 | | 中等 | 轻微 | 轻微 | | |
| 碱性焊条电弧焊 | 轻微 | | 强烈 | 轻微 | 中等 | | |
| 高效铁粉焊条电弧焊 | 轻微 | | 最强烈 | 轻微 | 轻微 | | |
| 碳弧气刨 | 轻微 | | 强烈 | 轻微 | | | 轻微 |
| 电渣焊 | | | 轻微 | | | | |
| 埋弧焊 | | | 中等 | 轻微 | | | |
| 实芯细丝 $CO_2$ 焊 | 轻微 | | 轻微 | 轻微 | 轻微 | | |
| 实芯粗丝 $CO_2$ 焊 | 中等 | | 中等 | 轻微 | 中等 | | |

笔记

续表

| 焊接方法 | 有害因素 | | | | | | |
|---|---|---|---|---|---|---|---|
| | 弧光辐射 | 高频电磁场 | 焊接烟尘 | 有害气体 | 金属飞溅 | 射线 | 噪声 |
| 钨极氩弧焊（铝、铁、铜、镍） | 中等 | 中等 | 轻微 | 中等 | 轻微 | 轻微 | |
| 钨极氩弧焊（不锈钢） | 中等 | 中等 | 轻微 | 轻微 | 轻微 | 轻微 | |
| 熔化极氩弧焊（不锈钢） | 中等 | | 轻微 | 中等 | 轻微 | | |

### 1. 焊接烟尘

焊接金属烟尘的成分很复杂，焊接黑色金属材料时，烟尘的主要成分是铁、硅、锰。焊接其他金属材料时，烟尘中尚有铝、氧化锌、钼等。其中主要有毒物是锰，使用碱性低氢型焊条时，烟尘中含有极毒的可溶性氟。焊工长期呼吸这些烟尘，会引起头痛、恶心，甚至引起焊工尘肺（肺尘埃沉着病）及锰中毒等。

### 2. 有害气体

在各种熔焊方法过程中，焊接区都会产生或多或少的有害气体。特别是电弧焊中在焊接电弧的高温和强烈的紫外线作用下，产生有害气体的程度尤甚。所产生的有害气体主要有臭氧、氮氧化物、一氧化碳和氟化氢等。这些有害气体被吸入体内，会引起中毒，影响焊工健康。

排出焊接烟尘和有害气体的有效措施是加强通风和加强个人防护，如戴防尘口罩、防毒面罩等。

### 3. 弧光辐射

弧光辐射发生在电弧焊，包括可见光、红外线和紫外线。过强的可见光耀眼；红外线会引起眼部强烈的灼伤和灼痛，发生闪光幻觉；紫外线对眼睛和皮肤有较大的刺激性，引起电光性眼炎。在各种明弧焊、保护不好的埋弧焊等都会形成弧光辐射。弧光辐射的强度与焊接方法、工艺参数及保护方法等有关，$CO_2$ 焊弧光辐射的强度是焊条电弧焊的 2～3 倍，氩弧焊是焊条电弧焊的 5～10 倍，而等离子弧焊割比氩弧焊更强烈。防护弧光辐射的措施主要是根据焊接电流来选择面罩中的电焊防护玻璃，玻璃镜片遮光号的选用如表 1-8 所示。其次在厂房内和人多的区域进行焊接时，尽可能地使用防护屏，避免周围人受弧光伤害，弧光防护屏如图 1-28 所示。 笔记

表 1-8　玻璃镜片遮光号的选用

| 焊接、切割方法 | 镜片遮光号 | | | |
|---|---|---|---|---|
| | 焊接电流/A | | | |
| | ≤30 | 30～75 | 75～200 | 200～400 |
| 电弧焊 | 5～6 | 7～8 | 9～10 | 11～12 |
| 碳弧气刨 | | | 10～11 | 12～14 |
| 焊接辅助工 | 3～4 | | | |

### 4. 高频电磁场

当交流电的频率达到每秒振荡（10～30000）万次时，它周围形成的高频率电场和磁场称为高频电磁场。等离子弧焊割、钨极氩弧焊采用高频振荡器引弧时，会形成高频电磁场。焊工长期接触高频电磁场，会引起神经功能素乱和神经衰弱。防止高频电磁场的常用方

图 1-28　弧光防护屏

法是将焊枪电缆和地线用金属编织线屏蔽。

### 5. 射线

射线主要是指等离子弧焊割、钨极氩弧焊的钍产生放射线和电子束焊产生的 X 射线。焊接过程中放射线影响不严重，钍钨极一般被铈钨极取代，电子束焊的 X 射线防护主要用屏蔽以减少泄漏。

### 6. 噪声

在焊接过程中，噪声危害突出的焊接方法是等离子弧割、等离子喷涂以及碳弧气刨，其噪声声强达 120～130dB 以上，强烈的噪声可以引起听觉障碍、耳聋等症状。防噪声的常用方法是带耳塞和耳罩。

## 四、特殊环境焊接的安全技术

所谓特殊环境，是指在一般工业企业正规厂房以外的地方，例如高处、野外、容器内部进行的焊接等。无论何种焊接方法，在这些地方焊接时，除遵守上面介绍的一般规定外，还要遵守一些特殊的规定。

### 1. 高处焊接作业

焊工在距基准面 2m 以上（包括 2m）有可能坠落的高处进行焊接作业称为高处（登高）焊接作业。

（1）患有高血压、心脏病等疾病与酒后人员，不得高处焊接作业。

（2）高处作业时，焊工应系安全带，地面应有人监护（或两人轮换作业）。

（3）在高处作业时，登高工具（如脚手架等）要安全牢固可靠，焊接电缆线等应扎紧在固定地方，不应缠绕在身上或搭在背上工作。不应采取可燃物（如麻绳等）作固定脚手板、焊接电缆线和气割用气皮管的材料。

（4）乙炔瓶、氧气瓶、弧焊机等焊接设备器具应尽量留在地面上。

（5）雨天、雪天、雾天或刮大风（六级以上）时，禁止高处作业。

### 2. 容器内焊接作业

（1）进入容器内部前，先要弄清容器内部的情况。

（2）把该容器和外界联系的部位，都要进行隔离和切断，如电源和附带在设备上的水管、料管、蒸汽管、压力管等均要切断并挂牌。如容器内有污染物，应进行清洗并经检查确认无危险后，才能进入内部焊接。

（3）进入容器内部焊割要实行监护制，派专人进行监护。监护人不能随便离开现场，并与容器内部的人员经常取得联系，如图 1-29 所示。

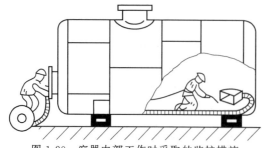

图 1-29  容器内部工作时采取的监护措施

（4）在容器内焊接时，内部尺寸不应过小，应注意通风排气工作。通风应用压缩空气，严禁使用氧气通风。

（5）在容器内部作业时，要做好绝缘防护工作，最好垫上绝缘垫，以防止触电等事故。

### 3. 露天或野外作业

（1）夏季在露天工作时，必须有防风雨棚或临时凉棚。

（2）露天作业时应注意风向，不要让吹散的铁水及焊渣伤人。

（3）雨天、雪天或雾天时，不准露天作业。

（4）夏天露天气焊、气割时，应防止氧气瓶、乙炔瓶直接受烈日曝晒，以免气体膨胀发生爆炸。冬天如遇瓶阀或减压器冻结时，应用热水解冻，严禁火烤。

# 模块四　焊接工程实例

### 实例一　使用氧气替代压缩空气，引起爆炸事故

（1）事故经过：某五金商店一焊工在店堂内维修压缩机和冷凝器，在进行最后的气压试验时，因无压缩空气，焊工就用氧气来代替，当试压至 0.98MPa 时，压缩机出现漏气，该焊工立即进行补焊。在引弧一瞬间压缩机发生爆炸，店堂炸毁，焊工当场炸死，并造成多人受伤。

（2）原因分析：

① 店堂内不可作为焊接场所。

② 焊补前应打开一切孔盖，必须在没有压力的情况下补焊。

③ 氧气是助燃物质，不能替代压缩空气。

（3）预防措施：

① 店堂内不可作为焊接场所，如急需焊接也应采取切实可行的防护措施，即在动火点 10m 内无任何易燃物品、备有相应的灭火器材等。

② 补焊前应卸压。

③ 严禁用氧气替代压缩空气作试压气体。

### 实例二　焊工擅自接通焊机电源，遭电击死亡

（1）事故经过：某厂有位焊工到室外临时施工点焊接，焊机接线时因无电源插座，便自己将电缆每股导线头部的胶皮去掉，分别弯成小钩挂到露天的电网线上，由于错接零线至火线上，当他调节焊接电流用手触及外壳时，即遭电击身亡。

（2）原因分析：由于焊工不熟悉有关电气安全知识，错将零线接至火线上，导致焊机外壳带电，酿成触电死亡事故。

（3）预防措施：焊接设备接线必须由电工进行，焊工不得擅自进行。

🖊 笔记

# 模块五　1＋X 考证题库

### 一、填空题

1. 按照焊接过程中金属所处的状态不同，可以把焊接分为_____、_____、_____三类。

2. 钎焊是采用比_____熔点低的金属材料作_____，将_____和_____加热到高于_____熔点，但低于_____熔点的温度，利用_____润湿母材，填充接头间隙并与母材相互扩散实现连接焊件的方法。

3. 电弧辐射主要包括_____、_____和_____。

4. 焊接过程中对人体有害因素主要是指_____、_____、_____、_____和_____。

5. 焊接电弧的引燃方法有_____和_____两种，前者主要应用于_____、_____、_____等，后者主要应用于_____和_____等。

6. 焊接电弧按其构造可分为_____、_____、_____三个区。

7. _____和_____是电弧产生和维持的必要条件。

8. 引用电弧偏吹原因，归纳起来有三个，一是_____，二是_____，三是_____。

9. 造成电弧产生磁偏吹的因素有_____、_____、_____。

**二、判断题**

1. 铆接不是永久性连接方式。                                                                （    ）

2. 带压设备焊接或切割前，卸不卸压无所谓。                                                    （    ）

3. 为了防止爆炸和火灾的发生，在焊接作业场地 15m 范围内严禁存放易燃、易爆的物品。         （    ）

4. 交流弧焊机因极性作周期性变化，为了提高电弧燃烧的稳定性，可在焊条药皮或焊剂中加入电离电位较高的物质。                                                                                      （    ）

5. 交流电弧由于电源的极性作周期性改变，所以两个电极区的温度趋于一致。                        （    ）

6. 不同的焊接方法其阳极区和阴极区的温度不同，一般焊条电弧焊阳极区温度高于阴极区温度。        （    ）

7. 增加焊接电流可以有效地减少磁偏吹。                                                        （    ）

8. 使用交流电源时，由于极性不断交换，所以焊接电弧的磁偏吹要比采用直流电源时严重得多。        （    ）

9. 采用直流电源焊接时，电弧燃烧比采用交流弧焊电源焊接时稳定。                                （    ）

10. 焊接电弧是电阻负载，所以服从欧姆定律，即电压增加时电流也增加。                            （    ）

**三、问答题**

1. 如何区分熔焊与钎焊？各有何特点？

2. 影响电弧稳定燃烧的因素有哪些？

3. 在一定条件下，不同的电弧焊方法，其静特性曲线如何？

4. 焊接电弧是如何分类的？各有何特点？

📄 笔记

# 焊 接 榜 样

### 焊接院士：潘际銮

　　潘际銮（1927.12.24—2022.04.19）。著名焊接专家，江西瑞昌人。1944 年保送进入国立西南联合大学，1948 年清华大学机械系毕业，1953 年哈尔滨工业大学研究生毕业。现为中国科学院院士，南昌大学名誉校长，西南联大北京校友会会长，清华大学教授。曾任国务院学位委员会委员兼材料科学与工程评审组长，清华大学学术委员会主任及机械系主任，南昌大学校长，国际焊接学会副主席，中国焊接学会理事长，中国机械工程学会副理事长，美国纽约州立大学（尤蒂卡分校）名誉教授。

　　创建我国高校第一批焊接专业。长期从事焊接专业的教学和研究工作。20 世纪 60 年代初实验成功氩弧焊并完成清华大学第一座核反应堆焊接工程；继之研究成功我国第一台电子束焊机；以堆焊方法制造重型锤锻模；1964 年与上海汽轮机厂等合作成功制造出我国第一根 6MW 燃气轮机压气机焊接转子，为汽轮机转子制造开辟了新方向；70 年代末研制成功具有特色的电弧传感器及自动跟踪系统；80 年代研究成功新型 MIG 焊接电弧控制法 "QH-ARC 法"，首次提出用电源的多折线外特性、陡升外特性及扫描外特性控制电弧的概念，为焊接电弧的控制开辟新的途径。1987—1991 年在我国自行建设的第一座核电站（秦山核电站）担任焊接顾问，为该工程做出重要贡献。2003 年研制成功爬行式全位置弧焊机器人，为国内外首创。2008 年完成的"高速铁路钢轨焊接质量的分析""高速铁路钢轨的窄间隙自动电弧焊系统"项目，为我国第一条时速 350 公里高速列车奥运前顺利开通做出贡献。

# 第二单元

# 焊条电弧焊

焊条电弧焊是用手工操纵焊条进行焊接的电弧焊方法，它是利用焊条和焊件之间产生的焊接电弧来加热并熔化焊条与局部焊件以形成焊缝的，是熔化焊中最基本的一种焊接方法，也是目前焊接生产中使用最广泛的焊接方法。

## 模块一　认识焊条电弧焊

焊条电弧焊的焊接回路如图 2-1 所示，它是由弧焊电源、电弧、焊钳、焊条、电缆和焊件组成。焊接电弧是负载，弧焊电源是为其提供电能的装置，焊接电缆则连接电源与焊钳和焊件。

### 一、焊条电弧焊的原理

焊接时，将焊条与焊件接触短路后立即提起焊条，引燃电弧。电弧的高温将焊条与焊件局部熔化，熔化了的焊芯以熔滴的形式过渡到局部熔化的焊件表面，熔合一起形成熔池。焊条药皮在熔化过程中产生一定量的气体和液态熔渣，产生的气体充满在电弧和熔池周围，起隔绝大气保护液体金属的作用。液态熔渣密度小，在熔池中不断上浮，覆盖在液体金属上面，也起着保护液体金属的作用。同时，药皮熔化产生的气体、熔渣与熔化了的焊芯、焊件发生一系列冶金反应，保证了所形成焊缝的性能。随着电弧沿焊接方向不断移动，熔池液态金属逐步冷却结晶形成焊缝。焊条电弧焊原理如图 2-2 所示。

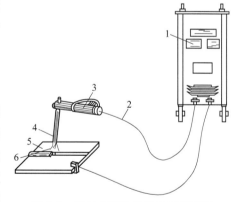

图 2-1　焊条电弧焊的焊接回路简图
1—弧焊电源；2—电缆；3—焊钳；
4—焊条；5—焊件；6—电弧

焊条电弧焊
的原理

笔记

### 二、焊条电弧焊的特点

#### 1. 焊条电弧焊的优点

（1）工艺灵活、适应性强　对于不同的焊接位置、接头形式、焊件厚度及焊缝，只要

(a) 焊接操作          (b) 焊接过程

图 2-2    焊条电弧焊原理

焊条所能达到的任何位置，均能进行方便的焊接。对一些单件、小件、短的、不规则的空间任意位置的以及不易实现机械化焊接的焊缝，更显得机动灵活，操作方便。

（2）应用范围广    焊条电弧焊的焊条能够与大多数焊件金属性能相匹配，因而，接头的性能可以达到被焊金属的性能。焊条电弧焊不但能焊接碳钢和低合金钢、不锈钢及耐热钢，对于铸铁、高合金钢及有色金属等也可以用焊条电弧焊焊接。此外，还可以进行异种钢焊接和各种金属材料的堆焊等。

（3）易于分散焊接应力和控制焊接变形    由于焊接是局部的不均匀加热，所以焊件在焊接过程中都存在着焊接应力和变形。对结构复杂而焊缝又比较集中的焊件、长焊缝和大厚度焊件其应力和变形问题更为突出。采用焊条电弧焊，可以通过改变焊接工艺，如采用跳焊、分段退焊、对称焊等方法，来减少变形和改善焊接应力的分布。

（4）设备简单、成本较低    焊条电弧焊使用的交流焊机和直流焊机，其结构都比较简单，维护保养也较方便，设备轻便而且易于移动，且焊接中不需要辅助气体保护，并具有较强的抗风能力。故投资少，成本相对较低。

**2. 焊条电弧焊的缺点**

（1）焊接生产率低、劳动强度大    由于焊条的长度是一定的，因此每焊完一根焊条后必须停止焊接，更换新的焊条，而且每焊完一焊道后要求清渣，焊接过程不能连续地进行，所以生产率低，劳动强度大。

（2）焊缝质量依赖性强    由于采用手工操作，焊缝质量主要靠焊工的操作技术和经验保证，所以，焊缝质量在很大程度上依赖于焊工的操作技术及现场发挥，甚至焊工的精神状态也会影响焊缝质量。且不适合活泼金属、难熔金属及薄板的焊接。

> **小提示**
>
> 尽管半自动焊、自动焊在一些领域得到了广泛的应用，有逐步取代焊条电弧焊的趋势，但由于它具有以上特点，所以仍然是目前焊接生产中使用最广泛的焊接方法。

# 模块二    焊条电弧焊设备及工具

焊条电弧焊的设备和工具有弧焊电源、焊钳、面罩、焊条保温筒，此外还有敲渣锤、

焊条电弧焊
焊接过程

笔记

钢丝刷等手工工具及焊缝检验尺等辅助器具等,其中最主要、最重要的设备是弧焊电源,即通常所说电焊机,为了区别其他电源,故称弧焊电源。焊条电弧焊电源的作用就是为焊接电弧稳定燃烧提供所需要的、合适的电流和电压。

## 一、对弧焊电源的要求

焊条电弧焊电弧与一般的电阻负载不同,它在焊接过程中是时刻变化的,是一个动态的负载。因此焊条电弧焊电源除了具有一般电力电源的特点外,还必须满足下列要求。

### 1. 对弧焊电源外特性的要求

在其他参数不变的情况下,弧焊电源输出电压与输出电流之间的关系,称为弧焊电源的外特性。弧焊电源的外特性可用曲线来表示,称为弧焊电源的外特性曲线,如图 2-3 所示。弧焊电源的外特性基本上有下降外特性、平外特性、上升外特性三种类型。

在焊接回路中,弧焊电源与电弧构成供电用电系统。为了保证焊接电弧稳定燃烧和焊接参数稳定,电源外特性曲线与电弧静特性曲线必须相交。因为在交点,电源供给的电压和电流与电弧燃烧所需要的电压和电流相等,电弧才能燃烧。由于焊条电弧焊电弧静特性曲线的工作段在平特性区,所以只有下降外特性曲线才与其有交点,如图 2-3 中的 $A$ 点。因此,下降外特性曲线电源能满足焊条弧焊的要求。

图 2-4 为两种下降度不同的下降外特性曲线对焊接电流的影响情况。从图中可以看出,当弧长变化相同时,陡降外特性曲线 1 引起的电流偏差 $\Delta I_1$ 明显小于缓降外特性曲线 2 引起的电流偏差 $\Delta I_2$,有利于焊接参数稳定。因此,焊条电弧焊应采用陡降外特性电源。

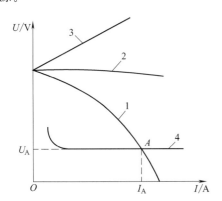

图 2-3 电源外特性与电弧静特性的关系
1—下降外特性;2—平外特性;3—上升外特性;4—电弧静特性

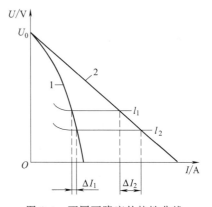

图 2-4 不同下降度外特性曲线对焊接电流的影响情况
1—陡降外特性曲线;2—缓降外特性曲线

### 2. 对弧焊电源空载电压的要求

弧焊电源接通电网而焊接回路为开路时,弧焊电源输出端电压称为空载电压。为便于引弧,需要较高的空载电压,但空载电压过高,对焊工人身安全不利,制造成本也较高。一般交流弧焊电源空载电压为 $55 \sim 70\text{V}$,直流弧焊电源空载电压为 $45 \sim 85\text{V}$。

### 3. 对弧焊电源稳态短路电流的要求

弧焊电源稳态短路电流是弧焊电源所能稳定提供的最大电流,即输出端短路时的电流。稳态短路电流太大,焊条过热,易引起药皮脱落,并增加熔滴过渡时的飞溅;稳态短路电流太小,则会使引弧和焊条熔滴过渡产生困难。因此,对于下降外特性的弧焊电源,一般要求稳态短路电流为焊接电流的 1.25～2.0 倍。

**4. 对弧焊电源调节特性的要求**

在焊接中，根据焊接材料的性质、厚度、焊接接头的形式、位置及焊条直径等不同，需要选择不同的焊接电流。这就要求弧焊电源能在一定范围内，对焊接电流作均匀、灵活的调节，以便有利于保证焊接接头的质量。焊条电弧焊焊接电流的调节，实质上是调节电源外特性。

**5. 对弧焊电源动特性的要求**

弧焊电源的动特性，是指弧焊电源对焊接电弧的动态负载所输出的电流、电压对时间的关系，它表示弧焊电源对动态负载瞬间变化的反应能力。动特性合适时，引弧容易、电弧稳定、飞溅小，焊缝成形良好。弧焊电源动特性，是衡量弧焊电源质量的一个重要指标。

## 二、弧焊电源的分类及型号

**1. 弧焊电源的分类及特点**

弧焊电源按结构原理不同可分为交流弧焊电源、直流弧焊电源和逆变式弧焊电源三种类型。按电流性质可分为直流电源和交流电源。

（1）弧焊变压器　弧焊变压器一般也称为交流弧焊电源，是一种最简单和常用的弧焊电源。弧焊变压器的作用是把网路电压的交流电变成适宜于电弧焊的低压交流电。它具有结构简单、易造易修、成本低、效率高、磁偏吹小、噪声小等优点，但电弧稳定性较差，功率因数较低。

（2）直流弧焊电源　直流弧焊电源有直流弧焊发电机和弧焊整流器两种。直流弧焊发电机是由直流发电机和原动机（电动机、柴油机、汽油机）组成。虽然坚固耐用，电弧燃烧稳定，但损耗较大、效率低、噪声大、成本高、重量大、维修难。电动机驱动的直流弧焊发电机，属于国家规定的淘汰产品，但由柴油机驱动的可用于没有电源的野外施工。

弧焊整流器是把交流电经降压整流后获得直流电的电器设备。它具有制造方便、价格低、空载损耗小、电弧稳定和噪声小等优点，且大多数（如晶闸管式、晶体管式）可以远距离调节焊接参数，能自动补偿电网电压波动对输出电压、电流的影响。

（3）逆变式弧焊电源（弧焊逆变器）　弧焊逆变器是把单相或三相交流电经整流后，由逆变器转变为几百至几万赫兹的中频交流电，经降压后输出交流或直流电。它具有高效、节能、重量轻、体积小、功率因数高和焊接性能好等独特的优点。

**2. 弧焊电源的型号及技术参数**

（1）弧焊电源的型号　根据 GB 10249—2010《电焊机型号编制办法》，弧焊电源型号采用汉语拼音字母和阿拉伯数字表示，弧焊电源型号的各项编排次序如图 2-5 所示，由产品符号代码（包括大类名称、小类名称、附注特征和系列序号，见表 2-1）、基本规格、派生代号和改进序号组成。型号中的 1、2、3、6 各项用汉语拼音字母表示；4、5、7 各项用阿拉伯数字表示；3、4、6、7 项如不用时，其他各项紧排。

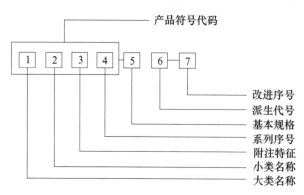

图 2-5　弧焊电源型号的各项编排次序

① 第一项，大类名称：B 表示弧焊变压器；Z 表示弧焊整流器；A 表示弧焊发电机。

② 第二项，小类名称：X 表示下降特性；P 表示平特性；D 表示多特性。

③ 第三项，附注特征：如 E 表示交直流两用电源。

④ 第四项，系列序号：区别同小类的各系列和品种。弧焊变压器中，"1" 表示动铁系列，"3" 表示动圈系列；弧焊整流器中，"1" 表示动铁系列，"3" 表示动圈系列，"5" 表示晶闸管系列，"7" 表示逆变系列。

⑤ 第五项，基本规格：表示额定焊接电流。

例如：

BX3-300：动圈系列的弧焊变压器，具有下降外特性，额定焊接电流为 300A。

ZX5-400：晶闸管系列弧焊整流器，具有下降外特性，额定焊接电流为 400A。

表 2-1　焊条电弧焊机产品符号代码

| 第一字母 | | 第二字母 | | 第三字母 | | 第四字母 | |
|---|---|---|---|---|---|---|---|
| 代表字母 | 大类名称 | 代表字母 | 小类名称 | 代表字母 | 附注特征 | 数字序号 | 系列序号 |
| B | 交流弧焊机<br>（弧焊变压器） | X | 下降特性 | L | 高空载电压 | 省略 | 磁放大器或饱和电抗器式 |
| | | | | | | 1 | 动铁芯式 |
| | | | | | | 2 | 串联电抗器式 |
| | | P | 平特性 | | | 3 | 动圈式 |
| | | | | | | 4 | |
| | | | | | | 5 | 晶闸管式 |
| | | | | | | 6 | 变换抽头式 |
| A | 机械驱动的弧焊机<br>（弧焊发电机） | X | 下降特性 | 省略 | 电动机驱动 | 省略 | 直流 |
| | | | | D | 单纯弧焊发电机 | 1 | 交流发电机整流 |
| | | P | 平特性 | Q | 汽油机驱动 | 2 | 交流 |
| | | | | C | 柴油机驱动 | | |
| | | | | T | 拖拉机驱动 | | |
| | | D | 多特性 | H | 汽车驱动 | | |
| Z | 直流弧焊机<br>（弧焊整流器） | X | 下降特性 | 省略 | 一般电源 | 省略 | 磁放大器或饱和电抗器式 |
| | | | | | | 1 | 动铁芯式 |
| | | | | M | 脉冲电源 | 2 | |
| | | | | | | 3 | 动圈式 |
| | | P | 平特性 | L | 高空载电压 | 4 | 晶体管式 |
| | | | | | | 5 | 晶闸管式 |
| | | | | | | 6 | 变换抽头式 |
| | | D | 多特性 | E | 交直流两用电源 | 7 | 逆变式 |

（2）弧焊电源的技术参数　焊机除了有规定的型号外，在其外壳均标有铭牌，铭牌标明了主要技术参数，如负载持续率等可供安装、使用、维护等工作参考。

① 额定值　额定值即是对焊接电源规定的使用限额，如额定电压、额定电流和额定功率等。按额定值使用弧焊电源，应是最经济合理、安全可靠的，既充分利用了设备，又保证了设备的正常使用寿命。超过额定值工作称为过载，严重过载将会使设备损坏。在额定负载持续率工作允许使用的最大焊接电流，称为额定焊接电流。额定焊接电流不是最大焊接电流。

② 负载持续率　负载持续率是指弧焊电源负载的时间与整个工作时间周期的百分率，用公式表示如下：

负载持续率＝（弧焊电源负载时间/选定的工作时间周期）×100%

笔记

对于焊条电弧焊电源，工作时间周期定为 10min，如果在 10min 内负载的时间为 6min，那么负载持续率即为 60%。对于一台弧焊电源来说，随着实际焊接（负载）时间的增多，间歇时间减少，那么负载持续率便会不断增高，弧焊电源就会更容易发热、升温，甚至烧毁。因此，焊工必须按规定的额定负载持续率使用。

### 三、常用焊条电弧焊电源

#### 1. 弧焊变压器

（1）BX3-300 型弧焊变压器　BX3-300 型弧焊变压器属于动圈式，是生产中应用最广的一种交流焊机，其外形如图 2-6 所示。它是依靠一、二次侧绕组间漏磁获得陡降外特性的，其结构如图 2-7 所示。它有一个高而窄的口字形铁芯，变压器的一次侧绕组分成两部分，固定在口形铁芯两心柱的底部；二次侧绕组也分成两部分，装在两铁芯柱的上部并固定于可动的支架上，通过丝杆连接，转动手柄可使二次侧绕组上下移动，以改变一、二次侧绕组间的距离，从而调节焊接电流的大小。

图 2-6　BX3-300 型弧焊变压器

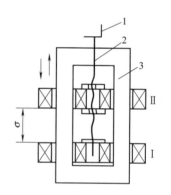

图 2-7　BX3-300 型弧焊变压器结构简图
1—手柄；2—调节丝杆；3—铁芯

焊接电流的调节有两种方法，即粗调节和细调节。粗调节是通过改变一、二次侧绕组的接线方法（接法Ⅰ或接法Ⅱ），即通过改变一、二次侧绕组的匝数进行调节，当接成接法Ⅰ时，空载电压为 75V，焊接电流调节范围为 40～125A；当接成接法Ⅱ时，空载电压为 60V，焊接电流调节范围为 115～400A。

细调节是通过手柄来改变一、二次侧绕组的距离进行，一、二次侧绕组距离越大，漏磁增加，焊接电流就减小；反之，焊接电流增大。

（2）BX1-315 型弧焊变压器　BX1-315 型弧焊变压器是动铁式，它由一个口字形固定铁芯（Ⅰ）和一个梯形活动铁芯（Ⅱ）组成，活动铁芯构成了一个磁分路，以增强漏磁使焊机获得陡降外特性。它的一次侧绕组（$W_1$）和二次侧绕组（$W_2$）各自分成两半分别绕在变压器固定铁芯上，一次侧绕阻两部分串联接电源，二次侧绕阻两部分并联接焊接回路。BX1-315-2 型弧焊变压器外形及电路结构如图 2-8 所示。

BX1-315-2 焊机的焊接电流调节方便，仅需移动铁芯就可满足电流调节要求，其调节范围为 60～380A，调节范围广。当活动铁芯由里向外移动而离开固定铁芯时，漏磁减少，则焊接电流增大，反之，焊接电流减少。焊接电流调节如图 2-9 所示。

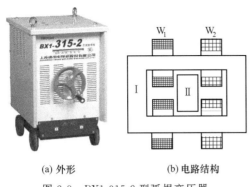

(a) 外形      (b) 电路结构

图 2-8 BX1-315-2 型弧焊变压器

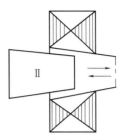

图 2-9 焊接电流调节

### 2. 弧焊整流器

弧焊整流器是一种将交流电变压，整流转换成直流电的弧焊电源。弧焊整流器有硅弧焊整流器、晶闸管弧焊整流器、晶体管弧焊整流器等。晶闸管弧焊整流器以其优异的性能已逐步代替了弧焊发电机和硅弧焊整流器，成为目前一种主要的直流弧焊电源。

（1）硅弧焊整流器 硅弧焊整流器是以硅二极管作为整流元件，利用降压变压器将50Hz 的单相或三相交流电网电压降为焊接时所需的低电压，经硅整流器整流和电抗器滤波后获得直流电的直流弧焊电源。硅弧焊整流器曾一度是直流弧焊发电机的替代产品之一，现有被晶闸管弧焊整流器、弧焊逆变器替代的趋势，其型号有 ZXG-160、ZXG-400等。硅弧焊整流器的组成如图 2-10 所示。

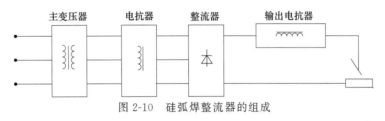

图 2-10 硅弧焊整流器的组成

（2）晶闸管弧焊整流器 晶闸管弧焊整流器是一种电子控制的弧焊电源，它是用晶闸管作为整流元件，以获得所需的外特性及焊接参数（电流、电压）的调节。它的性能优于硅弧焊整流器，目前已成为一种主要的直流弧焊电源。常用的国产型号有 ZX5-250、ZX5-400、ZX5-630 等。常用国产 ZX5 晶闸管弧焊整流器技术参数见表 2-2。ZX5-400 晶闸管弧焊整流器外形如图2-11 所示。

### 3. 弧焊逆变器

将直流电变换成交流电称为逆变，实现这种变换的装置叫逆变器。为焊接电弧提供电能，并具有弧焊方法所要求性能的逆变器，即为弧焊逆变器或称为逆变式弧焊电源。目前各类逆变式弧焊电源已逐步应用于多种焊接方法，逐步成为更新换代的重要产品。

弧焊逆变器是一种新型的弧焊电源。弧焊逆变器的基本原理如图 2-12 所示，单相或三相 50Hz 交流网路电压经输入整流器（$UZ_1$）和输入滤波器（$LC_1$）后变成直流电，

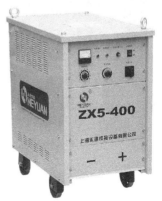

图 2-11 ZX5-400 晶闸管
弧焊整流器外形

📝 笔记

表 2-2　晶闸管弧焊整流器和弧焊逆变器技术参数

| 产品型号 | 额定输入容量/kW | 一次侧电压/V | 工作电压/V | 额定焊接电流/A | 焊接电流调节范围/A | 负载续率/% | 质量/kg | 主要用途 |
|---|---|---|---|---|---|---|---|---|
| ZX5-250 | 14 | 380 | 21~30 | 250 | 25~250 | 60 | 150 | 用于焊条电弧焊 |
| ZX5-400 | 24 | 380 | 21~36 | 400 | 40~400 | 60 | 200 | |
| ZX7-250 | 9.2 | 380 | 30 | 250 | 50~250 | 60 | 35 | 用于焊条电弧焊或氩弧焊 |
| ZX7-400 | 14 | 380 | 36 | 400 | 50~400 | 60 | 70 | |

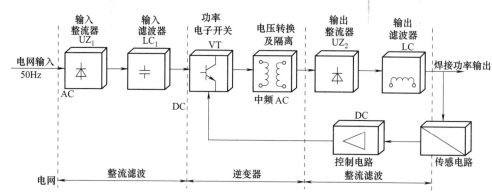

图 2-12　弧焊逆变器基本原理方框图

借助大功率电子开关元件 VT（晶闸管、晶体管、场效应管或绝缘栅双极晶体管 IGBT）的交替开关作用，逆变成几千至几万赫兹的中频交流电，再经中频变压器降至适合焊接的几十伏交流电，如再经输出整流器（$UZ_2$）整流和输出滤波器（LC）滤波，则可输出适合焊接的直流电。弧焊逆变器的逆变系统主要有两种：

（1）交流→直流→交流；

（2）交流→直流→交流→直流。

图 2-13　ZX7-400 弧焊逆变器外形

通常弧焊逆变器多采用后一种系统，故还可把弧焊逆变器称为逆变弧焊整流器。常用的国产型号有 ZX7-250、ZX7-400、ZX7-630 等。ZX7-400 弧焊逆变器外形如图 2-13 所示。

弧焊逆变器的优点是高效节能，效率可达 80%～90%；重量轻、体积小，整机重量仅为传统的弧焊电源的 1/10～1/5；具有良好的动特性和弧焊工艺性能；所有焊接工艺参数均可无级调整；具有多种外特性，能适应各种弧焊方法，如焊条电弧焊、气体保护焊、等离子弧焊及埋弧焊并适合作机器人的弧焊电源。弧焊逆变器的缺点是设备复杂，维修需要较高技术等。

常用国产 ZX7 系列弧焊逆变器的技术参数见表 2-2。

小提示　选用弧焊电源时，一般应尽量选用弧焊变压器。但必须使用直流电源时（如使用碱性焊条），最好选用弧焊逆变器电源，其次是弧焊整流器，尽量不用弧焊发电机。

## 四、焊条电弧焊电源常见故障及处理

### 1. 弧焊变压器常见故障及处理

弧焊变压器常见的故障分析及处理方法见表 2-3。

表 2-3 弧焊变压器常见的故障分析及处理方法

| 故障特征 | 产 生 原 因 | 处 理 方 法 |
|---|---|---|
| 焊机过热 | (1)弧焊变压器过载<br>(2)变压器线圈短路<br>(3)铁芯螺杆绝缘损坏 | (1)减小使用的焊接电流<br>(2)排除短路现象<br>(3)恢复绝缘 |
| 焊接过程中电流忽大忽小 | (1)焊接电缆与焊件接触不良<br>(2)可动铁芯随焊机的振动而移动 | (1)使焊接电缆与焊件接触良好<br>(2)设法阻止可动铁芯的移动 |
| 可动铁芯在焊接过程中发出强烈的嗡嗡声 | (1)可动铁芯的制动螺丝或弹簧太松<br>(2)铁芯活动部分的移动机构损坏 | (1)旋紧螺丝,调整弹簧的拉力<br>(2)检查修理移动机构 |
| 弧焊变压器外壳带电 | (1)一次侧线圈或二次侧线圈碰壳<br>(2)电源线误碰罩壳<br>(3)焊接电缆误碰罩壳<br>(4)未接接地线或接地线接触不良 | (1)检查并消除碰壳处<br>(2)排除碰罩壳现象<br>(3)排除碰罩壳现象<br>(4)接妥接地线 |
| 焊接电流过小 | (1)焊接电缆过长,压降太大<br>(2)焊接电缆卷成盘形,电感很大<br>(3)电缆接线柱或焊件与电缆接触不良 | (1)缩短电缆长度或加大电缆直径<br>(2)将电缆放开,不使其成盘形<br>(3)使接头处接触良好 |

### 2. 晶闸管弧焊整流器常见故障及处理

ZX5 晶闸管弧焊整流器常见故障分析及处理方法见表 2-4。

表 2-4 ZX5 晶闸管弧焊整流器常见故障分析及处理方法

| 故障特征 | 产 生 原 因 | 处 理 方 法 |
|---|---|---|
| 无空载电压 | (1)控制箱焊接电缆或地线插头接触不良<br>(2)遥控盒电位器损坏,其电缆接头松脱、断线<br>(3)线路板损坏 | (1)旋紧,使其接触良好<br>(2)查电位器、电缆及其接头,可分段测其电压<br>(3)修复,或换好板后再修 |
| 焊接电流调节失灵 | (1)保险丝熔断<br>(2)焊接电缆破损碰地<br>(3)主电路有严重接触不良处<br>(4)近/远控制开关损坏<br>(5)调节电位器损坏,电缆线接头松脱,断线<br>(6)有关信号电路脱线、元件损坏<br>(7)晶闸管损坏<br>(8)线路板损坏 | (1)先查后换<br>(2)包扎,使绝缘良好且耐磨<br>(3)查接头,插头,使其接触良好<br>(4)修理或更换<br>(5)同(2)<br>(6)查元件及线路,修或换<br>(7)检测晶闸管及触发电路<br>(8)同(3) |
| 焊接电压、电流不稳 | (1)控制线路或主电路某处接触不良<br>(2)分流器到控制板的引线松动<br>(3)滤波电抗器匝间短路 | (1)查线路各处接触并注意到保险丝,使其接触良好<br>(2)使接触良好<br>(3)消除短路处 |
| 焊接过程中,电流忽然变小,电压降低或无输出电流 | (1)风扇不转或焊机长期过载,使机内温升太高,从而使温度继电器动作<br>(2)保险丝熔断<br>(3)晶闸管损坏或不导通 | (1)检修风机,按负载率使用焊机<br>(2)查后更换<br>(3)检测晶闸管及触发电路 |

### 3. 弧焊逆变器常见故障及处理

ZX7 弧焊逆变器常见故障分析及处理方法见表 2-5。

表 2-5　ZX7 弧焊逆变器常见故障分析及处理方法

| 故障特征 | 产 生 原 因 | 处 理 方 法 |
|---|---|---|
| 开机后指示灯不亮,风机不转 | (1)电源缺相<br>(2)自动空气开关损坏<br>(3)指示灯接触不良或损坏 | (1)解决电源缺相<br>(2)更换自动空气开关<br>(3)清理指示灯接触面或更换指示灯 |
| 开机后电源指示灯不亮,电压表指示 70～80V,风机和焊机工作正常 | 电源指示灯接触不良或损坏 | (1)清理指示灯接触面<br>(2)更换损坏的指示灯 |
| 开机后焊机无空载电压输出 | (1)电压表损坏<br>(2)快速晶闸管损坏<br>(3)控制电路板损坏 | (1)更换电压表<br>(2)更换损坏的晶闸管<br>(3)更换损坏的控制电路板 |
| 开机后焊机能工作,但焊接电流偏小,电压表指示不在 70～80V 之间 | (1)三相电源缺相<br>(2)换向电容可能有个别的损坏<br>(3)控制电路板损坏<br>(4)三相整流桥损坏<br>(5)焊钳电缆截面太小 | (1)恢复缺相电源<br>(2)更换损坏的换向电容<br>(3)更换损坏的控制电路板<br>(4)更换损坏的三相整流桥<br>(5)更换大截面电缆线 |
| 焊机电源一接通,自动空气开关就立即断电 | (1)快速晶闸管有损坏<br>(2)快速整流管有损坏<br>(3)控制电路板有损坏<br>(4)电解电容个别的有损坏<br>(5)过压保护板损坏<br>(6)压敏电阻有损坏<br>(7)三相整流桥有损坏 | (1)更换快速晶闸管<br>(2)更换损坏的快速整流管<br>(3)更换损坏的控制电路板<br>(4)更换损坏的电解电容<br>(5)更换过压保护板<br>(6)更换损坏的压敏电阻<br>(7)更换损坏的三相整流桥 |
| 控制失灵 | (1)遥控插头座接触不良<br>(2)遥控电线内部断线或调节电位器损坏<br>(3)遥控开关没放在遥控位置上 | (1)插座进行清洁处理,使之接触良好<br>(2)更换导线或更换电位器<br>(3)将遥控选择开关置于遥控位置上 |
| 焊接过程中出现连续断弧现象 | (1)输出电流偏小<br>(2)输出极性接反<br>(3)焊条牌号选择不对<br>(4)电抗器有匝间短路或绝缘不良的现象 | (1)增大输出电流<br>(2)改换焊机输出极性<br>(3)更换焊条<br>(4)检查及维修电抗器匝间短路或绝缘不良的现象 |

## 五、焊条电弧焊其他设备和工具

### 1. 焊钳和面罩

（1）焊钳　焊钳是夹持焊条并传导电流以进行焊接的工具,它既能控制焊条的夹持角度,又可把焊接电流传输给焊条。市场销售的焊钳,如图 2-14 所示,有 300A 和 500A 两种规格。

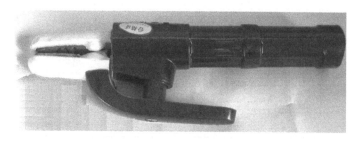

图 2-14　焊钳

（2）面罩　面罩是防止焊接时的飞溅、弧光及其他辐射对焊工面部和颈部损伤的一种遮盖工具。有手持式和头盔式两种，头盔式多用于需要双手作业的场合。如图 2-15 所示。面罩正面开有长方形孔，内嵌白玻璃和黑玻璃。黑玻璃起减弱弧光和过滤红外线、紫外线作用。黑玻璃按亮度的深浅不同分为 6 个型号（7～12 号），号数越大，色泽越深。应根据年龄和视力情况选用，一般常用 9～10 号。白玻璃仅起保护黑玻璃作用。

目前，应用现代微电子和光控技术研制而成的光控面罩（见图 2-16），在弧光产生的瞬间自动变暗；弧光熄灭的瞬间自动变亮，非常便于焊工的操作。

(a)手持式　　　　　(b) 头盔式

图 2-15　焊接面罩

### 2. 焊条保温筒和焊缝检验尺

（1）焊条保温筒　焊条保温筒是焊接时不可缺少的工具，如图 2-17 所示，焊接锅炉压力容器时尤为重要。经过烘干后的焊条在使用过程中易再次受潮，从而使焊条的工艺性能变差和焊缝质量降低。焊条从烘烤箱取出后，应储存在保温筒内，在焊接时随取随用。

图 2-16　光控面罩

图 2-17　焊条保温筒

（2）焊缝检验尺　焊缝检验尺是一种精密量规，用来测量焊件、焊缝的坡口角度、装配间隙、错边及焊缝的余高、焊缝宽度和角焊缝焊脚等。焊缝检验尺外形及测量示意见图 2-18。

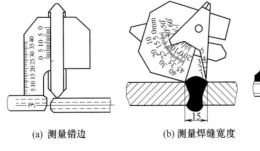

(a) 测量错边　　　　(b) 测量焊缝宽度　　　　(c) 测量角焊缝厚度

图 2-18

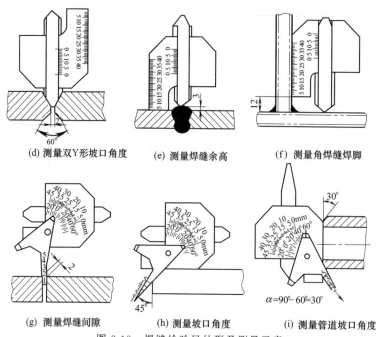

(d) 测量双Y形坡口角度        (e) 测量焊缝余高        (f) 测量角焊缝焊脚

(g) 测量焊缝间隙        (h) 测量坡口角度        (i) 测量管道坡口角度

图 2-18    焊缝检验尺外形及测量示意

### 3. 常用焊接手工工具

常用的手工工具有：清渣用的敲渣锤、錾子、钢丝刷、手锤、钢丝钳、夹持钳等，以及用于修整焊件接头和坡口钝边用的锉刀，如图 2-19 所示。

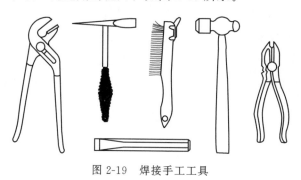

图 2-19    焊接手工工具

## 模块三　焊条电弧焊焊接材料

焊条电弧焊的焊接材料就是焊条。焊条由焊芯和药皮组成。焊条电弧焊时，焊条既作电极，又作填充金属熔化后与母材熔合形成焊缝。焊条规格是以焊芯直径来表示的，常用的有 $\phi 2$、$\phi 2.5$、$\phi 3.2$、$\phi 4$、$\phi 5$、$\phi 6$ 等几种。焊条按药皮熔化后的熔渣特性可分为酸性焊条和碱性焊条两大类。酸性焊条工艺性能优于碱性焊条，碱性焊条的力学性能、抗裂性能强于酸性焊条。

### 一、焊条的型号及牌号

焊条型号和牌号都是焊条的代号，焊条型号是指国家标准规定的各类焊条的代号。牌号则是焊条制造厂对作为产品出厂的焊条规定的代号，我国焊条制造厂在原机械电子工业部组织下，编写了《焊接材料产品样本》，实行了统一牌号制度。近年来，随着焊条的国家标准参照国际标准作了较大修改，造成了《焊接材料产品样本》中的焊条牌号与国家标准的焊条型号不能完全一一对应。虽然焊条牌号不是国家标准，但考虑到多年使用已成习惯，现在生产中仍得到广泛应用。

### 1. 非合金钢及细晶粒钢焊条型号

根据国家标准 GB/T 5117—2012《非合金钢及细晶粒钢焊条》，焊条型号是根据熔敷金属的力学性能、药皮类型、焊接位置、电流类型、熔敷金属化学成分和焊后状态等进行划分的。

第一部分字母"E"表示焊条；第二部分"E"后紧邻的两位数字表示熔敷金属最小抗拉强度代号（43、50、55、57）；第三部分"E"后的第三和第四两位数表示药皮类型、焊接位置和电流类型，见表 2-6；第四部分为熔敷金属化学成分分类代号，可为"无标记"或短划"-"后的字母、数字或字母和数字的组合；第五部分为焊后状态代号，其中"无标记"表示焊态，"P"表示热处理状态，"AP"表示焊态和焊后热处理两种状态均可。除了以上强制分类代号外，根据供需双方协商，可在型号后依次附加可选代号。

焊条型号举例如下：

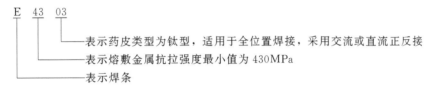

E 43 03
　　　　　——表示药皮类型为钛型，适用于全位置焊接，采用交流或直流正反接
　　　　——表示熔敷金属抗拉强度最小值为 430MPa
　　——表示焊条

**表 2-6　焊条药皮类型代号**

| 代号 | 药皮类型 | 焊接位置 | 电流类型 | 备注 |
|---|---|---|---|---|
| 03 | 钛型 | | 交流或直流正、反接 | 非合金钢及细晶粒钢焊条、热强钢焊条 |
| 10 | 纤维素 | | 直流反接 | 非合金钢及细晶粒钢焊条、热强钢焊条 |
| 11 | 纤维素 | | 交流或直流反接 | 非合金钢及细晶粒钢焊条、热强钢焊条 |
| 12 | 金红石 | | 交流或直流正接 | 非合金钢及细晶粒钢焊条 |
| 13 | 金红石 | 全位置 | 交流或直流正、反接 | 非合金钢及细晶粒钢焊条、热强钢焊条 |
| 14 | 金红石＋铁粉 | | 交流或直流正、反接 | 非合金钢及细晶粒钢焊条 |
| 15 | 碱性 | | 直流反接 | 非合金钢及细晶粒钢焊条、热强钢焊条 |
| 16 | 碱性 | | 交流或直流反接 | 非合金钢及细晶粒钢焊条、热强钢焊条 |
| 18 | 碱性＋铁粉 | | 交流或直流反接 | 非合金钢及细晶粒钢焊条、热强钢焊条 |
| 19 | 钛铁矿 | | 交流或直流正、反接 | 非合金钢及细晶粒钢焊条、热强钢焊条 |
| 20 | 氧化铁 | | 交流或直流正接 | 非合金钢及细晶粒钢焊条、热强钢焊条 |
| 24 | 金红石＋铁粉 | 平焊、平角焊 | 交流或直流正、反接 | 非合金钢及细晶粒钢焊条 |
| 27 | 氧化铁＋铁粉 | | 交流或直流正、反接 | 非合金钢及细晶粒钢焊条、热强钢焊条 |
| 28 | 碱性＋铁粉 | 平焊、平角焊、横焊 | 交流或直流反接 | 非合金钢及细晶粒钢焊条 |
| 40 | 不作规定 | | 由制造商确定 | 非合金钢及细晶粒钢焊条、热强钢焊条 |
| 45 | 碱性 | 全位置 | 直流反接 | 非合金钢及细晶粒钢焊条 |
| 48 | 碱性 | | 交流或直流反接 | 非合金钢及细晶粒钢焊条 |

### 2. 热强钢焊条型号

根据国家标准 GB/T 5118—2012《热强钢焊条》，焊条型号是根据熔敷金属力学性能、药皮类型、焊接位置、电流类型、熔敷金属化学成分等进行划分的。

第一部分字母"E"表示焊条；第二部分"E"后紧邻的两位数字表示熔敷金属最小抗拉强度代号（50、52、55、62）；第三部分"E"后的第三和第四两位数表示药皮类型、

笔记

焊接位置和电流类型，见表 2-6；第四部分为熔敷金属化学成分分类代号，为短划 "-" 后的字母、数字或字母和数字的组合。

除了以上强制分类代号外，根据供需双方协商，可在型号后附加扩散氢代号 "HX"。焊条型号举例如下：

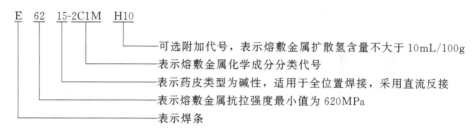

### 3. 不锈钢焊条型号

按国家标准 GB/T 983—2012《不锈钢焊条》规定，不锈钢焊条型号是根据熔敷金属化学成分、焊接位置和药皮类型等进行划分。

第一部分字母 "E" 表示焊条；第二部分 "E" 后面的数字表示熔敷金属化学成分分类，数字后的字母 "L" 表示碳含量较低，"H" 表示碳含量较高，如有其他特殊要求的化学成分，该化学成分用元素符号表示放在数字后面；第三部分为短划 "-" 后的第一位数字，表示焊接位置，"1" 表示平焊、平角焊、仰角焊、向上立焊，"2" 表示平焊、平角焊，"4" 表示平焊、平角焊、仰角焊、向上立焊和向下立焊；第四部分为最后一位数字表示药皮类型和电流类型，见表 2-7。

焊条型号举例如下：

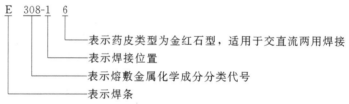

表 2-7　焊条药皮类型代号

| 代号 | 药皮类型 | 电流类型 | 药皮成分、性能特点 |
|---|---|---|---|
| 5 | 碱性 | 直流 | 含有大量碱性矿物质和化学物质，如石灰石（碳酸钙）、白云石（碳酸钙、碳酸镁）和萤石（氟化钙），通常只使用直流反接 |
| 6 | 金红石 | 交流和直流 | 含有大量金红石矿物质，主要是二氧化钛（氧化钛），含有低电离元素以改进的金红石类，使用一部分二氧化硅代替氧化钛，熔渣流动性好，引弧性能良好，电弧易喷射过渡，但不适用于薄板的立向上位置的焊接 |
| 7 | 钛酸型 | 交流和直流 | |

注：46 型、47 型采用直流焊接。

### 4. 焊条牌号

按照《焊接材料产品样本》规定，焊条牌号由汉字（或汉语拼音字母）和三位数字组成。汉字（或汉语拼音字母）表示按用途分的焊条各大类，前二位数字表示各大类中的若干小类，第三位数字表示药皮类型和电流种类。焊条牌号中表示各大类的汉字（或汉语拼音字母）含义见表 2-8。焊条牌号中第三位数字的含义见表 2-9。

（1）结构钢焊条牌号　汉字 "结（J）" 表示结构钢焊条；第一、二位数字表示熔敷金属抗拉强度等级；第三位数字表示药皮类型和电流种类。

表 2-8　焊条牌号中表示各大类的汉字（或汉语拼音字母）含义

| 焊条类别 | | 大类的汉字（或汉语拼音字母） | 焊条类别 | 大类的汉字（或汉语拼音字母） |
|---|---|---|---|---|
| 结构钢焊条 | 碳钢焊条 | 结（J） | 低温钢焊条 | 温（W） |
| | 低合金钢焊条 | | 铸铁焊条 | 铸（Z） |
| 钼和铬钼耐热钢焊条 | | 热（R） | 铜及铜合金焊条 | 铜（T） |
| 不锈钢焊条 | 铬不锈钢焊条 | 铬（G） | 铝及铝合金焊条 | 铝（L） |
| | 铬镍不锈钢焊条 | 奥（A） | 镍及镍合金焊条 | 镍（Ni） |
| 堆焊焊条 | | 堆（D） | 特殊用途焊条 | 特殊（TS） |

表 2-9　焊条牌号中第三位数字的含义

| 焊条牌号 | 药皮类型 | 电流种类 | 焊条牌号 | 药皮类型 | 电流种类 |
|---|---|---|---|---|---|
| ××0 | 不定型 | 不规定 | ××5 | 纤维素型 | 交直流 |
| ××1 | 氧化钛型 | 交直流 | ××6 | 低氢钾型 | 交直流 |
| ××2 | 钛钙型 | 交直流 | ××7 | 低氢钠型 | 直流 |
| ××3 | 钛铁矿型 | 交直流 | ××8 | 石墨型 | 交直流 |
| ××4 | 氧化铁型 | 交直流 | ××9 | 盐基型 | 直流 |

例如：结 422（J422），表示熔敷金属抗拉强度最小值为 420MPa，药皮类型为钛钙型，交直流两用的结构钢焊条。

（2）钼和铬钼耐热钢焊条牌号　汉字"热（R）"表示钼和铬钼耐热钢焊条；第一位数字表示熔敷金属主要化学成分等级，见表 2-10；第二数字表示同一熔敷金属主要化学成分组成等级中的不同编号，按 0、1、…、9 顺序排列；第三位数字表示药皮类型和电流种类。

例如：热 307（R307），表示熔敷金属含铬量为 1%、含钼量为 0.5%，编号为 0，药皮类型为低氢钠型，直流反接的钼和铬钼耐热钢焊条。

表 2-10　钼和铬钼耐热钢焊条牌号第一位数字含义

| 焊条牌号 | 焊缝金属主要化学成分等级／% | |
|---|---|---|
| | 铬 | 钼 |
| 热 1××（R1××） | — | 0.5 |
| 热 2××（R2××） | 0.5 | 0.5 |
| 热 3××（R3××） | 1 | 0.5 |
| 热 4××（R4××） | 2.5 | 1 |
| 热 5××（R5××） | 5 | 0.5 |
| 热 6××（R6××） | 7 | 1 |
| 热 7××（R7××） | 9 | 1 |
| 热 8××（R8××） | 11 | 1 |

📝 笔记

（3）不锈钢焊条牌号　不锈钢焊条包括铬不锈钢焊条和铬镍不锈钢焊条，汉字"铬（G）"表示铬不锈钢焊条，"奥（A）"表示铬镍不锈钢焊条；第一位数字表示熔敷金属主要化学成分等级，见表 2-11；第二数字表示同一熔敷金属主要化学成分组成等级中的不同编号，按 0、1、…、9 顺序排列；第三位数字表示药皮类型和电流种类。

表 2-11　不锈钢焊条牌号第一位数字含义

| 焊条牌号 | 焊缝金属主要化学成分等级／% | |
|---|---|---|
| | 铬 | 镍 |
| 铬 2××（G2××） | 13 | — |
| 铬 3××（G3××） | 17 | — |

续表

| 焊条牌号 | 焊缝金属主要化学成分等级/% | |
|---|---|---|
| | 铬 | 镍 |
| 奥 0××（A0××） | 18（超低碳） | 9 |
| 奥 1××（A1××） | 18 | 9 |
| 奥 2××（A2××） | 18 | 12 |
| 奥 3××（A3××） | 25 | 13 |
| 奥 4××（A4××） | 25 | 20 |
| 奥 5××（A5××） | 16 | 25 |
| 奥 6××（A6××） | 15 | 35 |
| 奥 7××（A7××） | 铬锰氮不锈钢 | |

　　例如：铬 202（G202），表示熔敷金属含铬量为 13%，编号为 0，药皮类型为钛钙型，交直流两用的铬不锈钢焊条。

　　奥 137（A137），表示熔敷金属含铬量为 18%、含镍量为 9%，编号为 3，药皮类型为低氢钠型，直流反接的铬镍奥氏体不锈钢焊条。

　　（4）低温钢焊条牌号　汉字"温（W）"表示低温钢焊条；第一、二位数字表示低温钢焊条工作温度等级，见表 2-12；第三位数字表示药皮类型和电流种类。

　　例如：温 707（W707），表示工作温度等级为 -70℃，药皮类型为低氢钠型，直流反接的低温钢焊条。

表 2-12　低温钢焊条牌号第一、二位数字含义

| 焊条牌号 | 低温温度等级/℃ | 焊条牌号 | 低温温度等级/℃ |
|---|---|---|---|
| 温 70×（W70×） | -70 | 温 19×（W19×） | -196 |
| 温 90×（W90×） | -90 | 温 25×（W25×） | -253 |
| 温 10×（W10×） | -100 | | |

　　（5）堆焊焊条牌号　汉字"堆（D）"表示堆焊焊条；第一位数字表示焊条的用途、组织或熔敷金属的主要成分，见表 2-13；第二位数字表示同一用途、组织或熔敷金属的主要成分中的不同牌号顺序，按 0、1、…、9 顺序排列；第三位数字表示药皮类型和电流种类。

表 2-13　堆焊焊条牌号第一位数字含义

| 焊条牌号 | 用途、组织或熔敷金属的主要成分 | 焊条牌号 | 用途、组织或熔敷金属的主要成分 |
|---|---|---|---|
| 堆 0××（D 0××） | 不规定 | 堆 5××（D 5××） | 阀门用 |
| 堆 1××（D 1××） | 普通常温用 | 堆 6××（D 6××） | 合金铸铁用 |
| 堆 2××（D 2××） | 普通常温用及常温高锰钢 | 堆 7××（D 7××） | 碳化钨型 |
| 堆 3××（D 3××） | 刀具及工具用 | 堆 8××（D 8××） | 钴基合金 |
| 堆 4××（D 4××） | 刀具及工具用 | 堆 9××（D 9××） | 待发展 |

　　例如：堆 127（D 127），表示普通常温用，编号为 2，药皮类型为低氢钠型，直流反接的堆焊焊条。

> 小提示　对于不同特殊性能的焊条，可在焊条牌号后缀主要用途的汉字（或汉语拼音字母），如压力容器用焊条为 J506R；打底焊条为 J506D；低尘焊条为 J506DF；立向下焊条为 J506X 等。

**5. 焊条型号与牌号的对照**

（1）常用非合金钢及细晶粒钢焊条、热强钢焊条的型号与牌号对照　见表2-14。

表 2-14　常用非合金钢及细晶粒钢焊条、热强钢焊条型号与牌号对照表

| 序号 | 型号 | 牌号 | 序号 | 型号 | 牌号 |
|---|---|---|---|---|---|
| 1 | E4303 | J422 | 10 | E5003-1M3 | R102 |
| 2 | E4311 | J425 | 11 | E5015-1M3 | R107 |
| 3 | E4316 | J426 | 12 | E5503-CM | R202 |
| 4 | E4315 | J427 | 13 | E5515-CM | R207 |
| 5 | E5003 | J502 | 14 | E5515-1CM | R307 |
| 6 | E5016 | J506 | 15 | E5515-2CMWVB | R347 |
| 7 | E5015 | J507 | 16 | E6215-2C1M | R407 |
| 8 | E5015-G | J507MoNb，J507NiCu | 17 | E5515-N5 | W707Ni |
| 9 | E5515-G | J557，J557Mo，J557MoV | 18 | E5516-N7 | W906Ni |

（2）常用不锈钢焊条的型号与牌号对照　见表2-15。

表 2-15　常用不锈钢焊条的型号与牌号对照

| 序号 | 型号（新） | 型号（旧） | 牌号 | 序号 | 型号（新） | 型号（旧） | 牌号 |
|---|---|---|---|---|---|---|---|
| 1 | E410-16 | E1-13-16 | G202 | 8 | E309-15 | E1-23-13-15 | A307 |
| 2 | E410-15 | E1-13-15 | G207 | 9 | E310-16 | E2-26-21-16 | A402 |
| 3 | E410-15 | E1-13-15 | G217 | 10 | E310-15 | E2-26-21-15 | A407 |
| 4 | E308L-16 | E00-19-10-16 | A002 | 11 | E347-16 | E0-19-10Nb-16 | A132 |
| 5 | E308-16 | E0-19-10-16 | A102 | 12 | E347-15 | E0-19-10Nb-15 | A137 |
| 6 | E308-15 | E0-19-10-15 | A107 | 13 | E316-16 | E0-18-12Mo2-16 | A202 |
| 7 | E309-16 | E1-23-13-16 | A302 | 14 | E316-15 | E0-18-12Mo2-15 | A207 |

## 二、焊条的选用及管理

**1. 焊条的选用原则**

（1）低碳钢、中碳钢及低合金钢　按焊件的抗拉强度来选用相应强度的焊条，使熔敷金属的抗拉强度与焊件的抗拉强度相等或相近，该原则称为"等强原则"。如焊接 Q235-A 时，由于其抗拉强度在 420MPa 左右，故选用熔敷金属抗拉强度最小值为 430MPa 的 E4303（结 422）、E4316（结 426）、E4315（结 427）。

（2）对于不锈钢、耐热钢、堆焊等焊件　选用焊条时，应从保证焊接接头的特殊性能出发，要求焊缝金属化学成分与母材相同或相近。如焊接 12Cr18Ni9 不锈钢时，由于其含铬、镍量分别约为 18%、9%，为了使焊缝与焊件具有相同的耐腐蚀性能，必须要求焊缝金属化学成分与母材相同或相近，所以应选用铬、镍量相近的 E308-16（A102）或 E308-15（A107）焊条焊接。

（3）对于低碳钢之间、中碳钢之间、低合金钢之间及它们之间的异种钢焊接　一般根据强度等级较低的钢材按焊缝与母材抗拉强度相等或相近的原则选用相应的焊条。如焊接 Q235-A 与 Q345 异种钢时，应按与 Q235-A 等强度来选用抗拉强度为 420MPa 左右的 E4303（结 422）、E4316（结 426）、E4315（结 427）。

（4）重要焊缝要选用碱性焊条　所谓重要焊缝就是受压元件（如锅炉、压力容器）的焊缝；承受振动载荷或冲击载荷的焊缝；对强度、塑性、韧性要求较高的焊缝；焊件形状复杂、结构刚度大的焊缝等，对于这些焊缝要选用力学性能好、抗裂性能强的碱性焊条。如焊接 20 钢时，按等强原则选用 E4303（结 422）、E4316（结 426）、E4315（结 427）焊

条都可符合要求,如焊接抗拉强度相等的压力容器用钢20R、锅炉用钢20g时,则须选用同强度的碱性焊条E4316(结426)、E4315(结427)。

(5) 在满足性能前提下尽量选用酸性焊条　因为酸性焊条的工艺性能要优于碱性焊条,即酸性焊条对铁锈、油污等不敏感;析出有害气体少;稳弧性好,可交直流两用;脱渣性好;焊缝成形美观等。总之在酸性焊条和碱性焊条均能满足性能要求的前提下,应尽量选用工艺性能较好的酸性焊条。

### 2. 焊条的管理

焊条(包括其他焊接材料)的管理包括验收、烘干、保管、领用等方面,其程序控制图如图2-20所示。

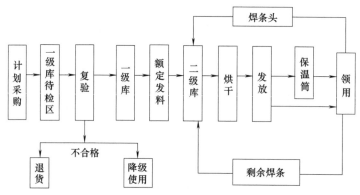

图2-20　焊条管理程序控制简图

(1) 焊条的验收　对于制造锅炉、压力容器等重要焊件的焊条,焊前必须进行焊条的验收,也称复验。复验前要对焊条的质量证明书进行审查,正确齐全符合要求者方可复验。复验时,应对每批焊条编个"复验编号"按照其标准和技术条件进行外观、理化试验等检验,复验合格后,焊条方可入一级库,否则应退货或降级使用。

笔记

另外为了防止焊条在使用过程中混用、错用,同时也便于为万一出现的焊接质量问题分析找出原因,焊条的"复验编号"不但要登记在一级库、二级库台账上,而且在烘烤记录单、发放领料单上,甚至焊接施工卡也要登记,从而保证焊条使用时的追踪性。

(2) 焊条保管、领用、发放　焊条实行三级管理:一级库管理、二级库管理、焊工焊接时管理。一、二级库内的焊条要按其型号牌号、规格分门别类堆放,放在离地面、离墙面300mm以上的木架上。

一级库内应配有空调设备和去湿机,保证室温在5～25℃,相对湿度低于60%。

二级库应有焊条烘烤设备,焊工施焊时也需要妥善保管好焊条,焊条要放入保温筒内,随取随用,不可随意乱丢、乱放。

焊条领用发放要建立严格的限额领料制度,"焊接材料领料单"应由焊工填写,二级库保管人员凭焊接工艺要求和焊材领料单发放,并审核其型号牌号、规格是否相符,同时还要按发放焊条根数收回焊条头。

(3) 焊条烘干　焊条烘干时间、温度应严格按标准要求进行,并做好温度时间记录,烘干温度不宜过高过低。温度过高会使焊条中一些成分发生氧化,过早分解,从而失去保护等作用。温度过低,焊条中的水分就不能完全蒸掉,焊接时就可能形成气孔,产生裂纹等缺陷。

此外还要注意温度、时间配合问题,据有关资料介绍,烘干温度和时间相比,温度较为重要,如果烘干温度过低,即使延长烘干时间其烘烤效果也不佳。

一般酸性焊条烘干温度为 75～150℃，时间 1～2h；碱性焊条在空气中极易吸潮且药皮中没有有机物，因此烘干温度较酸性焊条高些，一般为 350～400℃，保温 1～2h。焊条累计烘干次数一般不宜超过三次。

# 模块四　焊条电弧焊工艺

## 一、焊条电弧焊工艺参数

焊接工艺参数，是指焊接时为保证焊接质量而选定的物理量（例如：焊接电流、电弧电压、焊接速度等）的总称。

焊条电弧焊的焊接工艺参数主要包括：焊条直径、电源种类和极性、焊接电流、电弧电压、焊接速度、焊接层数等。焊接工艺参数选择得正确与否，直接影响焊缝的形状、尺寸、焊接质量和生产率，因此选择合适的焊接工艺参数是焊接生产中十分重要的一个问题。

### 1. 焊条直径

生产中，为了提高生产率，应尽可能选用较大直径的焊条，但是用直径过大的焊条焊接，会造成未焊透或焊缝成形不良。因此必须正确选择焊条的直径，焊条直径大小的选择与下列因素有关。

（1）焊件的厚度　厚度较大的焊件应选用直径较大的焊条；反之，薄焊件的焊接，则应选用小直径的焊条。焊条直径与焊件厚度的关系，见表 2-16。

表 2-16　焊条直径与焊件厚度的关系　　　　　　　　　　　　　mm

| 焊件厚度 | ≤1.5 | 2 | 3 | 4～5 | 6～12 | ≥12 |
|---|---|---|---|---|---|---|
| 焊条直径 | 1.5 | 2 | 3.2 | 3.2～4 | 4～5 | 4～6 |

（2）焊缝位置　在板厚相同的条件下焊接平焊缝用的焊条直径应比其他位置大一些，立焊最大不超过 5mm，而仰焊、横焊最大直径不超过 4mm，这样可形成较小的熔池，减少熔化金属的下淌。

（3）焊接层次　在进行多层焊时，如果第一层焊缝所采用的焊条直径过大，会造成因电弧过长而不能焊透，因此为了防止根部焊不透，所以对多层焊的第一层焊道，应采用直径较小的焊条进行焊接，以后各层可以根据焊件厚度，选用较大直径的焊条。

（4）接头形式　搭接接头、T 形接头因不存在全焊透问题，所以应选用较大的焊条直径以提高生产率。

### 2. 电源种类和极性

（1）电源种类　用交流电源焊接时，电弧稳定性差。采用直流电源焊接时，电弧稳定，飞溅少，但电弧磁偏吹较交流严重。低氢型焊条稳弧性差，通常必须采用直流电源。用小电流焊接薄板时，也常用直流电源，因为引弧比较容易，电弧比较稳定。

（2）极性　极性是指在直流电弧焊或电弧切割时，焊件的极性。焊件与电源输出端正、负极的接法，有正接和反接两种。所谓正接就是焊件接电源正极、电极接电源负极的接线法，正接也称正极性；反接就是焊件接电源负极，电极接电源正极的接线法，反接也称反极性，如图 2-21 所示。对于交流电源来说，由于极性是交变的，所以不存在正接和反接。

笔记

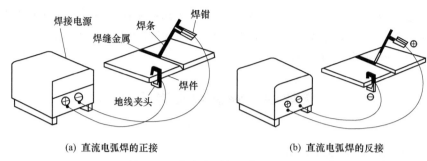

(a) 直流电弧焊的正接          (b) 直流电弧焊的反接

图 2-21    直流电弧焊正接与反接法

极性的选用，主要应根据焊条的性质和焊件所需的热量来决定。焊条电弧焊时，当阳极和阴极的材料相同时，由于阳极区温度高于阴极区的温度，因此使用酸性焊条（如 E4303 等）焊接厚钢板时，可采用直流正接，以获得较大的熔深；而在焊接薄钢板时，则采用直流反接，可防止烧穿。

如果在焊接重要结构使用碱性焊条（如 E5015 等）时，无论焊接厚板或薄板，均应采用直流反接，因为这样可以减少飞溅和气孔，并使电弧稳定燃烧。

### 3. 焊接电流

焊接时，流经焊接回路的电流称为焊接电流，焊接电流的大小直接影响着焊接质量和焊接生产率。

增大焊接电流能提高生产率，但电流过大易造成焊缝咬边、烧穿等缺陷，同时增加了金属飞溅，也会使接头的组织产生过热而发生变化；而电流过小也易造成夹渣、未焊透等缺陷，降低焊接接头的力学性能，所以应适当地选择电流。焊接时决定电流强度的因素很多，如焊条类型、焊条直径、焊件厚度、接头形式、焊缝位置和层数等。但主要是焊条直径、焊缝位置、焊条类型、焊接层次。

 笔 记

（1）焊条直径    焊条直径越大，熔化焊条所需要的电弧热量越多，焊接电流也越大。碳钢酸性焊条焊接电流大小与焊条直径的关系，一般可根据下面的经验公式来选择：

$$I_h = (35 \sim 55)d \text{ 或 } I_h = 11d^2$$

式中    $I_h$——焊接电流，A；

$d$——焊条直径，mm。

（2）焊缝位置    相同焊条直径的条件下，在焊接平焊缝时，由于运条和控制熔池中的熔化金属都比较容易，因此可以选择较大的电流进行焊接。但在其他位置焊接时，为了避免熔化金属从熔池中流出，要使熔池尽可能小些，通常立焊、横焊的焊接电流比平焊的焊接电流小 10%～15%，仰焊的焊接电流比平焊的焊接电流小 15%～20%。

（3）焊条类型    当其他条件相同时，碱性焊条使用的焊接电流应比酸性焊条小 10%～15%，否则焊缝中易形成气孔。不锈钢焊条使用的焊接电流比碳钢焊条小 15%～20%。

（4）焊接层次    焊接打底层时，特别是单面焊双面成形时，为保证背面焊缝质量，常使用较小的焊接电流；焊接填充层时为提高效率，保证熔合良好，常使用较大的焊接电流；焊接盖面层时，为防止咬边和保证焊缝成形，使用的焊接电流应比填充层稍小些。

在实际生产中，焊工一般可根据焊接电流的经验公式或表 2-17 先算出一个大概的焊接电流，然后在钢板上进行试焊调整，直至确定合适的焊接电流。在试焊过程中，可根据下述几点来判断选择的电流是否合适。

① 看飞溅　电流过大时，电弧吹力大，可看到较大颗粒的铁水向熔池外飞溅，焊接时爆裂声大；电流过小时，电弧吹力小，熔渣和铁水不易分清。

② 看焊缝成形　电流过大时，熔深大、焊缝余高低、两侧易产生咬边；电流过小时，焊缝窄而高、熔深浅，且两侧与母材金属熔合不好；电流适中时，焊缝两侧与母材金属熔合得很好，呈圆滑过渡。

③ 看焊条熔化状况　电流过大时，当焊条熔化了大半根时，其余部分均已发红；电流过小时，电弧燃烧不稳定，焊条容易粘在焊件上。

表 2-17　各种焊条直径使用的焊接电流参考值

| 焊条直径/mm | 1.6 | 2.0 | 2.5 | 3.2 | 4.0 | 5.0 | 6.0 |
|---|---|---|---|---|---|---|---|
| 焊接电流/A | 25～40 | 40～65 | 50～80 | 100～130 | 160～210 | 200～270 | 260～300 |

#### 4. 电弧电压

焊条电弧焊的电弧电压主要由电弧长度来决定。电弧长，电弧电压高；电弧短，电弧电压低。焊接时电弧电压由焊工根据具体情况灵活掌握。

在焊接过程中，电弧不宜过长，电弧过长会出现下列几种不良现象。

（1）电弧燃烧不稳定，易摆动，电弧热能分散，飞溅增多，造成金属和电能的浪费。

（2）焊缝厚度小，容易产生咬边、未焊透、焊缝表面高低不平、焊波不均匀等缺陷。

（3）对熔化金属的保护差，空气中氧、氮等有害气体容易侵入，使焊缝产生气孔的可能性增加，使焊缝金属的力学性能降低。

因此在焊接时应力求使用短弧焊接，相应的电弧电压为 16～25V。在立、仰焊时弧长应比平焊时更短一些，以利于熔滴过渡，防止熔化金属下淌。碱性焊条焊接时应比酸性焊条弧长短些，以利于电弧的稳定和防止气孔。所谓短弧一般认为是焊条直径的 0.5～1.0 倍。

#### 5. 焊接速度

单位时间内完成的焊缝长度称为焊接速度。焊接速度应该均匀适当，既要保证焊透又要保证不烧穿，同时还要使焊缝宽度和高度符合图样设计要求。

如果焊接速度过慢，使高温停留时间增长，热影响区宽度增加，焊接接头的晶粒变粗，力学性能降低，同时使变形量增大。当焊接较薄焊件时，则易烧穿。如果焊接速度过快，熔池温度不够，易造成未焊透、未熔合、焊缝成形不良等缺陷。

焊接速度直接影响焊接生产率，所以应该在保证焊缝质量的基础上，采用较大的焊条直径和焊接电流，同时根据具体情况适当加快焊接速度，以保证在获得焊缝的高低和宽窄一致的条件下，提高焊接生产率。

#### 6. 焊接层数

在中厚板焊接时，一般要开坡口并采用多层多道焊。对于低碳钢和强度等级低的普低钢的多层多道焊时，每道焊缝厚度不宜过大，过大时对焊缝金属的塑性不利，因此对质量要求较高的焊缝，每层厚度最好不大于 4～5mm。同样每层焊道厚度不宜过小，过小时焊接层数增多不利于提高劳动生产率，根据实际经验，每层厚度约等于焊条直径的 0.8～1.2 倍时，生产率较高，并且比较容易保证质量和便于操作。

### 二、焊条电弧焊工艺措施

为了保证焊接质量，常对焊接性差或较差的金属材料采取预热、后热、焊后热处理等

📝 笔记

工艺措施。

### 1. 预热

焊接开始前对焊件的全部（或局部）进行加热的工艺措施称预热，按照焊接工艺的规定，预热需要达到的温度叫预热温度。

（1）预热的作用　预热的主要作用是降低焊后冷却速度，减小淬硬程度，防止产生焊接裂纹，减小焊接应力与变形。

对于刚性不大的低碳钢、强度级别较低的低合金钢的一般结构一般不必预热，但焊接有淬硬倾向的焊接性不好的钢材或刚性大的结构时，需焊前预热。

由于铬镍奥氏体钢，预热可使热影响区在危险温度区的停留时间增加，从而增大腐蚀倾向。因此在焊接铬镍奥氏体不锈钢时，不可进行预热。

（2）预热温度的选择　焊件焊接时是否需要预热，预热温度的选择，应根据钢材的成分、厚度、结构刚性、接头形式、焊接材料、焊接方法及环境因素等综合考虑，并通过焊接性试验来确定。一般钢材的含碳量越多、合金元素越多、母材越厚、结构刚性越大、环境温度越低，则预热温度越高。

在多层多道焊时，还要注意道间温度（也称层间温度）。所谓道间温度就是在施焊后继焊道之前，其相邻焊道应保持的温度。道间温度不应低于预热温度。

（3）预热方法　预热时的加热范围，对于对接接头每侧加热宽度不得小于板厚的5倍，一般在坡口两侧各75～100mm范围内应保持一个均热区域，测温点应取在均热区域的边缘。如果采用火焰加热，测温最好在加热面的反面进行。预热的方法有火焰加热，工频感应加热、红外线加热等方法。

### 2. 后热

焊接后立即对焊件的全部（或局部）进行加热或保温，使其缓冷的工艺措施叫后热，它不等于焊后热处理。

后热的作用是避免形成淬硬组织及使氢逸出焊缝表面，防止裂纹产生。对于冷裂纹倾向性大的低合金高强度钢等材料，还有一种专门的后热处理，称为消氢处理，即在焊后立即将焊件加热到250～350℃温度范围，保温2～6h后空冷。消氢处理的目的，主要是使焊缝金属中的扩散氢加速逸出，大大降低焊缝和热影响区中的氢含量，防止产生冷裂纹。

后热的加热方法、加热区宽度、测温部位等要求与预热相同。

### 3. 焊后热处理

焊后为改善焊接接头的组织和性能或消除残余应力而进行的热处理，叫焊后热处理。

焊后热处理的主要作用是消除焊接残余应力，软化淬硬部位，改善焊缝和热影响区的组织和性能，提高接头的塑性和韧性，稳定结构的尺寸。

焊后热处理有整体热处理和局部热处理两种，最常用的焊后热处理是在600～650℃范围内的消除应力退火和低于$A_{c_1}$点温度的高温回火。另外还有为改善铬镍奥氏体不锈钢抗腐蚀性能的均匀化处理等。

## 三、焊条电弧堆焊工艺

### 1. 堆焊及其特点

堆焊是用焊接的方法将具有一定性能的材料堆敷在焊件表面上的一种工艺过程，其目的不是为了连接焊件。其目的有二：一是在焊件表面获得耐磨、耐热、耐蚀等特殊性能的熔敷金属层；二是为了恢复磨损或增加焊件的尺寸。堆焊可显著提高焊件的使用寿命，节省制造及维修费用，缩短修理和更换零件的时间，减少停机、停产的损失，从而提高生产率、降低生产成本。堆焊已成为机械工业中的一种重要的制造和维修工艺方法。

焊条电弧堆焊的特点是方便灵活、成本低、设备简单，但生产率较低，劳动条件差，只适于小批量的中小型零件的堆焊。

### 2. 堆焊工艺特点

堆焊最易出现的问题就是焊接裂纹，同时还易产生焊接变形，所以堆焊有以下工艺特点。

（1）堆焊前，必须清除堆焊表面的杂物、油脂等。

（2）焊前须对工件预热和焊后缓冷。预热温度一般为 100～300℃。须注意铬镍奥氏体不锈钢时，可不进行预热。

（3）堆焊时必须根据不同要求选用不同的焊条。修补堆焊所用的焊条成分一般和焊件金属相同。但堆焊特殊金属表面时，应选用专用焊条，以适应焊件的工作需要。

（4）为了使各焊道间紧密连接，堆焊第二条焊道时，必须熔化第一条焊道宽度的 1/3～1/2，如图 2-22 所示。

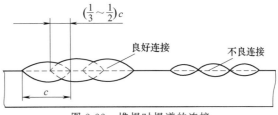

图 2-22 堆焊时焊道的连接

（5）多层堆焊时，第二层焊道的堆焊方向应与第一层互相成 90°。同时为了使热量分散，还应注意堆焊顺序。各堆焊层的排列方向如图 2-23 所示，堆焊顺序如图 2-24 所示。

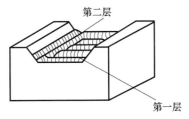

图 2-23 各堆焊层的排列方向

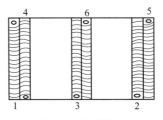

图 2-24 堆焊顺序

（6）轴堆焊时，可采用纵向对称堆焊和横向螺旋形堆焊两种方法，如图 2-25 所示。

（7）堆焊时，为了增加堆焊层的厚度，减少清渣工作，提高生产效率，通常将焊件的堆焊面放成垂直位置，用横焊方法进行堆焊，或将焊件放成倾斜位置用上坡焊堆焊。并留 3～5mm 的加工余量，以满足堆焊后焊件表面机械加工的要求。垂直位置堆焊如图 2-26 所示。

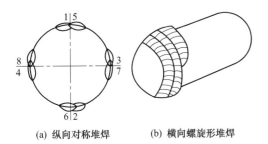

(a) 纵向对称堆焊　　(b) 横向螺旋形堆焊

图 2-25 轴的堆焊顺序

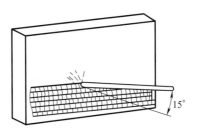

图 2-26 在垂直位置上的堆焊

笔记

（8）堆焊时，尽量选用低电压、小电流焊接，以降低熔深、减小母材稀释率和电弧对合金元素的烧损。堆焊焊条直径、堆焊层数和堆焊电流一般都由所需堆焊层厚度确定，见表2-18。

表 2-18　堆焊工艺参数与堆焊层厚度的关系

| 堆焊层厚度/mm | <1.5 | <5 | ≥5 |
|---|---|---|---|
| 堆焊焊条直径/mm | 3.2 | 4～5 | 5～6 |
| 堆焊层数 | 1 | 1～2 | >2 |
| 堆焊电流/A | 80～100 | 140～200 | 180～240 |

# 模块五　焊接工程实例

### 实例一　Q235钢板（板厚≤6mm）I形坡口平对接焊

#### 1. 焊前准备

（1）焊前用钢丝刷或砂布清除待焊部位两侧各20mm范围内的铁锈、油污、水分等，使之露出金属光泽。

（2）焊机：BX3-300。

（3）焊条：E4303，φ3.2、φ4，焊前150℃烘干1～2h。

（4）装配定位：焊件装配时，应保证两板对接处平齐，无错边，根部间隙1～2mm；定位焊所用焊条与正式焊相同，定位焊长度为10～15mm，间距100～150mm。

#### 2. 焊接工艺参数

焊接工艺参数见表2-19。

表 2-19　焊接工艺参数

| 板　厚/mm | 焊条型号 | 焊条直径/mm | 焊接电流/A |
|---|---|---|---|
| 3～6 | E4303 | φ3.2 | 90～130 |
| | | φ4 | 140～180 |

#### 3. 焊接

采用双面焊。先焊正面，保证正面焊缝的熔深达到板厚的2/3。然后翻转焊件，清除正面焊缝根部熔渣后再焊背面。背面焊接时，为保证与正面焊缝根部熔合，可适当加大焊接电流。焊接时采用直线形运条方式运条，焊条角度如图2-27所示。I形坡口平对接焊缝尺寸如图2-28所示。

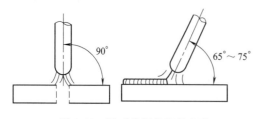

图 2-27　平对接焊的焊条角度

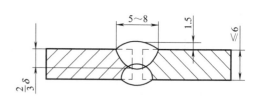

图 2-28　I形坡口平对接焊缝尺寸

### 实例二　Q235钢板（板厚>6mm）V形坡口平对接焊

#### 1. 焊前准备

（1）焊件装配时，应保证两板对接处平齐，错边小于板厚的0.1倍，根部间隙2～

3mm；定位焊所用焊条与正式焊相同，定位焊长度为 10～20mm，间距 100～200mm。

（2）其他焊前准备同实例一。

### 2. 焊接工艺参数

焊接工艺参数见表 2-20。

表 2-20　焊接工艺参数

| 焊接层次 | 焊条型号 | 焊条直径/mm | 焊接电流/A |
|---|---|---|---|
| 第一层 | E4303 | 3.2 | 90～130 |
| 填充层 | E4303 | 4 | 140～180 |
|  |  | 5 | 210～260 |
| 盖面层 | E4303 | 4 | 140～180 |
|  |  | 5 | 210～260 |

焊条电弧焊
板对接平焊

### 3. 焊接

采用多层焊，如图 2-29 所示。第一层选用直径较小的焊条（一般为 $\phi3.2$），采用直线形运条法运条；填充层焊接时，应选用直径较大的焊条（一般为 $\phi4$、$\phi5$）和较大的电流，采用锯齿形运条法运条，摆动幅度逐层加大，但不要超过坡口棱边。焊完填充层后，应控制整个坡口内的焊缝比坡口边缘低 1～1.5mm，以便盖面时能看清坡口和不使焊缝余高超高；盖面层焊接时，焊条直径、运条方法与填充层相同，但摆动幅度比填充层大，摆动到坡口边缘应稍作停留，使之熔化坡口两侧 1～2mm。

图 2-29　V 形坡口平对焊多层焊

#### 实例三　Q235 钢板 T 形接头平角焊

### 1. 焊前准备

（1）焊件装配时，应保证两板垂直成 T 形接头，根部不留间隙；定位焊所用焊条与正式焊相同，定位焊长度为 10～20mm，间距 100～200mm。

（2）其他焊前准备同实例一。

### 2. 焊接工艺参数

焊接工艺参数见表 2-21。

表 2-21　焊接工艺参数

| 焊脚/mm | 焊条型号 | 焊条直径/mm | | 焊接电流/A |
|---|---|---|---|---|
| ≤6 | E4303 | 4 | | 160～200 |
| 6～10 | E4303 | 第一层 | 4 | 160～200 |
|  |  | 第二层 | 4 | 160～200 |
|  |  |  | 5 | 220～280 |
| ≥10 | E4303 | 第一道（层） | 4 | 160～200 |
|  |  | 第二道 | 4 | 160～200 |
|  |  | 第三道 | 4 | 160～200 |
|  |  |  | 5 | 220～280 |

### 3. 焊接

焊接层数和焊道数量取决于焊脚的大小。一般焊脚在 6mm 以下，采用单层焊；焊脚在 6～10mm，采用多层焊；焊脚大于 10mm，采用多层多道焊。

焊脚在 6mm 以下，可采用单层焊。单层焊采用直线形运条法运条，短弧操作，焊条与焊接方向夹角为 65°～80°，焊条与平板的夹角为 45°。

焊脚在 6～10mm，采用多层焊（ 2 层 2 道）。第一层的运条方法、焊条与焊接方向及平板的夹角与单层焊相同；焊接第二层采用斜圆圈形运条法，如图 2-30 所示：由 $a→b$ 要稍慢，以保证水平焊件的熔深；$b→c$ 要稍快，以防止熔化金属下淌；在 $c$ 处应稍作停留，以保证垂直板良好熔合防止咬边；$c→d$ 稍慢，保证各熔池之间形成 1/2～2/3 的重叠，避免夹渣，以利于焊道成形。如此反复进行。

焊脚大于 10mm，采用多层多道焊。如图 2-31 所示为 2 层 3 道焊操作示意图，第一层（第 1 道）的操作方法与单层焊相同。第二道焊缝采用斜圆圈形运条法，应使其覆盖第一层焊道的 1/3，且保证该焊道的下边缘达到所要求的焊脚。第三道焊缝仍采用直线形运条法，要覆盖第二道焊缝焊道的 1/3～1/2，焊接速度要均匀，否则易产生焊瘤，影响焊缝成形。

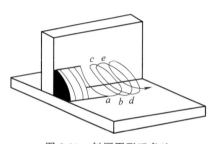

图 2-30　斜圆圈形运条法

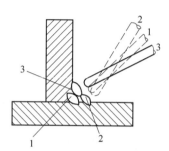

图 2-31　多层多道焊操作示意图

需要注意的是，对于不等厚板的 T 形接头平角焊，焊接操作方法与等厚板的 T 形接头基本相同，但必须根据两板厚度来调整焊条角度，电弧偏向厚板一侧，使两板受热温度均匀一致，如图 2-32 所示。

📝 笔记

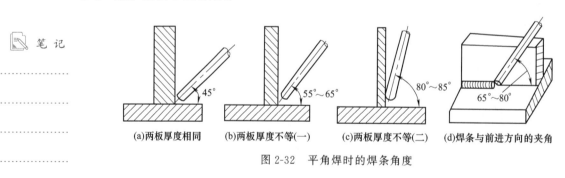

(a)两板厚度相同　　(b)两板厚度不等(一)　　(c)两板厚度不等(二)　　(d)焊条与前进方向的夹角

图 2-32　平角焊时的焊条角度

# 模块六　1+X 考证题库

## 一、填空题

1. 用_____操纵焊条进行焊接的电弧焊方法，称为焊条电弧焊，其焊接回路由_____、_____、_____、_____和_____组成。

2. 焊条电弧焊的工艺参数有_____、_____、_____、_____、_____、_____等。

3. 焊条电弧焊堆焊焊轴时，常采用_____和_____两种堆焊顺序。

4. 焊条型号 E4303 的 E 表示_____，43 表示_____；0 表示_____，03 连在一起表示_____；这种焊条的牌号为_____。

5. 焊机型号 BX3-300 中的 B 表示_____，X 表示_____，3 表示_____，300 表示_____。

6. BX3-300 焊机是通过_____进行电流粗调节，是通过_____进行电流细调节。

7. 焊接电流的选择应考虑 _____、_____、_____、_____、_____ 和 _____ 等因素，其中主要的是 _____、_____、_____ 和 _____。

8. 焊接立焊缝和仰焊缝时，电弧的长度应比焊接平焊缝时要 _____ 些，碱性焊条焊接时，电弧长度比酸性焊条焊接时要 _____ 些。

9. 立焊所用焊条的直径最大不宜超过 _____ mm，横焊、仰焊时焊条直径不宜超过 _____ mm。

10. 短弧是指电弧长度为焊条直径的 _____ 倍的电弧。

二、判断题（正确的画"√"，错误的画"×"）

1. 为了保证根部焊透，对多层焊的第一层焊道应采用大直径的焊条来进行。　（　　）

2. 多层焊时，每层焊缝的厚度不宜过大，否则对焊缝金属的塑性不利。　（　　）

3. 焊接电流过大，熔渣和铁水则不易分清。　（　　）

4. 对于塑性、韧性、抗裂性能要求较高的焊缝，宜选用碱性焊条来焊接。　（　　）

5. 在相同板厚的情况下，焊接平焊缝用的焊条直径要比焊接立焊缝、仰焊缝、横焊缝用的焊条直径要大。　（　　）

6. 逆变电源可以做成直流电源，也可以做成交流电源。　（　　）

7. 焊机的负载持续率越高，可以使用的焊接电流就越大。　（　　）

8. AX1-500 中的 500 是表示该机的最大输出电流，即使用该机的焊接电流不超过 500A。　（　　）

9. 在无电源的地方，可利用柴油机拖动的弧焊发电机进行电焊作业。　（　　）

10. Q235 钢与 Q355 钢焊接时，应选用 E5015 焊条来焊接。　（　　）

三、问答题

1. 焊条电弧焊的优、缺点各有哪些？

2. 焊条电弧焊时电弧过长会出现哪些不良现象？

3. 焊条的储存、保管、使用应注意哪些？

4. 弧焊逆变器有何特点？以 ZX7-400 为例说明其工作原理。

## 焊 接 榜 样

### "七一勋章"获得者：一身绝技的焊接行业领军人——艾爱国

艾爱国，男，汉族，1950 年 3 月生，1985 年 6 月入党，湖南攸县人，湖南华菱湘潭钢铁有限公司焊接顾问，湖南省焊接协会监事长。艾爱国秉持"做事情要做到极致、做工人要做到最好"的信念，在焊工岗位奉献 50 多年，集丰厚的理论素养和操作技能于一身，多次参与我国重大项目焊接技术攻关，攻克 400 多个焊接技术难关，改进工艺 100 多项。作为我国焊接领域"领军人"，倾心传艺，在全国培养焊接技术人才 600 多名。先后荣获"七一勋章""全国劳动模范""全国十大杰出工人"等称号。

如今，艾爱国依然奋战在焊接工艺研究和操作技术开发第一线，为加快我国重点工程建设进度，确保钢结构焊接质量安全作出重要贡献。

笔 记

# 第三单元

# 埋弧焊

埋弧焊是相对于明弧焊而言的，是指电弧在颗粒状焊剂层下燃烧的一种焊接方法。焊接时，焊机的启动、引弧、焊丝的送进及热源的移动全由机械控制，是一种以电弧为热源的高效的机械化焊接方法。现已广泛用于锅炉、压力容器、石油化工、船舶、桥梁、冶金及机械制造工业中。

## 模块一　认识埋弧焊

埋弧焊原理

### 一、埋弧焊工作原理

埋弧焊是利用焊丝和焊件之间燃烧的电弧所产生的热量来熔化焊丝、焊剂和焊件而形成焊缝的。焊接工作原理如图 3-1 所示，焊接时电源输出端分别接在导电嘴和焊件上，先将焊丝由送丝机构送进，经导电嘴与焊件轻微接触，焊剂由漏斗口经软管流出后，均匀地堆敷在待焊处。引弧后电弧将焊丝和焊件熔化形成熔池，同时将电弧区周围的焊剂熔化并有部分蒸发，形成一个封闭的电弧燃烧空间。密度较小的熔渣浮在熔池表面上，将液态金属与空气隔绝开来，有利于焊接冶金反应的进行。随着电弧向前移动，熔池液态金属随之冷却凝固而形成焊缝，浮在表面上的液态熔渣也随之冷却而形成渣壳。图 3-2 所示为埋弧焊焊缝断面示意图。

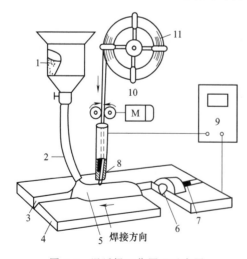

图 3-1　埋弧焊工作原理示意图

1—焊剂漏斗；2—软管；3—坡口；4—焊件；
5—焊剂；6—熔敷金属；7—渣壳；8—导电嘴；
9—电源；10—送丝机构；11—焊丝

### 二、埋弧焊的特点及应用

#### 1. 埋弧焊的优点

（1）焊接生产率高　埋弧焊可采用较大的焊接电流，同时因电弧加热集中，使熔深增加，单丝埋弧焊可一次焊透 20mm 以下不开坡口的钢板。而且埋弧焊的焊接速度也较焊条电弧焊

笔记

快，单丝埋弧焊焊速可达 30～50m/h，而焊条电弧焊焊速则不超过 6～8m/h，从而提高了焊接生产率。

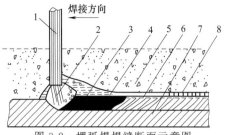

图 3-2 埋弧焊焊缝断面示意图
1—焊丝；2—电弧；3—熔池；4—熔渣；
5—焊剂；6—焊缝；7—焊件；8—渣壳

（2）焊接质量好 因熔池有熔渣和焊剂的保护，使空气中的氮、氧难以侵入，提高了焊缝金属的强度和韧性。同时由于焊接速度快，热输入相对减少，故热影响区的宽度比焊条电弧焊小，有利于减少焊接变形及防止近缝区金属过热。另外，焊缝表面光洁、平整、成形美观。

（3）改变焊工的劳动条件 由于实现了焊接过程机械化，操作较简便，而且电弧在焊剂层下燃烧没有弧光的有害影响可省去面罩，同时，放出烟尘也少，因此焊工的劳动条件得到了改善。

（4）节约焊接材料及电能 由于熔深较大，埋弧焊时可不开或少开坡口，减少了焊缝中焊丝的填充量，也节省因加工坡口而消耗掉的母材。由于焊接时飞溅极少，又没有焊条头的损失，所以节约焊接材料。另外，埋弧焊的热量集中，而且利用率高，故在单位长度焊缝上，所消耗的电能也大为降低。

（5）焊接范围广 埋弧焊不仅能焊接碳钢、低合金钢、不锈钢，还可以焊接耐热钢及铜合金、镍基合金等有色金属。此外，还可以进行磨损、耐腐蚀材料的堆焊。但不适用于铝、钛等氧化性强的金属和合金的焊接。

埋弧焊

**2. 埋弧焊的缺点**

（1）埋弧焊采用颗粒状焊剂进行保护，一般只适用于平焊或倾斜度不大的位置及角焊位置焊接，其他位置的焊接，则需采用特殊装置来保证焊剂对焊缝区的覆盖和防止熔池金属的漏淌。

（2）焊接时不能直接观察电弧与坡口的相对位置，容易产生焊偏及未焊透，不能及时调整工艺参数，故需要采用焊缝自动跟踪装置来保证焊炬对准焊缝不焊偏。

（3）埋弧焊使用电流较大，电弧的电场强度较高，电流小于 100A 时，电弧稳定性较差，因此不适宜焊接厚度小于 1mm 的薄件。

（4）焊接设备比较复杂，维修保养工作量比较大。且仅适用于直的长焊缝和环形焊缝焊接，对于一些形状不规则的焊缝无法焊接。

笔记

## 三、埋弧焊的自动调节原理

### 1. 埋弧焊自动调节的必要性

合理地选择焊接工艺参数，并保证预定的焊接工艺参数在焊接过程中稳定，是获得优质焊缝的重要条件。

焊条电弧焊是通过人工调节作用来保证选定的焊接工艺参数稳定的，即依靠焊工的肉眼观察焊接过程，并经大脑的分析比较，然后用手调整焊条的运条动作来完成。离开这种人工调节作用、焊条电弧焊的质量是无法保证的。因此，以机械代替手工送进焊丝和移动电弧的埋弧焊必须具有相应的自动调节作用来取代人工调节作用，否则，当遇到弧长干扰等因素时，就不能保证电弧过程的稳定。

### 2. 埋弧焊自动调节的目标

埋弧焊的焊接工艺参数主要有焊接电流和电弧电压等。焊接电流和电弧电压是由电源的外特性曲线和电弧静特性曲线的交点所确定的。因此，凡是影响电源外特性曲线和电弧静特性曲线的外界因素，都会影响焊接电流和电弧电压的稳定。

电弧长度是影响电弧静特性曲线的主要因素，如焊件表面不平整和装配质量不良及有定位焊缝等都会使弧长度发生变化。网路电压则是影响电源外特性曲线的主要因素，如附近其他电焊机等大容量设备突然启动或停止都会造成网压波动。弧长度变化、网压波动对焊接电流和电弧电压的影响如图 3-3 所示。由于弧长变化对焊接电流和电弧电压的影响最为严重，因此埋弧焊的自动调节是以消除电弧长度变化的干扰作为主要目标。

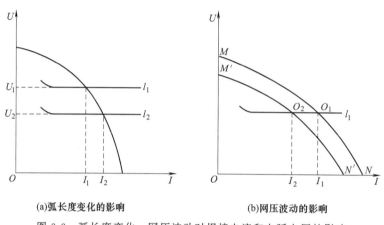

(a)弧长度变化的影响          (b)网压波动的影响

图 3-3    弧长度变化、网压波动对焊接电流和电弧电压的影响

### 3. 埋弧焊自动调节的方法

焊接过程中，当弧长变化时希望能迅速得到恢复。埋弧焊电弧长度是由焊丝送给速度和焊丝熔化速度决定的，只有使送丝的速度等于焊丝熔化的速度，电弧长度才有可能保持稳定不变。因此，当电弧长度发生变化时，为了恢复弧长，可通过两种方法来实现：一是调节焊丝送丝速度（即单位时间送入焊接区的焊丝长度）；二是调节焊丝熔化速度（即单位时间内熔化送入焊接区的焊丝长度）。

根据上述两种不同的调节方法，埋弧焊有两种形式：一是焊丝送丝速度在焊接过程中恒定不变，通过改变焊丝熔化速度来消除弧长干扰的等速送丝式，焊机型号有 MZ1-1000型；二是焊丝送丝速度随电弧电压变化，通过改变送丝速度来消除弧长干扰的变速送丝式，焊机型号有 MZ-1000 型。

# 模块二    埋弧焊设备

## 一、埋弧焊的设备及分类

### 1. 埋弧焊机分类

（1）按用途可分为专用焊机和通用焊机两种，通用焊机如小车式的埋弧焊机，专用焊机如埋弧角焊机、埋弧堆焊机等。

（2）按送丝方式可分为等速送丝式埋弧焊机和变速送丝式埋弧焊机两种，前者适用于细焊丝高电流密度条件的焊接，后者则适用于粗焊丝低电流密度条件的焊接。

（3）按焊丝的数目和形状可分为单丝埋弧焊机、多丝埋弧焊机及带状电极埋弧焊机。目前应用最广的是单丝埋弧焊机。多丝埋弧焊机，常用的是双丝埋弧焊机和三丝埋弧焊机。带状电极埋弧焊机主要用作大面积堆焊。

（4）按焊机的结构形式可分为小车式、悬挂式、车床式、门架式、悬臂式等，如图3-4所示。目前小车式、悬臂式用得较多。

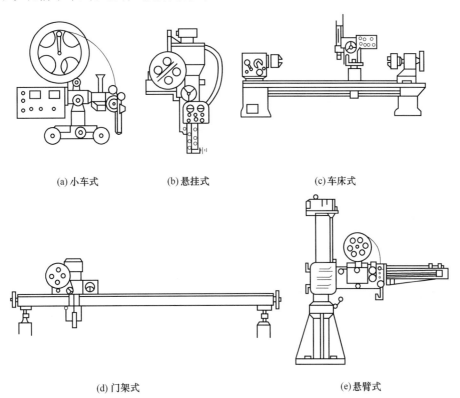

(a) 小车式　　　　(b) 悬挂式　　　　(c) 车床式

(d) 门架式　　　　　　　　　(e) 悬臂式

图 3-4　常见的埋弧焊机结构形式

尽管生产中使用的焊机类型很多，但根据其自动调节的原理都可归纳为电弧自身调节的等速送丝式埋弧焊机和电弧电压自动调节的变速送丝式埋弧焊机。

**2. 埋弧焊机组成**

埋弧焊机是由焊接电源，机械系统（包括送丝机构、行走机构、导电嘴、焊丝盘、焊剂漏斗等），控制系统（控制箱、控制盘）等部分组成。典型的小车式埋弧焊机组成如图3-5所示。

（1）焊接电源　埋弧焊电源有交流电源和直流电源。通常直流电源适用于小电流、快速引弧、短焊缝、高速焊接及焊剂稳弧性较差和对参数稳定性要求较高场合。交流电源多用于大电流及直流磁偏吹严重的场合。一般埋弧焊电源的额定电流为 $500\sim2000A$，具有缓降或陡降外特性，负载持续率 $100\%$。

（2）机械系统　送丝机构包括送丝电动机及转动系统、送丝滚轮和矫直滚轮等。它的作用是可靠地送丝并具有较宽的调节范围；行走机构包括行走电动机及转动系统、行走轮及离合器等。行走轮一般采用绝缘橡胶轮，以防焊接电流经车轮而短路；焊丝的接电是靠导电嘴实现的，对其要求是导电率高、耐磨、与焊丝接触可靠。

（3）控制系统　埋弧焊控制系统包括送丝控制、行走控制、引弧熄弧控制等，大型专用焊机还包括横臂升降、收缩、主轴旋转及焊剂回收等控制。一般埋弧焊机常设一控制箱来安装主要控制元件，但在采用晶闸管等电子控制电路的新型埋弧焊机中已没有单独控制箱，控制元件安装在控制盘和电源箱内。

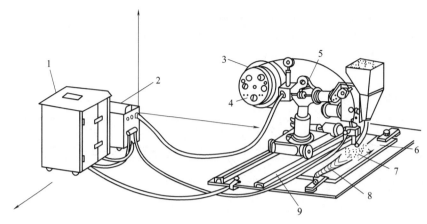

图 3-5  小车式埋弧焊机的组成

1—弧焊电源；2—控制箱；3—焊丝盘；4—控制盘；5—焊接小车；6—焊件；7—焊剂；8—焊缝；9—导轨

**3. 埋弧焊辅助设备**

埋弧焊辅助设备主要有焊接操作机、焊接滚轮架、焊剂回收装置等。

（1）焊接操作机  焊接操作机是将焊机机头准确地送到并保持在待焊位置上，并以给定的速度均匀移动焊机。通过它与埋弧焊机和焊接滚轮架等设备配合，可以方便地完成内外环缝、内外纵缝的焊接，与焊接变位器配合，可以焊接球形容器焊缝等。

① 立柱式焊接操作机  立柱式焊接操作机的构造如图 3-6 所示，用以完成纵、环缝多工位的焊接。

② 平台式焊接操作机  平台式焊接操作机的构造如图 3-7 所示，适用于外纵缝、外环缝的焊接。

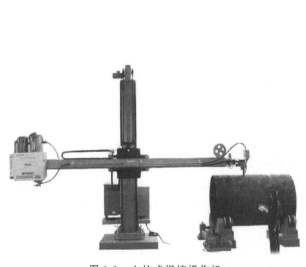

图 3-6  立柱式焊接操作机

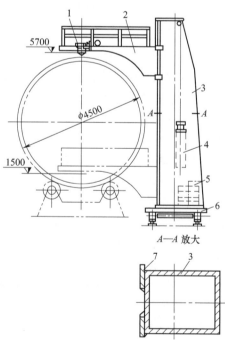

A—A 放大

图 3-7  平台式焊接操作机

1—埋弧焊机；2—操作平台；3—立柱；4—配重；
5—压重；6—焊接小车；7—立柱平轨道

笔记

③ 龙门式焊接操作机　龙门式焊接操作机的构造如图 3-8 所示，适用于大型圆筒构件的外纵缝和外环缝的焊接。

（2）焊接滚轮架　焊接滚轮架是靠滚轮与焊件间的摩擦力带动焊件旋转的一种装置（图 3-9），适用于筒形焊件和球形焊件的纵缝与环缝的焊接。

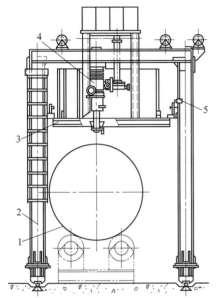

图 3-8　龙门式焊接操作机

1—焊件；2—龙门架；3—操作平台；4—埋
弧焊机和调整装置；5—限位开关

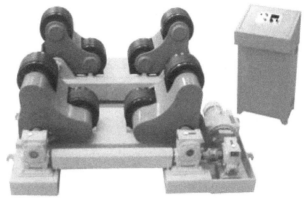

图 3-9　焊接滚轮架

## 二、等速送丝式埋弧焊机

### 1. 等速送丝式埋弧焊机的工作原理

等速送丝式埋弧焊机是根据焊接过程中电弧的自身调节作用，通过改变焊丝的熔化速度，使变化的弧长很快恢复正常，从而保证焊接过程稳定的原理设计制造的。

（1）电弧自身调节作用　如图 3-10 所示，曲线 $C$ 为等熔化速度曲线（也称电弧自身调节系统静特性曲线），在曲线 $C$ 上，焊丝的熔化速度是不变的，且恒等于送丝速度。$O_1$ 是电源外特性曲线、电弧静特性曲线和等熔化速度曲线的三线相交点，是电弧稳定燃烧点。电弧在这一点燃烧，焊丝的熔化速度等于其送丝速度，焊接过程稳定。

当由于某种外界的干扰，使电弧长度突然从 $l_1$ 拉长到 $l_2$，此时，电弧燃烧点从 $O_1$ 点移到 $O_2$ 点，焊接电流从 $I_1$ 减小到 $I_2$，电弧电压从 $U_1$ 增大到 $U_2$。然而电弧在 $O_2$ 点燃烧是不稳定的，因为焊接电流的减小和电弧电压的升高，都减慢了焊丝熔化速度，而焊丝送丝速度是恒定不变的，其结果使电弧长度逐渐缩短，电弧燃烧点将沿着电源外特性曲线，从 $O_2$ 点回到原来的 $O_1$ 点，这样又恢复至平衡状态，保持了原来的电弧长度。反之，如果电弧长度突然缩短时，由于焊接电流随之增大，加快焊丝熔化速度，而送丝速度仍不变，这样也会恢复至原来的电弧长度。

在受到外界的干扰使电弧长度发生改变时，会引起焊接电流和电弧电压的变化，尤其是焊接电流的显著变化，从而引起焊丝熔化速度的自行变化，使电弧恢复至原来的长度而稳定燃烧，这种作用称为电弧自身调节作用。

　笔记

（2）影响电弧自身调节性能的因素

① 焊接电流　电弧长度改变后，焊接电流变化越显著，则电弧长度恢复得越快。当电弧长度改变的条件相同时，选用大电流焊接的电流变化值（$\Delta I_1$），要大于选用小电流焊接的电流变化值（$\Delta I_2$），如图 3-11 所示。因此，采用大电流焊接时，电弧自身调节作用较强，即电弧自行恢复到原来长度的时间就短。

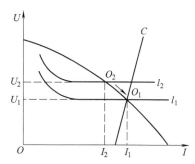

图 3-10　弧长变化时电弧自身调节过程

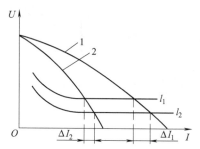

图 3-11　焊接电流和电源外特性的关系

② 电源外特性　从图 3-11 中还可以看出，当电弧长度改变相同时，较为平坦的下降外特性曲线 1 的电流变化值，要比陡降的电源外特性曲线 2 的电流变化值大些。这说明下降的电源外特性曲线越平坦，焊接电流变化就越大，电弧自身调节作用就越强。所以，等速送丝式埋弧焊机的焊接电源，要求具有缓降的电源外特性。

**2. MZ1-1000 型埋弧焊机**

MZ1-1000 型埋弧焊机是典型的等速送丝式埋弧焊机。这种焊机的控制系统比较简单，外形尺寸不大，焊接小车结构也较简单，使用方便，可使用交流和直流焊接电源，主要用于焊接水平位置及倾斜小于 15°的对接和角接焊缝，也可以焊接直径较大的环形焊缝。

MZ1-1000 型埋弧焊机由焊接小车、控制箱和焊接电源三部分组成。

 笔 记

（1）焊接小车　焊接小车如图 3-12 所示。交流电动机为送丝机构和行走机构共同使用，电动机两头出轴，一头经送丝机构减速器送给焊丝，另一头经行走机构减速器带动焊车。

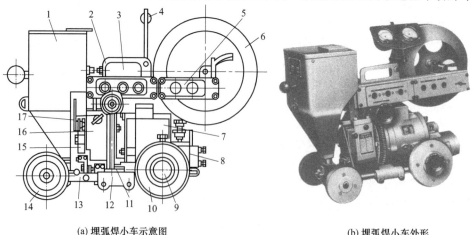

(a) 埋弧焊小车示意图　　　　　　　　　(b) 埋弧焊小车外形

图 3-12　MZ1-1000 型埋弧焊焊接小车

1—焊剂斗；2—调节手轮；3—控制按钮板；4—导丝轮；5—电流表和电压表；6—焊丝盘；7—电动机；
8—减速机构；9—离合器手轮；10—后轮；11—扇形蜗轮；12—前底架；13—连杆；14—前轮；
15—导电嘴；16—减速箱；17—偏心压紧轮

　　焊接小车的前轮和主动后轮与车体绝缘，主动后轮的轴与行走机构减速器之间，装有摩擦离合器，脱开时，可以用手推动焊车。焊接小车的回转托架上装有焊剂斗、控制板、焊丝盘、焊丝校直机构和导电嘴等。焊丝从焊丝盘经校直机构、送给轮和导电嘴送入焊接区，所用的焊丝直径为 $1.6 \sim 5 \text{mm}$。

　　焊接小车的传动系统中有两对可调齿轮，通过改换齿轮的方法，可调节焊丝送给速度和焊接速度。焊丝送给速度调节范围为 $0.87 \sim 6.7 \text{m/min}$，焊接速度调节范围为 $16 \sim 126 \text{m/h}$。

　　（2）控制箱　控制箱内装有电源接触器、中间继电器、降压变压器、电流互感器等电气元件，在外壳上装有控制电源的转换开关、接线及多芯插座等。

　　（3）焊接电源　常见的埋弧焊交流电源采用 BX2-1000 型同体式弧焊变压器，有时也采用具有缓降外特性的弧焊整流器。

## 三、变速送丝式埋弧焊机

### 1. 变速送丝式埋弧焊机的工作原理

　　变速送丝式埋弧焊机是根据电弧电压自动调节作用，把电弧电压作为反馈量，通过改变焊丝送丝速度消除弧长的干扰，以保持电弧长度不变的原理来设计制造的。

　　（1）变速送丝式埋弧焊机的工作过程　MZ-1000 型变速送丝式埋弧焊机的工作过程，如图 3-13 所示。送丝电动机 M 是他励式直流电动机，它通过减速机构带动送丝滚轮，进行焊丝送给。直流发电机 G 为直流电动机 M 供电。因此，它控制着电动机的转速和转向，即控制着焊丝送给速度的快慢和方向。

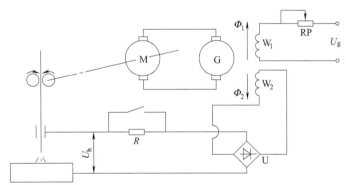

图 3-13　MZ-1000 型变速送丝式埋弧焊机工作过程

G—他励式直流发电机；M—他励式直流电动机；RP—电位器；U—桥式整流器；
$U_h$—电弧电压；$U_g$—给定电压；$W_1$，$W_2$—励磁线圈；$\Phi_1$，$\Phi_2$—励磁线圈 $W_1$、$W_2$ 的磁通

　　直流发电机有磁通方向相反的两个励磁线圈 $W_1$ 与 $W_2$，励磁线圈 $W_1$ 由网路经降压、整流后再经给定电压调节电位器 RP 供电，因而 $\Phi_1$ 磁通的大小取决于给定电压；励磁线圈 $W_2$ 是引入焊接回路中电弧电压的反馈，则 $\Phi_2$ 磁通的大小由反馈的电弧电压的高低决定。

　　当直流发电机中只有线圈 $W_1$ 工作时，M 的转动方向使焊丝上抽，当线圈 $W_2$ 工作时，则促使焊丝下送。当两个线圈同时工作时，电动机 M 的转速、转向就由它们产生的合成磁通决定。当 $\Phi_2 > \Phi_1$ 时，直流电动机正转焊丝下送，$\Phi_2$ 越大下送越快；当 $\Phi_2 < \Phi_1$ 时，电动机反转焊丝上抽。

　　焊接启动时，焊丝与焊件之间在接触短路的条件下，电弧电压为零，因而励磁线圈

$W_2$ 不起作用，直流发电机只受到励磁线圈 $W_1$ 的作用，所以焊丝上抽，电弧被引燃。随着电弧的逐渐拉长，电弧电压不断增高，励磁线圈 $W_2$ 的作用也不断增强，当 $W_2$ 的磁通 $\Phi_2$ 大于 $W_1$ 的磁通 $\Phi_1$ 时，电动机的转向也相应改变，焊丝就下送，直至焊丝送给速度等于焊丝熔化速度时，电弧燃烧趋向稳定状态，进入正常的焊接过程。

> **小提示**　变速送丝式埋弧焊机有两种类型：一是 MZ-1000 型埋弧焊机，它的工作过程是由发电机-电动机系统完成；二是 MZ1-1000 型埋弧焊机，它的工作过程是由晶闸管-电动机系统完成。前者有发电机，一般有控制箱，是目前应用最广的埋弧焊机；后者将控制线路安装在电源箱内，结构紧凑、体积小、成本低，具有良好的发展前景。

（2）电弧电压自动调节作用　如图 3-14 所示，曲线 $A$ 为电弧电压自动调节静特性曲线，在该曲线上任意一点焊丝的熔化速度等于焊丝的送丝速度。由于变速送丝式焊机送给速度不是恒定不变的，所以在曲线上的各个不同点，都有不同的焊丝送给速度，但都分别对应着一定的焊丝熔化速度。

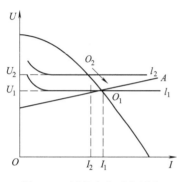

图 3-14　弧长变化时电弧电压自动调节过程

$O_1$ 点是电源外特性曲线、电弧静特性曲线和电弧电压自动调节静特性曲线的三线相交点，是电弧稳定燃烧点，电弧在 $O_1$ 点燃烧，焊丝熔化速度等于送丝速度，焊接过程稳定。

当受到某种外界干扰时，使电弧长度突然从 $l_1$ 拉长至 $l_2$，这时，电弧燃烧点从 $O_1$ 点移到 $O_2$ 点，电弧电压从 $U_1$ 增大到 $U_2$，一方面因电弧电压的反馈作用，使焊丝送给速度加快；另一方面由于焊接电流由 $I_1$ 减

**笔记**

小到 $I_2$，引起焊丝熔化速度减慢。由于焊丝送给速度的加快，同时焊丝熔化速度又减慢，因此，电弧长度迅速缩短，电弧从不稳定燃烧的 $O_2$ 点，迅速恢复至平衡状态，恢复了原来的电弧长度。反之，如果电弧长度突然缩短时，由于电弧电压随之减小，使焊丝送给速度减慢，同时焊接电流的增大，引起焊丝熔化速度加快，结果也是恢复到原来的电弧长度。

在受到外界的干扰，使电弧长度发生改变时，会引起电弧电压变化，从而使焊丝送给速度相应改变，以达到恢复原来的电弧长度而稳定燃烧的目的，这称为电弧电压自动调节作用。

> **小提示**　虽然变速送丝式埋弧焊机靠电弧电压自动调节作用进行自动调节，但同时还存在电弧自身调节作用，所以变速送丝式埋弧焊机比等速送丝式埋弧焊机的自动调节作用强得多。

（3）影响电弧电压自动调节性能的因素　影响电弧电压自动调节性能的主要因素是网路电压波动。

如图 3-15 所示，当网路电压升高时，电源外特性曲线相应上移，在网路电压变化瞬间，弧长尚未变动，使电弧从原来的稳定燃烧点 $O_1$ 暂时移到 $O_1'$，由于电流增大，送丝速度小于熔化速度，电弧变长直至新的稳定燃烧点 $O_2$。由于 $O_2$ 点在电弧电压自

动调节静特性曲线上，可满足送丝速度与熔化速度
相等的要求，所以电弧不会再恢复到原来的稳定燃
烧点 $O_1$，从而焊接工艺参数不能恢复到原来稳定
状态。

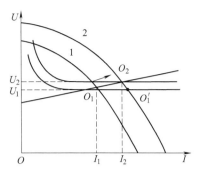

由于电弧电压自动调节静特性曲线近似于水平，
因此网路电压波动对电弧电压影响较小，而对焊接
电流则较大。当网路电压波动时，陡降外特性电源
引起的焊接电流的偏差比缓降外特性电源引起的小。
因此，为避免网路电压波动而引起焊接电流的较大
变化，变速送丝式焊机适宜采用陡降外特性的焊接
电源。

图 3-15　网路电压波动对焊接
工艺参数的影响

### 2. MZ-1000 型埋弧焊机

MZ-1000 型是典型的变速送丝式埋弧焊机，是根据电弧电压自动调节原理设计的。
这种焊机的焊接过程自动调节灵敏度较高，而且对焊丝送给速度和焊接速度的调节方便，
但电气控制线路较为复杂。可使用交流和直流焊接电源，主要用于平焊位置的对接焊，也
可用于船形位置的角接焊。

（1）MZ-1000 型埋弧焊机组成　MZ-1000 型埋弧焊机由焊接小车、控制箱和焊接电
源三部分组成。

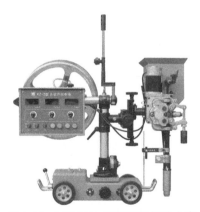

图 3-16　MZ-1000 型埋弧焊焊接小车

① 焊接小车　焊接小车如图 3-16 所示，小车
的横臂上悬挂着机头、焊剂斗、焊丝盘和控制盘。
机头的功能是送给焊丝，它由一只直流电动机、
减速机构和送给轮组成，焊丝从滚轮中送出，经
过导电嘴进入焊接区，焊丝直径为 3～6mm，焊
丝送给速度可在 0.5～2m/min 范围内调节。控制
盘和焊丝盘安装在横臂的另一端，控制盘上有电
流表、电压表，用来调节小车行走速度和焊丝送
给速度的电位器，控制焊丝上下的按钮、电流增
大和减小按钮等。

焊接小车由台车上的直流电动机通过减速器
及离合器来带动，焊接速度可在 15～70m/h 范
围内调节。为适应不同形式的焊缝，焊接小车结构可在一定的方位上转动。

② 控制箱　控制箱内装有电动机-发电机组，还有接触器、中间继电器、降压变压
器、电流互感器等电气元件。

③ 焊接电源　可配用交流或直流焊接电源。配用交流电源时，一般用 BX2-1000 型弧
焊变压器，配用直流电源时，可配用 ZXG-1000 型或 ZDG-1000 型弧焊整流器。

（2）MZ-1000 型埋弧焊机接线　MZ-1000 型埋弧焊机使用交流焊接电源时，其接线
如图 3-17 所示。MZ-1000 型埋弧焊机使用直流焊接电源时，其接线如图 3-18 所示。

## 四、等速送丝式埋弧焊机与变速送丝式埋弧焊机的比较

MZ1-1000 等速送丝式埋弧焊机与 MZ-1000 变速送丝式埋弧焊机特性比较见表 3-1。

笔记

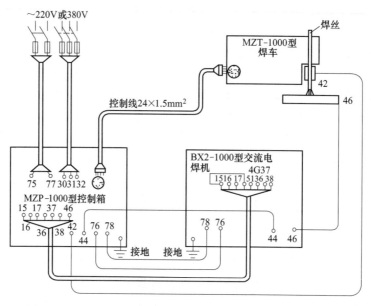

图 3-17    MZ-1000 型埋弧焊机使用交流焊接电源时外部接线图

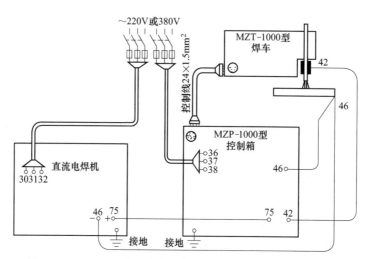

图 3-18    MZ-1000 型埋弧焊机使用直流焊接电源时外部接线图

**表 3-1    MZ1-1000 埋弧焊机与 MZ-1000 埋弧焊机特性比较**

| 比较内容 | MZ1-1000 埋弧焊机 | MZ-1000 埋弧焊机 |
| --- | --- | --- |
| 自动调节原理 | 电弧自身调节作用 | 电弧电压自动调节作用 |
| 控制电路及机构 | 较简单 | 较复杂 |
| 送丝方式 | 等速送丝式 | 变速送丝式 |
| 电源外特性 | 缓陡外特性 | 陡降外特性 |
| 电流调节方式 | 调节送丝速度 | 调节电源外特性 |
| 电压调节方式 | 调节电源外特性 | 调节给定电压 |
| 使用焊丝直径 | 细丝，一般 1.6～3mm | 粗丝，一般 3～5mm |

## 五、埋弧焊机常见故障及处理

埋弧焊机常见的故障分析及处理方法见表 3-2。

笔 记

表 3-2　埋弧焊机常见的故障分析及处理方法

| 故 障 特 征 | 产 生 原 因 | 处 理 方 法 |
|---|---|---|
| 按焊丝向下或向上按钮时，送丝电动机不逆转 | (1)送丝电动机有故障<br>(2)电动机电源线接点断开或损坏 | (1)修理送丝电动机<br>(2)检查电源线路接点并修复 |
| 按启动按钮后，不见电弧产生，焊丝将机头顶起 | 焊丝与焊件没有导电接触 | 清理接触部分 |
| 按启动按钮，线路工作正常，但引不起弧 | (1)焊接电源未接通<br>(2)电源接触器接触不良<br>(3)焊丝与焊件接触不良<br>(4)焊接回路无电压 | (1)接通焊接电源<br>(2)检查并修复接触器<br>(3)清理焊丝与焊件的接触点<br>(4)检查并修复 |
| 启动后，焊丝一直向上 | (1)机头上电弧电压反馈引线反接或断开<br>(2)焊接电源未启动 | (1)接好引线<br>(2)启动焊接电源 |
| 启动后焊丝粘住焊件 | (1)焊丝与焊件接触太紧<br>(2)焊接电压太低或焊接电流太小 | (1)保证接触可靠但不要太紧<br>(2)调整电流、电压至合适值 |
| 线路工作正常，焊接工艺参数正确，但焊丝给送不均，电弧不稳 | (1)焊丝给送压紧轮磨损或压得太松<br>(2)焊丝被卡住<br>(3)焊丝给送机构有故障<br>(4)网路电压波动太大<br>(5)导电嘴导电不良，焊丝脏 | (1)调整压紧轮或更换焊丝给送滚轮<br>(2)清理焊丝，使其顺畅送进<br>(3)检查并修复送丝机构<br>(4)使用专用焊机线路，保持网路电压稳定<br>(5)更换导电嘴，清理焊丝上的脏物 |
| 启动小车不动或焊接过程小车突然停止 | (1)离合器未合上<br>(2)行车速度旋钮在最小位置<br>(3)空载焊接开关在空载位置 | (1)合上离合器<br>(2)将行车速度调到需要位置<br>(3)拨到焊接位置 |
| 焊丝没有与焊件接触，焊接回路即带电 | 焊接小车与焊件之间绝缘不良或损坏 | (1)检查小车车轮绝缘<br>(2)检查焊车下面是否有金属与焊件短路 |
| 焊接过程中机头或导电嘴的位置不时改变 | 焊接小车有关部位间隙大或机件磨损 | (1)进行修理达到适当间隙<br>(2)更换磨损件 |
| 焊机启动后，焊丝周期地与焊件粘住或常常断弧 | (1)粘住是电弧电压太低，焊接电流太小或网路电压太低<br>(2)常断弧是电弧电压太高，焊接电流太大或网路电压太高 | (1)增加或减小电弧电压和焊接电流<br>(2)等网路电压正常后再进行焊接 |
| 导电嘴以下焊丝发红 | (1)导电嘴导电不良<br>(2)焊丝伸出长度太长 | (1)更换导电嘴<br>(2)调节焊丝至合适伸出长度 |
| 导电嘴末端熔化 | (1)焊丝伸出太短<br>(2)焊接电流太大或焊接电压太高<br>(3)引弧时焊丝与焊件接触太紧 | (1)增加焊丝伸出长度<br>(2)调节合适的工艺参数<br>(3)使其接触可靠但不要太紧 |
| 停止焊接后，焊丝与焊件粘住 | MZ-1000 型焊机的停止按钮未分两步按动，而是一次按下 | 按照焊机的规定程序来按动停止按钮 |

# 模块三　埋弧焊的焊接材料

## 一、焊丝和焊剂的作用及分类

埋弧焊的焊接材料有焊丝和焊剂。

### 1. 焊丝

焊接时作为填充金属同时用来导电的金属丝称为焊丝。埋弧焊的焊丝按结构不同可分为实芯焊丝和药芯焊丝两类，生产中普遍使用的是实芯焊丝，药芯焊丝只在某些特殊场合使用；埋弧焊的焊丝按被焊材料不同可分为碳素结构钢焊丝、合金结构钢焊丝、不锈钢焊丝等。常用的焊丝直径有 2mm、3mm、4mm、5mm 和 6mm 等规格，常用钢焊丝的牌号见表 3-3。

表 3-3　常用钢焊丝的牌号

| 序　号 | 钢　种 | 牌　号 | 序　号 | 钢　种 | 牌　号 |
|---|---|---|---|---|---|
| 1 | 碳素结构钢 | H08A | 12 | 合金结构钢 | H10Mn2MoV |
| 2 | | H08E | 13 | | H08CrMo |
| 3 | | H08Mn | 14 | | H08CrMoV |
| 4 | | H08MnA | 15 | | H30CrMnSi |
| 5 | 合金结构钢 | H10Mn2 | 16 | 不锈钢 | H022Cr21Ni10 |
| 6 | | H08MnSi2 | 17 | | H022Cr21Ni10Si |
| 7 | | H10MnSi | 18 | | H06Cr21Ni10 |
| 8 | | H10MnSiMo | 19 | | H06Cr19Ni10Ti |
| 9 | | H10MnSiMoTi | 20 | | H022Cr24Ni13 |
| 10 | | H08MnMo | 21 | | H022Cr24Ni13Mo2 |
| 11 | | H08Mn2Mo | 22 | | H06Cr26Ni21 |

**2. 焊剂**

埋弧焊时，能够熔化形成熔渣和气体，对熔化金属起保护并进行复杂的冶金反应的颗粒状物质叫焊剂。

（1）焊剂的作用

① 焊接时熔化产生气体和熔渣，有效地保护了电弧和熔池。

② 对焊缝金属渗合金，改善焊缝的化学成分和提高其力学性能。

③ 改善焊接工艺性能，使电弧能稳定燃烧，脱渣容易，焊缝成形美观。

（2）焊剂的分类

① 按制造方法不同分类　分为熔炼焊剂、烧结焊剂和黏结焊剂。

熔炼焊剂是由各种矿物原料混合后，在电炉中经过熔炼，再倒入水中粒化而成的焊剂；烧结焊剂是通过向一定比例的各种配料中加入适量的黏结剂，混合搅拌后在高温（400～1000℃）下烧结而成的一种焊剂；黏结焊剂是通过向一定比例的各种配料中加入适量的黏结剂，混合搅拌后粒化并在低温（400℃以下）烘干而制成的一种焊剂，以前也称为陶质焊剂。

熔炼焊剂，颗粒强度高，化学成分均匀，是目前应用最多的一类焊剂，其缺点是熔炼过程烧损严重，不能依靠焊剂向焊缝金属大量渗入合金元素。

非熔炼焊剂（烧结焊剂和黏结焊剂），化学成分不均匀，脱渣性好，由于其没有熔炼过程，可通过焊剂向焊缝金属中大量渗入合金元素，增大焊缝金属的合金化。非熔炼焊剂，特别是烧结焊剂现主要应用于焊接高合金钢和堆焊。

② 按化学成分分类　有高锰焊剂、中锰焊剂、低锰焊剂和无锰焊剂等，并根据焊剂中氧化锰、二氧化硅和氟化钙的含量高低，分成不同的焊剂类型。

## 二、焊丝和焊剂的型号及牌号

**1. 焊丝的牌号**

根据 GB/T 3429—2015《焊接用钢盘条》、YB/T 5092—2016《焊接用不锈钢丝》规

笔记

定。实芯钢焊丝的牌号表示方法为：字母"H"表示焊丝；"H"后的一位或两位数字表示含碳量；化学元素符号及其后的数字表示该元素的近似含量，当某合金元素的含量低于1%时，可省略数字，只记元素符号；尾部标有"A"或"E"时，分别表示为"优质品"或"高级优质品"，表明 S、P 等杂质含量更低。

例如：

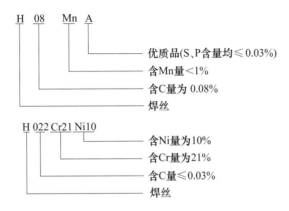

### 2. 焊剂的型号

依据 GB/T 36037—2018《埋弧焊和电渣焊用焊剂》的规定，焊剂型号按适用焊接方法、制造方法、焊剂类型和适用范围等进行划分。

焊剂型号由四部分组成：

第一部分：表示焊剂适用的焊接方法，S 表示适用于埋弧焊，ES 表示适用于电渣焊。

第二部分：表示焊剂制造方法，F 表示熔炼焊剂，A 表示烧结焊剂，M 表示混合焊剂。

第三部分：表示焊剂类型代号，见表 3-4。

第四部分：表示焊剂适用范围代号，见表 3-5。

除以上强制分类代号外，根据供需双方协商，可在型号后依次附加可选代号：冶金性能代号，用数字、元素符号、元素符号和数字组合等表示焊剂烧损或增加合金程度；电流类型代号，用字母表示，DC 表示适用于直流焊接，AC 表示适用于交流和直流焊接；扩散氢代号 HX，其中 X 可为数字 2、4、5、10 或 15，分别表示每 100g 熔敷金属中扩散氢含量最大值（mL）。

笔记

表 3-4　焊剂类型代号及主要化学成分

| 焊剂类型代号 | 主要化学成分（质量分数）/% | |
| --- | --- | --- |
| MS<br>（硅锰型） | $MnO+SiO_2$ | ≥50 |
| | CaO | ≤15 |
| CS<br>（硅钙型） | $CaO+MgO+SiO_2$ | ≥55 |
| | $CaO+MgO$ | ≥15 |
| CG<br>（镁钙型） | $CaO+MgO$ | 5~50 |
| | $CO_2$ | ≥2 |
| | Fe | ≤10 |
| CB<br>（镁钙碱型） | $CaO+MgO$ | 30~80 |
| | $CO_2$ | ≥2 |
| | Fe | ≤10 |

续表

| 焊剂类型代号 | 主要化学成分(质量分数)/% | |
|---|---|---|
| CG-Ⅰ<br>(铁粉镁钙型) | $CaO+MgO$ | 5~45 |
| | $CO_2$ | ≥2 |
| | Fe | 15~60 |
| CB-Ⅰ<br>(铁粉镁钙碱型) | $CaO+MgO$ | 10~70 |
| | $CO_2$ | ≥2 |
| | Fe | 15~60 |
| GS<br>(硅镁型) | $MgO+SiO_2$ | ≥42 |
| | $Al_2O_3$ | ≤20 |
| | $CaO+CaF_2$ | ≤14 |
| ZS<br>(硅锆型) | $ZrO_2+SiO_2+MnO$ | ≥45 |
| | $ZrO_2$ | ≥15 |
| RS<br>(硅钛型) | $TiO_2+SiO_2$ | ≥50 |
| | $TiO_2$ | ≥20 |
| AR<br>(铝钛型) | $Al_2O_3+TiO_2$ | ≥40 |
| BA<br>(碱铝型) | $Al_2O_3+CaF_2+SiO_2$ | ≥55 |
| | CaO | ≥8 |
| | $SiO_2$ | ≤20 |
| AAS<br>(硅铝酸型) | $Al_2O_3+SiO_2$ | ≥50 |
| | $CaF_2+MgO$ | ≥20 |
| AB<br>(铝碱型) | $Al_2O_3+CaO+MgO$ | ≥40 |
| | $Al_2O_2$ | ≥20 |
| | $CaF_2$ | ≤22 |
| AS<br>(硅铝型) | $Al_2O_3+SiO_2+ZrO_2$ | ≥40 |
| | $CaF_2+MgO$ | ≥30 |
| | $ZrO_2$ | ≥5 |
| AF<br>(铝氟碱型) | $Al_2O_3+CaF_2$ | ≥70 |
| FB<br>(氟碱型) | $CaO+MgO+CaF_2+MnO$ | ≥50 |
| | $SiO_2$ | ≤20 |
| | $CaF_2$ | ≥15 |
| G | 其他协定成分 | |

表3-5　焊剂适用范围代号

| 代号 | 适用范围 |
|---|---|
| 1 | 用于非合金钢及细晶粒钢、高强钢、热强钢和耐候钢,适合于焊接接头和/或堆焊<br>在接头焊接时,一些焊剂可应用于多道焊和单/双道焊 |
| 2 | 用于不锈钢和/或镍及镍合金<br>主要适用于接头焊接,也能用于带极堆焊 |
| 2B | 用于不锈钢和/或镍及镍合金<br>主要适用于带极堆焊 |
| 3 | 主要用于耐磨堆焊 |
| 4 | 1类~3类都不适用的其他焊剂,例如铜合金用焊剂 |

示例如下：

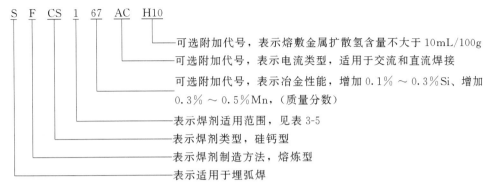

S F CS 1 67 AC H10

可选附加代号，表示熔敷金属扩散氢含量不大于10mL/100g
可选附加代号，表示电流类型，适用于交流和直流焊接
可选附加代号，表示冶金性能，增加0.1%～0.3%Si、增加
0.3%～0.5%Mn，（质量分数）
表示焊剂适用范围，见表3-5
表示焊剂类型，硅钙型
表示焊剂制造方法，熔炼型
表示适用于埋弧焊

**3. 焊剂牌号**

（1）熔炼焊剂牌号表示法　焊剂牌号表示为"HJ×××"，HJ后面有三位数字，具体内容是：

① 第一位数字表示焊剂中氧化锰的平均含量，见表3-6。

表3-6　焊剂牌号与氧化锰的平均含量

| 牌　　号 | 焊　剂　类　型 | 氧化锰平均含量 |
| --- | --- | --- |
| 焊剂1××× | 无锰 | MnO<2% |
| 焊剂2××× | 低锰 | MnO≈2%～15% |
| 焊剂3××× | 中锰 | MnO≈15%～30% |
| 焊剂4××× | 高锰 | MnO>30% |

② 第二位数字表示焊剂中二氧化硅、氟化钙的平均含量，见表3-7。

表3-7　焊剂牌号与二氧化硅、氟化钙的平均含量

| 牌　　号 | 焊　剂　类　型 | 二氧化硅、氟化钙平均含量 | |
| --- | --- | --- | --- |
| 焊剂×1× | 低硅低氟 | SiO₂<10% | CaF₂<10% |
| 焊剂×2× | 中硅低氟 | SiO₂≈10%～30% | CaF₂<10% |
| 焊剂×3× | 高硅低氟 | SiO₂>30% | CaF₂<10% |
| 焊剂×4× | 低硅中氟 | SiO₂<10% | CaF₂≈10%～30% |
| 焊剂×5× | 中硅中氟 | SiO₂≈10%～30% | CaF₂≈10%～30% |
| 焊剂×6× | 高硅中氟 | SiO₂>30% | CaF₂≈10%～30% |
| 焊剂×7× | 低硅高氟 | SiO₂<10% | CaF₂>30% |
| 焊剂×8× | 中硅高氟 | SiO₂≈10%～30% | CaF₂>30% |

③ 第三位数字表示同一类型焊剂的不同牌号。对同一种牌号焊剂生产两种颗粒度，则在细颗粒产品后面加一"X"。

例如：

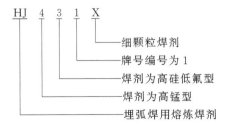

HJ 4 3 1 X

细颗粒焊剂
牌号编号为1
焊剂为高硅低氟型
焊剂为高锰型
埋弧焊用熔炼焊剂

（2）烧结焊剂的牌号表示方法　焊剂牌号表示为"SJ×××"，SJ后面有三位数字，具体内容是：

① 第一位数字表示焊剂熔渣的渣系类型，见表3-8。

表 3-8　烧结焊剂牌号及其渣系

| 焊剂牌号 | 熔渣渣系列类型 | 主要组分范围 |
|---|---|---|
| SJ1×× | 氟碱型 | $CaF_2 \geqslant 15\%$　　$(CaO+MgO+CaF_2)>50\%$　　$SiO_2 \leqslant 20\%$ |
| SJ2×× | 高铝型 | $Al_2O_3 \geqslant 20\%$　　$(Al_2O_3+CaO+MgO)>45\%$ |
| SJ3×× | 硅钙型 | $(CaO+MgO+SiO_2)>60\%$ |
| SJ4×× | 硅锰型 | $(MnO+SiO_2)>50\%$ |
| SJ5×× | 铝钛型 | $(Al_2O_3+TiO_2)>45\%$ |
| SJ6×× | 其他型 | |

② 第二、第三位数字表示同一渣系类型焊剂中的不同牌号,按 01、02、…、09 顺序排列。

例如:

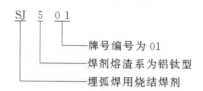

$$SJ \quad 5 \quad 01$$

└──── 牌号编号为 01
└──── 焊剂熔渣系为铝钛型
└──── 埋弧焊用烧结焊剂

### 三、焊丝和焊剂的选用及保管

#### 1. 焊丝和焊剂的选用

焊接低碳钢和强度较低的低合金高强钢时,以保证焊缝金属的力学性能为主,宜采用低锰或含锰焊丝,配合高锰高硅焊剂,如 HJ431、HJ430 配 H08A 或 H08MnA 焊丝,或采用高锰焊丝配合无锰高硅或低锰高硅焊丝,如 HJ130、HJ230 配 H10Mn2 焊丝。

焊接有特殊要求的合金钢如低温钢、耐热钢、耐蚀钢等,以满足焊缝金属的化学成分为主,要选用相应的合金钢焊丝,配合碱性较高的中硅、低硅型焊剂。常用焊剂与焊丝的选配及用途见表 3-9。

笔记

表 3-9　常用焊剂与焊丝的选配及用途

| 焊剂牌号 | 成分类型 | 酸碱性 | 配用焊丝 | 电流种类 | 用途 |
|---|---|---|---|---|---|
| HJ131 | 无 Mn 高 Si 低 F | 中性 | Ni 基焊丝 | 交直流 | Ni 基合金 |
| HJ150 | 无 Mn 中 Si 中 F | 中性 | H2Cr13 | 直流 | 轧辊堆焊 |
| HJ151 | 无 Mn 中 Si 中 F | 中性 | 相应钢种焊丝 | 直流 | 奥氏体不锈钢 |
| HJ172 | 无 Mn 低 Si 高 F | 碱性 | 相应钢种焊丝 | 直流 | 高 Cr 铁素体钢 |
| HJ251 | 低 Mn 中 Si 中 F | 碱性 | CrMo 钢焊丝 | 直流 | 珠光体耐热钢 |
| HJ260 | 低 Mn 高 Si 中 F | 中性 | 不锈钢焊丝 | 直流 | 不锈钢、轧辊堆焊 |
| HJ350 | 中 Mn 中 Si 中 F | 中性 | MnMo、MnSi 及含 Ni 高强钢焊丝 | 交直流 | 重要低合金高强钢 |
| HJ430 | 高 Mn 高 Si 低 F | 酸性 | H08A、H08MnA | 交直流 | 优质碳素结构钢 |
| HJ431 | 高 Mn 高 Si 低 F | 酸性 | H08A、H08MnA | 交直流 | 优质碳素结构钢、低合金钢 |
| SJ101 | 氟碱型 | 碱性 | H08MnA、H08MnMoA | 交直流 | 重要低碳钢、低合金钢 |
| SJ301 | 硅钙型 | 中性 | H08MnA、H08MnMoA | 交直流 | 低碳钢、锅炉钢 |
| SJ401 | 硅锰型 | 酸性 | H08A | 交直流 | 低碳钢、低合金钢 |
| SJ501 | 铝钛型 | 酸性 | H08MnA | 交直流 | 低碳钢、低合金钢 |
| SJ502 | 铝钛型 | 酸性 | H08A | 交直流 | 重要低碳钢和低合金钢 |
| SJ601 | 其它型 | 碱性 | H022Cr21Ni10、H06Cr19Ni10Ti 等 | 直流 | 多道焊不锈钢 |

**2. 焊剂的使用和保管**

为保证焊接质量，焊剂应正确保管和使用，应存放在干燥库房内，防止受潮；使用前应对焊剂进行烘干，熔炼焊剂要求 200～250℃下烘焙 1～2h；烧结焊剂应在 300～400℃烘焙 1～2h。使用回收的焊剂，应清除其中的渣壳、碎粉及其他杂物，并与新焊剂混匀后使用。

# 模块四　埋弧焊工艺

## 一、埋弧焊工艺参数

埋弧焊的焊接工艺参数有焊接电流、电弧电压、焊接速度、焊丝直径、焊丝伸出长度、焊丝倾角、焊件倾斜等。其中对焊缝成形和焊接质量影响最大的是焊接电流、电弧电压和焊接速度。

### 1. 焊接电流

焊接时，若其他因素不变，焊接电流增加，则电弧吹力增强，焊缝厚度增大。同时，焊丝的熔化速度也相应加快，焊缝余高稍有增加。但电弧的摆动小，所以焊缝宽度变化不大。电流过大，容易产生咬边或成形不良，使热影响区增大，甚至造成烧穿。电流过小，焊缝厚度减小，容易产生未焊透，电弧稳定性也差。焊接电流对焊缝成形的影响，如图 3-19 所示。

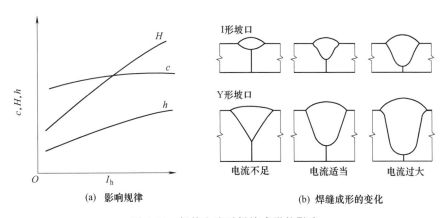

图 3-19　焊接电流对焊缝成形的影响

$H$—焊缝厚度；$c$—焊缝宽度；$h$—余高

### 2. 电弧电压

在其他因素不变的条件下，增加电弧长度，则电弧电压增加。随着电弧电压增加，焊缝宽度显著增大，而焊缝厚度和余高减小。这是因为电弧电压越高，电弧就越长，则电弧的摆动范围扩大，使焊件被电弧加热面积增大，以致焊缝宽度增大。然而电弧长度增加以后，电弧热量损失加大，所以用来熔化母材和焊丝的热量减少，使焊缝厚度和余高减少，如图 3-20 所示。

由此可见，电流是决定焊缝厚度的主要因素，而电压则是影响焊缝宽度的主要因素。为了获得良好的焊缝成形，焊接电流必须与电弧电压进行良好的匹配，如表 3-10 所示。

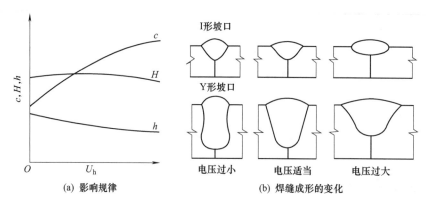

图 3-20　电弧电压对焊缝成形的影响

$H$—焊缝厚度；$c$—焊缝宽度；$h$—余高

表 3-10　焊接电流与电弧电压的匹配关系

| 焊接电流/A | 600~700 | 700~850 | 850~1000 | 1000~1200 |
|---|---|---|---|---|
| 电弧电压/V | 34~36 | 36~38 | 38~40 | 40~42 |

### 3. 焊接速度

焊接速度对焊缝厚度和焊缝宽度有明显影响，如图 3-21 所示。当焊接速度增加时，焊缝厚度和焊缝宽度都大为下降。这是因为焊接速度增加时，焊缝中单位时间内输入的热量减少的缘故。焊速过大，则易形成未焊透、咬边、焊缝粗糙不平等缺陷；焊速过小，则会形成易裂的"蘑菇形"焊缝或产生烧穿、夹渣、焊缝不规则等缺陷。

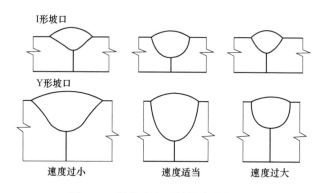

图 3-21　焊接速度对焊缝成形的影响

### 4. 焊丝直径

当焊接电流不变时，随着焊丝直径的增大，电流密度减小，电弧吹力减弱，电弧的摆动作用加强，使焊缝宽度增加而焊缝厚度减小；焊丝直径减小时，电流密度增大，电弧吹力增大，使焊缝厚度增加。故用同样大小的电流焊接时，小直径焊丝可获得较大的焊缝厚度。不同直径的焊丝所适用的焊接电流见表 3-11。

表 3-11　焊丝直径与焊接电流的关系

| 焊丝直径/mm | 2.0 | 3.0 | 4.0 | 5.0 | 6.0 |
|---|---|---|---|---|---|
| 焊接电流/A | 200~400 | 350~600 | 500~800 | 700~1000 | 800~1200 |

#### 5. 焊丝伸出长度

一般将导电嘴出口到焊丝端部的长度称为焊丝伸出长度。当焊丝伸出长度增加时，则电阻热作用增大，使焊丝熔化速度增快，以致焊缝厚度稍有减少，余高略有增加；伸出长度太短，则易烧坏导电嘴。焊丝伸出长度，随焊丝直径的增大而增大，一般在 15～40mm 之间。

#### 6. 焊丝倾角

埋弧焊的焊丝位置通常垂直于焊件，但有时也采用焊丝倾斜方式。焊丝倾角对焊缝成形的影响如图 3-22 所示。

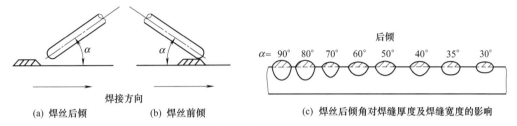

(a) 焊丝后倾　　　(b) 焊丝前倾　　　(c) 焊丝后倾角对焊缝厚度及焊缝宽度的影响

图 3-22　焊丝倾角对焊缝成形的影响

焊丝向焊接方向倾斜称为后倾，反焊接方向倾斜则为前倾。焊丝后倾时，电弧吹力对熔池液态金属的作用加强，有利于电弧的深入，故焊缝厚度和余高增大，而焊缝宽度明显减小。焊丝前倾时，电弧对熔池前面的焊件预热作用加强，使焊缝宽度增大，而焊缝有效厚度减小。

#### 7. 焊件倾斜

焊件有时因处于倾斜位置，因而有上坡焊和下坡焊之分，如图 3-23 所示。上坡焊与焊丝后倾作用相似，焊缝厚度和余高增加，焊缝宽度减小，形成窄而高的焊缝，甚至产生咬边；下坡焊与焊丝前倾作用相似，焊缝厚度和余高都减小，而焊缝宽度增大，且熔池内液态金属容易下淌，严重时会造成未焊透的缺陷。所以，无论是上坡焊或下坡焊，焊件的倾角 $\beta$ 都不得超过 6°～8°，否则会破坏焊缝成形及引起焊接缺陷。

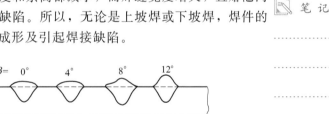

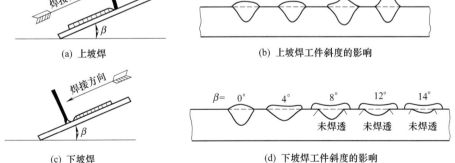

(a) 上坡焊　　　　　　　(b) 上坡焊工件斜度的影响

(c) 下坡焊　　　　　　　(d) 下坡焊工件斜度的影响

图 3-23　焊件倾斜对焊缝成形的影响

#### 8. 装配间隙与坡口角度

当其他焊接工艺条件不变时，焊件装配间隙与坡口角度的增大，使焊缝厚度增加，而余高减少，但焊缝厚度加上余高的焊缝总厚度大致保持不变。因此，为了保证焊缝的质量，埋弧焊对焊件装配间隙与坡口加工的工艺要求较严格。

## 二、埋弧焊技术

### 1. 对接焊缝焊接技术

埋弧焊主要应用于对接直焊缝焊接和对接环焊缝焊接。对接焊缝的焊接方法有两种基本类型，即单面焊和双面焊。它们又可分为有坡口和无坡口（I形坡口）两种。同时，根据钢板厚薄不同，又可分成单层焊和多层焊；根据防止熔池金属泄漏的不同情况，又有各种衬垫法或无衬垫法。

（1）I形坡口预留间隙对接双面埋弧焊　I形坡口预留间隙对接双面埋弧焊，为保证焊透，必须预留间隙，钢板厚度越大，其间隙也应越大。焊接顺序是：先在焊剂垫（见图3-24）上焊接第一面焊缝，且保证第一面焊缝的厚度达工件厚度的60%～70%，然后在背面碳弧气刨清根后，再进行第二面焊缝焊接，第二面焊缝使用的焊接工艺参数可与第一面焊缝相同或稍许减小。为保证焊接质量，焊前需在焊件两端装焊引弧板和熄弧板，如图3-25所示。I形坡口预留间隙双面埋弧焊工艺参数的选用见表3-12。

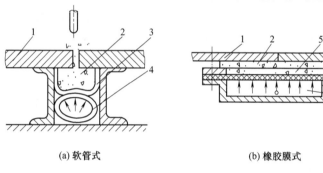

(a) 软管式　　　　　　　　　　(b) 橡胶膜式

图 3-24　焊剂垫上焊接示意图

1—工件；2—焊剂；3—帆布；4—充气软管；5—橡皮膜；6—压板；7—气室

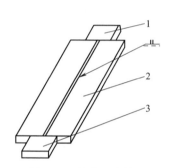

图 3-25　焊件两端装焊引弧板和熄弧板

1—引弧板；2—焊件；3—熄弧板

表 3-12　I形坡口预留间隙双面埋弧焊工艺参数

| 焊件厚度/mm | 装配间隙/mm | 焊丝直径/mm | 焊接电流/A | 电弧电压/V | 焊接速度/(m/h) |
| --- | --- | --- | --- | --- | --- |
| 10 | 2～3 | 4 | 550～600 | 32～34 | 32 |
| 12 | 2～3 | 4 | 600～650 | 32～34 | 32 |
| 14 | 3～4 | 4 | 650～700 | 34～36 | 30 |
| 16 | 3～4 | 5 | 700～750 | 34～36 | 28 |
| 20 | 4～5 | 5 | 850～900 | 36～40 | 27 |
| 24 | 4～5 | 5 | 900～950 | 38～42 | 25 |
| 28 | 5～6 | 5 | 900～950 | 38～42 | 20 |

**师傅点拨**　　I形坡口预留间隙双面埋弧焊的焊接电流与电弧电压值，可参考以下经验公式选用：

$$I = 25\delta + 325, \quad U = 0.5\delta + 28$$

式中，$I$ 为焊接电流，A；$U$ 为电弧电压，V；$\delta$ 为板厚，mm。

（2）开坡口预留间隙双面埋弧焊　对于厚度较大的焊件，由于材料或其他原因，当不允许使用较大的热输入焊接，或不允许焊缝有较大的余高时，采用开坡口焊接，坡口形式由板厚决定。表3-13为这类焊缝单道焊焊接常用的工艺参数。

表 3-13　开坡口预留间隙双面埋弧焊工艺参数

| 焊件厚度 /mm | 坡口形式 | 焊丝直径 /mm | 焊缝顺序 | 焊接电流 /A | 电弧电压 /V | 焊接速度 /(m/h) |
|---|---|---|---|---|---|---|
| 14 | | 5 | 正 | 830～850 | 36～38 | 25 |
| | | 5 | 反 | 600～620 | 36～38 | 45 |
| 16 | | 5 | 正 | 830～850 | 36～38 | 20 |
| | | 5 | 反 | 600～620 | 36～38 | 45 |
| 18 | | 5 | 正 | 830～860 | 36～38 | 20 |
| | | 5 | 反 | 600～620 | 36～38 | 45 |
| 22 | | 6 | 正 | 1050～1150 | 38～40 | 18 |
| | | 5 | 反 | 600～620 | 36～38 | 45 |
| 24 | | 6 | 正 | 1100 | 38～40 | 24 |
| | | 5 | 反 | 800 | 36～38 | 28 |
| 30 | | 6 | 正 | 1000～1100 | 36～40 | 18 |
| | | 6 | 反 | 900～1000 | 36～38 | 20 |

（3）对接环焊缝焊接技术　焊接圆形筒体结构的对接环焊缝时，可以用辅助装置和可调速的焊接滚轮架，在焊接小车固定、筒体转动的情况下进行埋弧焊。

筒体内、外环缝的焊接一般先焊内焊缝，后焊外环焊缝。焊接内环焊缝时，焊机可放在筒体底部，配合滚轮架，或使用内伸式焊接小车配合滚轮架进行焊接，如图 3-26 所示。焊接操作时，一般要两人同时进行，一人操纵焊机，另一人负责清渣。

焊接环焊缝时，除了主要焊接工艺参数对焊缝质量有直接影响外，焊丝与焊件间的相对位置也起着重要的作用。焊丝应逆筒体旋转方向相对于筒体圆形断面中心一个偏移量，如图 3-27 所示。焊接内环缝时，焊丝的偏移是使焊丝处于"上坡焊"的位置，其目的是使焊缝有足够的熔透程度；焊接外环缝时，焊丝的偏移是使焊丝处于下坡焊的位置，这样，一则可避免烧穿，二则使焊缝成形美观。

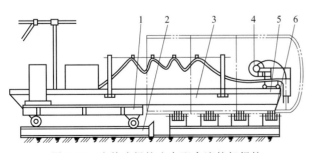

图 3-26　内伸式焊接小车配合滚轮架焊接

1—行车；2—行车导轨；3—悬架梁；4—焊接小车；
5—小车导轨；6—滚轮架

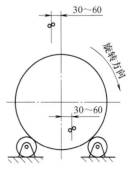

图 3-27　环缝埋弧焊焊
丝偏移量

环缝埋弧焊焊丝的偏移量与筒体焊件的直径、焊接速度有关。一般筒体直径越大，焊接速度越大，焊丝偏移量越大。焊丝偏移量根据筒体直径选用见表 3-14。

表 3-14　焊丝偏移量的选用

| 筒体直径/mm | 800～1000 | 1000～1500 | 1500～2000 | 2000～3000 |
|---|---|---|---|---|
| 焊丝偏移量/mm | 25～30 | 30～35 | 35～40 | 40～60 |

<table>
<tr><td>小提示</td><td>需要注意的是，由于埋弧焊焊接电流较大，焊接第一面（层）焊缝时，液态熔渣和金属会从间隙中流失，造成成形不良，甚至无法焊接，此时背面除采取焊剂垫（见图 3-24）防漏措施外，还可采用临时工艺垫板、焊条电弧焊封底和锁底接头焊等方法，如图 3-28 所示。</td></tr>
</table>

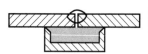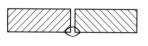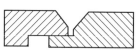

(a) 在焊剂垫上焊接　　(b) 在临时工艺垫板上焊接　　(c) 焊条电弧焊封底　　(d) 锁底接头焊

图 3-28　常见的防漏措施

#### 2. 角接焊缝焊接技术

埋弧焊的角接焊缝主要出现在 T 形接头和搭接接头中。角焊缝的埋弧焊一般可采取船形焊和平角焊两种形式，当焊件易于翻转时采用船形焊，对于一些不易翻转的焊件则都使用平角焊。

（1）船形焊　船形焊时由于焊丝为垂直状态，熔池处于水平位置，容易保证焊缝质量。但当焊件间隙大于 1.5mm 时，则易出现烧穿或熔池金属溢漏的现象，故船形焊要求严格的装配质量，或者在焊缝背面设衬垫。在确定焊接工艺参数时，电弧电压不宜过高，以免产生咬边。另外，焊缝的成形系数应保证不大于 2，这样可避免焊缝根部的未焊透。

（2）平角焊　当工件不便采用船形焊时，对角焊缝采用平角焊的方法，即焊丝倾斜。这种方法的优点是对装配间隙要求比较低，即使间隙较大，一般也不致产生流渣和熔池金属流溢现象。但其缺点是单道焊缝的焊脚高最大不能超过 8mm。所以当要求焊脚高大于8mm 时，只能采用多道焊。

### 三、高效埋弧焊技术

传统的埋弧焊是单丝的，焊接厚板时，一般开坡口双面焊。人们在长期的应用中，在不断改进常规埋弧焊的基础上，又研究和发展了一些新的、高效率的埋弧焊方法，如多丝埋弧焊、带极埋弧焊和窄间隙埋弧焊等。这些高效埋弧焊工艺方法拓宽了埋弧焊的应用领域。

#### 1. 多丝埋弧焊

使用二根以上焊丝完成同一条焊缝的埋弧焊称为多丝埋弧焊，是一种高生产率的焊接方法。按照所用焊丝数目有双丝埋弧焊、三丝埋弧焊等，在一些特殊应用中焊丝数目多达14 根。目前工业中应用最多的是双丝埋弧焊、三丝埋弧焊。多丝埋弧焊按焊丝排列方式有纵列式、横列式和直列式三种。双丝埋弧焊原理如图 3-29 所示。

笔记

双丝埋弧焊多采用纵列式，即两根焊丝沿着焊接方向顺序排列。焊接过程中，每根焊丝所用的电流和电压各不相同，因而它们在焊缝成形过程中所起的作用也不同。一般由前列的电弧获得足够的熔深，后列电弧调节熔宽或起改善成形作用。

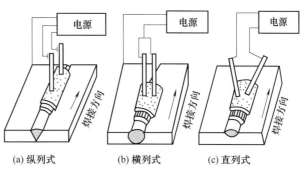

(a) 纵列式　　(b) 横列式　　(c) 直列式

图 3-29　双丝埋弧焊原理

多丝埋弧焊主要用于厚板的焊接，通常采用在焊件背面使用衬垫的单面焊双面成形工艺，与常规埋弧焊相比具有焊接速度快、耗能低、填充金属少等优点。图 3-30 所示为多丝埋弧焊机在进行厚壁压力容器的焊接。

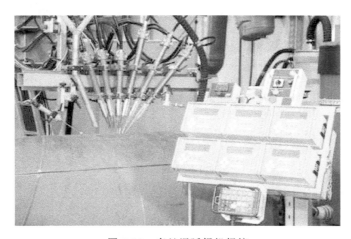

图 3-30　多丝埋弧焊机焊接

笔记

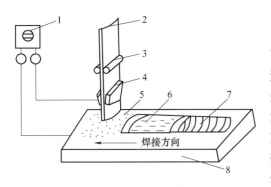

图 3-31　带极埋弧焊和带极形状

1—电源；2—带极；3—带极送进装置；4—导电嘴；
5—焊剂；6—渣壳；7—焊道；8—焊件

### 2. 带极埋弧焊

带极埋弧焊是由横列式多丝埋弧焊发展而成的。由于它是用矩形截面的钢带取代圆形截面的焊丝作电极，所以不仅可提高填充金属的熔化量，提高焊接生产率，而且可增大成形系数，即在熔深较小的情况下大大增加焊道宽度，很适合多层焊时表面焊缝的焊接，尤其适合于埋弧焊堆焊，因此是表面堆焊的理想方法。带极埋弧焊和带极形状如图 3-31 所示。

### 3. 窄间隙埋弧焊

厚板对接时，焊前不开坡口或只开小角度坡口，并留有窄而深的间隙，采用埋弧焊而完成整条焊缝的高效率焊接方法称为窄间隙埋弧焊。

由于窄间隙埋弧焊避免了常规埋弧焊焊接厚板（如 50mm 以上）时须开 V 形或 U 形坡口，致使焊接层数多、填充金属量大、焊接时间长及焊接变形大且难以控制等缺点。所以 20 世纪 80 年代一出现，很快就被应用于工业生产，现主要应用领域是低合金钢厚壁容器及其他重型焊接结构的焊接。

窄间隙埋弧焊已有各种单丝、双丝和多丝的成套设备出现，但多为单丝焊，主要用于水平或接近水平位置的焊接。

# 模块五　焊接工程实例

Q235 钢板对接埋弧焊，焊件及技术要求如图 3-32 所示。

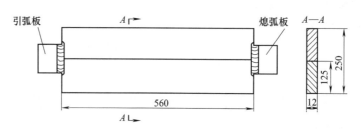

技术要求
1.埋弧双面焊。
2.焊缝宽度22±2,宽窄差≤2;余高1.5±1.5,高低差≤2。
3.母材Q235钢。

图 3-32　钢板对接埋弧焊焊件及技术要求

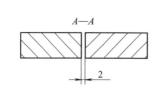

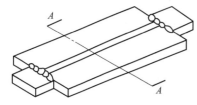

图 3-33　对接埋弧焊焊件装配示意图

## 1. 焊前准备

（1）焊机　MZ-1000。

（2）焊剂　HJ431，焊前 250℃烘干 2h。

（3）焊丝　H08A，直径 $\phi$4mm。

（4）引弧板和熄弧板　Q235 钢板，尺寸规格为 100mm×100mm×12mm。

（5）装配及定位　将焊件待焊处两侧 20mm 范围内的铁锈、污物清理干净后，平放在平台上，留出 2mm 的根部间隙，错边量≤1.2mm，反变形量为 3°，熄弧板和引弧板分别在焊件的两端进行定位焊，如图 3-33 所示。

## 2. 确定焊接工艺参数

焊接工艺参数见表 3-15。

表 3-15　焊接工艺参数

| 焊　　缝 | 焊丝直径/mm | 焊接电流/A | 电弧电压/V | 焊接速度/(m/h) |
|---|---|---|---|---|
| 背面 | 4 | 630~650 | 32~34(直流) | 32 |
| 正面 |  | 630~650 | 32~34(直流) |  |

## 3. 焊接

（1）焊接背面焊缝

① 将装配好的焊件置于焊剂垫上，见图 3-34。焊剂垫的作用是避免焊接过程中液态金属和熔渣从接口处流失。简便易行的焊剂垫是在接口下面安放一根合适规格的槽钢，并

撒满符合工艺要求的焊剂。焊件安放时，接口要对准焊剂垫的中心线。

② 将焊接小车摆放好，调整焊丝位置，使焊丝对准根部间隙，往返拉动小车几次，保证焊丝在整条焊缝上均能对中，且不与焊件接触。

③ 引弧前将小车拉到引弧板上，调整好小车行走方向开关，锁定行走离合器之后，按动送丝、退丝按钮，使焊丝端部与引弧板轻轻而可靠接触。最后将焊剂漏斗阀门打开，让焊剂覆盖焊接处。

引弧后，迅速调整相应的旋钮，直至相关的工艺参数符合要求，电压、电流表指针摆动减小，焊接稳定为止。

④ 当焊接熔池离开焊件位于引出板上时，应马上收弧。待焊缝金属及熔渣冷却凝固后，敲掉背面焊缝的渣壳，并检查焊缝外观质量。

（2）碳弧气刨清根　碳弧气刨清根：焊机 ZXG-400，直流反接；碳棒 $\phi6mm$，刨削电流 $250\sim300A$，压缩空气压力 $0.4\sim0.6MPa$；槽深 $4\sim5mm$，槽宽 $6\sim8mm$。

（3）焊接正面焊缝　将焊件正面朝上，焊接正面焊缝，如图 3-35 所示。焊接步骤与背面焊缝焊接完全相同。

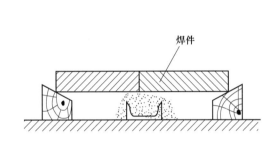

图 3-34　用焊剂垫焊接示意图

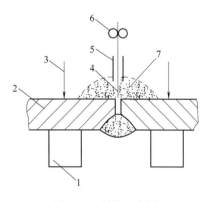

图 3-35　焊接示意图
1—支撑垫；2—焊件；3—压紧力；
4—焊丝；5—导电嘴；
6—送丝滚轮；7—预放焊剂

✎ 笔记

# 模块六　1+X 考证题库

## 一、填空题

1. 埋弧焊机按送丝方式不同，可分为_____和_____两种；前者适用于_____条件的焊接，后者适用于_____条件的焊接。

2. 焊剂按其制造方法可分为_____、_____和_____。

3. 埋弧焊时，电流是决定_____的主要因素，电压是影响_____的主要因素，为了获得良好的焊缝成形，_____与_____必须进行良好的匹配。

4. 埋弧焊主要适用于_____、_____、_____等材料的焊接，并且适用于_____位置焊接。

5. MZ-1000 是_____式的埋弧焊机，是根据_____原理设计而成的，该机主要是由_____、_____、_____三部分组成。

6. 在"HJ431X"牌号中，"HJ"表示_____，"4"表示_____，"3"表示_____，

"1"表示_____，"X"表示_____。

7. 熔炼焊剂的烘干温度一般为_____，保温时间是_____；烧结焊剂烘干温度为_____，保温时间为_____。

8. 埋弧焊机电弧自动调节方法有_____和_____两种。

9. 埋弧焊的焊接材料是_____和_____。

10. 变速送丝式埋弧焊机，要求焊接电源具有_____的外特性曲线。

## 二、判断题（正确的画"√"，错误的画"×"）

1. 等速送丝式自动焊机的焊丝送给度是恒定不变的，与焊接电流、电弧电压无关，当电弧长度发生变化时，是通过改变焊丝的熔化速度来消除电弧长度变化的。　　　　　　　　　　（　　）

2. 变速送丝式自动焊机的焊丝送给速度与电弧电压有关，随着电弧电压的变化来改变送丝速度，从而消除电弧长度变化的干扰。　　　　　　　　　　　　　　　　　　　　　　　（　　）

3. 由于埋弧焊焊丝通常处于竖直位置，所以不能进行环缝焊接。　　　　　　　　　（　　）

4. 埋弧焊焊接环缝时，常使焊丝偏移焊件断面中心线一定距离，以保证焊接质量。　（　　）

5. 埋弧焊与焊条电弧焊一样都是靠人工调节作用来保证焊接工艺参数稳定的。　　（　　）

6. 焊接低碳钢和低合金钢常用的埋弧焊焊剂牌号为 HJ431。　　　　　　　　　　（　　）

7. 焊剂 431 的前两位数字是表示焊缝金属的抗拉强度。　　　　　　　　　　　　（　　）

8. 埋弧焊时，保持电弧稳定燃烧的条件是焊丝的送丝速度等于焊丝的熔化速度。　（　　）

9. 变速送丝式埋弧焊机焊成的焊缝质量，要优于等速送丝埋弧焊机焊成的焊缝质量。（　　）

10. 埋弧焊接时，若其他参数不变，则随着焊丝直径的增加，焊缝熔宽减少，焊缝有效厚度增加。
　　　　　　　　　　　　　　　　　　　　　　　　　　　　　　　　　　　　（　　）

## 三、问答题

1. 何谓电弧自身调节作用和电弧电压自动调节作用？

2. 埋弧焊的主要焊接工艺参数对焊缝形状及质量有何影响？

3. 埋弧焊时，焊丝与焊剂的选配原则有哪些？

📝 笔记

# 焊接榜样

## 焊接院士：林尚扬

　　林尚扬（1932.03.16—2024.07.20）。中国工程院院士，焊接专家。福建省厦门市人。1961 年毕业于哈尔滨工业大学。哈尔滨焊接研究所高级工程师（研）。曾任哈尔滨焊接研究所副总工程师、技术委员会主任；曾兼任机械科学研究总院技术委员会副主任，哈尔滨市科协主席，黑龙江省老年科协第一副主席，中国机械工程学会焊接学会秘书长。

　　多年来针对国家的需要，一直工作在科研第一线。20 世纪 60 年代研发的 4 种强度级钢焊丝，用于大型电站锅炉汽包和化工设备的焊接；70 年代发明的水下局部排水气体保护半自动焊技术，用于海上钻井/采油平台等海工设施的水下焊接，焊接的最大水深达 43m；80 年代发明的双丝窄间隙埋弧焊技术，曾用于世界最重的加氢反应器（2050t）和世界最大的 8 万吨水压机主工作缸的焊接，焊接最大厚度达 600mm；90 年代研发了推土机台车架的首台大型弧焊机器人工作站，并积极推进焊接生产低成本自动化的技术改造；2000 年以来在大功率固体激光-电弧复合热源焊接技术方面取得 5 项发明专利，为企业用激光技术解决诸多部件的焊接难题，促进企业产品的升级换代，焊接的超高强度钢的屈服强度超 1000MPa。

　　曾获全国劳动模范、全国五一劳动奖章、全国优秀科技工作者、中国机械工程学会技术成就奖、国际焊接学会巴顿奖（终身成就奖）。

# 第四单元

# 熔化极气体保护焊

焊条电弧焊、埋弧焊是以渣保护为主的电弧焊方法。随着工业生产和科学技术的迅速发展，各种有色金属、高合金钢、稀有金属的应用日益增多，对于这些金属材料的焊接，以渣保护为主的焊接方法是难以适应的，然而使用气保护形式的气体保护电弧焊不仅能够弥补它们的局限性，而且还具备独特的优越性，因此气体保护电弧焊已在国内外焊接生产中得到了广泛的应用。根据电极材料不同，气体保护电弧焊可分为非熔化极气体保护焊和熔化极气体保护焊，其中熔化极气体保护焊应用最广。

## 模块一　认识熔化极气体保护焊

### 一、熔化极气体保护焊的原理、特点及分类

#### 1. 熔化极气体保护焊的原理

气体保护电弧焊是用外加气体作为电弧介质并保护电弧和焊接区的电弧焊方法，简称气体保护焊。使用熔化电极的气体保护电弧焊称为熔化极气体保护焊。熔化极气体保护焊是采用连续送进可熔化的焊丝与焊件之间的电弧作为热源来熔化焊丝和焊件，形成熔池和焊缝的焊接方法，如图 4-1 所示。为了得到良好的焊缝并保证焊接过程的稳定性，应利用外加气体作为电弧介质并保护熔滴、熔池和焊接区金属免受周围空气的有害作用。

#### 2. 熔化极气体保护焊的特点

熔化极气体保护焊与其他电弧焊方法相比具有以下特点。

（1）采用明弧焊，一般不必用焊剂，没有熔渣，熔池可见度好，便于操作。而且，保护气体是喷射的，适宜进行全位置焊接，不受空间位置的限制，有利于实现焊接过程的机械化和自动化。

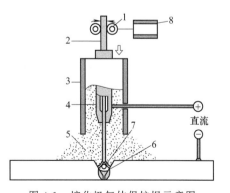

图 4-1　熔化极气体保护焊示意图

1—送丝滚轮；2—焊丝；3—喷嘴；4—导电嘴；5—保护气体；6—焊缝金属；7—电弧；8—送丝机

（2）由于电弧在保护气流的压缩下热量集中，焊接熔池和热影响区很小，因此焊接变形小、焊接裂纹倾向不大，尤其适用于薄板焊接。

（3）采用氩、氦等惰性气体保护，焊接化学性质较活泼的金属或合金时，可获得高质量的焊接接头。

（4）气体保护焊不宜在有风的地方施焊，在室外作业时须有专门的防风措施，此外，电弧光的辐射较强，焊接设备较复杂。

### 3. 熔化极气体保护焊的分类

（1）熔化极气体保护焊按保护气体的成分可分为熔化极惰性气体保护焊（MIG）、熔化极活性气体保护焊（MAG）、$CO_2$ 气体保护焊（$CO_2$ 焊）三种，如图 4-2 所示。常用的熔化极气体保护焊方法的特点及应用，见表 4-1。

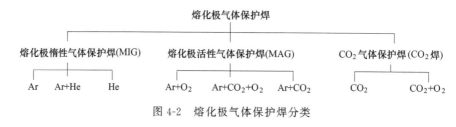

图 4-2　熔化极气体保护焊分类

表 4-1　常用的熔化极气体保护焊方法的特点及应用

| 焊接方法 | 保护气体 | 特　点 | 应 用 范 围 |
|---|---|---|---|
| $CO_2$ 气体保护焊 | $CO_2$、$CO_2+O_2$ | 优点是生产效率高,对油、锈不敏感,冷裂倾向小,焊接变形和焊接应力小,操作简便、成本低,可全位置焊。缺点是飞溅较多,弧光较强,很难用交流电源焊接及在有风的地方施焊等。熔滴过渡形式主要有短路过渡和滴状过渡 | 广泛应用于焊接低碳钢、低合金钢,与药芯焊丝配合可以焊接耐热钢、不锈钢及堆焊等。特别适宜于薄板焊接 |
| 熔化极惰性气体保护焊 | Ar、Ar+He、He | 几乎可以焊接所有金属材料,生产效率比钨极氩弧焊高,飞溅小,焊缝质量好,可全位置焊。缺点是成本较高,对油、锈很敏感,易产生气孔,抗风能力弱等。熔滴过渡形式有喷射过渡、短路过渡 | 几乎可以焊接所有金属材料,主要用于焊接有色金属、不锈钢和合金钢或用于碳钢及低合金钢管道及接头打底焊道的焊接。能焊薄板、中板和厚板焊件 |
| 熔化极活性气体保护焊 | $Ar+O_2+CO_2$、$Ar+CO_2$、$Ar+O_2$ | MAG 熔化极活性气体保护焊克服了 $CO_2$ 气体保护焊和熔化极惰性气体保护焊的主要缺点。飞溅减小、熔敷系数提高,合金元素烧损较 $CO_2$ 焊小,焊缝成形、力学性能好,成本较惰性气体保护焊低、比 $CO_2$ 焊高。熔滴过渡形式主要有喷射过渡、短路过渡 | 可以焊接碳钢、低合金钢、不锈钢等,能焊薄板、中板和厚板焊件 |

（2）熔化极气体保护焊按所用的焊丝类型不同分为实芯焊丝气体保护焊和药芯焊丝气体保护焊。

（3）熔化极气体保护焊按操作方式的不同可分为半自动气体保护焊和自动气体保护焊。

## 二、熔化极气体保护焊常用气体及应用

熔化极气体保护焊常用的气体有：氩气（Ar）、氦气（He）、氮气（$N_2$）、氢气（$H_2$）、

笔记

二氧化碳气体（$CO_2$）及混合气体。常用保护气体的应用见表 4-2。

表 4-2　常用保护气体的应用

| 被焊材料 | 保护气体 | 混合比/% | 化学性质 | 焊接方法 |
|---|---|---|---|---|
| 铝及铝合金 | Ar | | 惰性 | 熔化极 |
| | Ar＋He | He10 | | 熔化极 |
| 铜及铜合金 | Ar | | 惰性 | 熔化极 |
| | Ar＋$N_2$ | $N_2$20 | | 熔化极 |
| | $N_2$ | | 还原性 | |
| 不锈钢 | Ar＋$O_2$ | $O_2$1～2 | 氧化性 | 熔化极 |
| | Ar＋$O_2$＋$CO_2$ | $O_2$2;$CO_2$5 | | |
| 碳钢及低合金钢 | $CO_2$ | | 氧化性 | 熔化极 |
| | Ar＋$CO_2$ | $CO_2$20～30 | | |
| | $CO_2$＋$O_2$ | $O_2$10～15 | | |
| 钛锆及其合金 | Ar | | 惰性 | 熔化极 |
| | Ar＋He | He25 | | |
| 镍基合金 | Ar＋He | He15 | 惰性 | 熔化极 |

**1. 氩气（Ar）和氦气（He）**

氩气、氦气是惰性气体，对化学性质活泼而易与氧起反应的金属，是非常理想的保护气体，故常用于铝、镁、钛等金属及其合金的焊接。由于氦气的消耗量很大，而且价格昂贵，所以很少用单一的氦气，常和氩气等混合起来使用。

**2. 氮气（$N_2$）和氢气（$H_2$）**

氮气、氢气是还原性气体。氮可以同多数金属起反应，是焊接中的有害气体，但不溶于铜及铜合金，故可作为铜及铜合金焊接的保护气体。氢气已很少单独应用。氮气、氢气常和其他气体混合起来使用。

**3. 二氧化碳（$CO_2$）**

二氧化碳是氧化性气体。由于二氧化碳气体来源丰富，而且成本低，因此值得推广应用，目前主要用于碳素钢及低合金钢的焊接。

**4. 混合气体**

混合气体是一种保护气体中加入适当分量的另一种（或两种）其他气体。应用最广的是在惰性气体氩（Ar）中加入少量的氧化性气体（$CO_2$、$O_2$ 或其混合气体），常作为焊接碳钢、低合金钢及不锈钢的保护气体。

# 模块二　二氧化碳气体保护焊

## 一、二氧化碳气体保护焊原理及特点

### 1. $CO_2$ 气体保护焊原理

$CO_2$ 气体保护焊是利用 $CO_2$ 作为保护气体的一种熔化极气体保护焊方法，简称 $CO_2$ 焊。其工作原理如图 4-3 所示，电源的两输出端分别接在焊枪和焊件上。盘状焊丝由送丝机构带动，经软管和导电嘴不断地向电弧区域送给；同时，$CO_2$ 气体以一定的压力和流量送入焊枪，通过喷嘴后，形成一股保护气流，使熔池和电弧不受空气的侵入。随着焊枪的移动，熔池金属冷却凝固而成焊缝，从而将被焊的焊件连成一体。

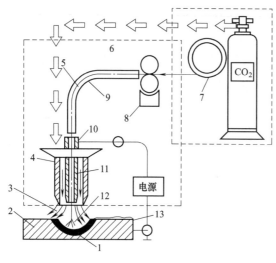

二氧化碳
保护焊

图 4-3 $CO_2$ 气体保护焊焊接过程示意图

1—熔池；2—焊件；3—$CO_2$ 气体；4—喷嘴；5—焊丝；
6—焊接设备；7—焊丝盘；8—送丝机构；9—软管；
10—焊枪；11—导电嘴；12—电弧；13—焊缝

## 2. $CO_2$ 气体保护焊的分类

$CO_2$ 焊按所用的焊丝直径不同，可分为细丝 $CO_2$ 气体保护焊（焊丝直径≤1.2mm）及粗丝 $CO_2$ 气体保护焊（焊丝直径≥1.6mm）。由于细丝 $CO_2$ 焊工艺比较成熟，因此应用最广。

$CO_2$ 焊按操作方式又可分为 $CO_2$ 半自动焊和 $CO_2$ 自动焊，其主要区别在于：$CO_2$ 半自动焊用手工操作焊枪完成电弧热源移动，而送丝、送气等同 $CO_2$ 自动焊一样，由相应的机械装置来完成。$CO_2$ 半自动焊的机动性较大，适用不规则或较短的焊缝；$CO_2$ 自动焊主要用于较长的直线焊缝和环形焊缝等。

## 3. $CO_2$ 气体保护焊的特点

（1）$CO_2$ 气体保护焊的优点

① 焊接成本低　$CO_2$ 气体来源广、价格低，而且消耗的焊接电能少，所以 $CO_2$ 焊的成本低，仅为埋弧焊及焊条电弧焊的 30%～50%。

② 生产率高　由于 $CO_2$ 焊的焊接电流密度大，使焊缝厚度增大，焊丝的熔化率提高，熔敷速度加快；另外，焊丝又是连续送进，且焊后没有焊渣，特别是多层焊接时，节省了清渣时间。所以生产率比焊条电弧焊高 1～4 倍。

③ 焊接质量高　$CO_2$ 焊对铁锈的敏感性不大，因此焊缝中不易产生气孔。而且焊缝含氢量低，抗裂性能好。

④ 焊接变形和焊接应力小　由于电弧热量集中，焊件加热面积小，同时 $CO_2$ 气流具有较强的冷却作用，因此，焊接应力和变形小，特别宜于薄板焊接。

⑤ 操作性能好　因是明弧焊，可以看清电弧和熔池情况，便于掌握与调整，也有利于实现焊接过程的机械化和自动化。

⑥ 适用范围广　$CO_2$ 焊可进行各种位置的焊接，不仅适用焊接薄板，还常用于中、厚板的焊接，而且也用于磨损零件的修补堆焊。

（2）$CO_2$ 气体保护焊的不足之处

① 使用大电流焊接时，焊缝表面成形较差，飞溅较多。

② 不能焊接容易氧化的有色金属材料。

③ 很难用交流电源焊接及在有风的地方施焊。

④ 弧光较强，特别是大电流焊接时，所产生的弧光强度和紫外线强度分别是焊条电弧焊的 2～3 倍和 20～40 倍，电弧辐射较强；而且操作环境中的 $CO_2$ 的含量较大，对工人的健康不利，故应特别重视对操作者的劳动保护。

由于 $CO_2$ 焊的优点显著，而其不足之处，随着对 $CO_2$ 焊的设备、材料和工艺的不断改进，将逐步得到完善与克服。因此，$CO_2$ 焊是一种值得推广应用的高效焊接方法。

## 二、二氧化碳气体保护焊的冶金特性

在常温下，$CO_2$ 气体的化学性能呈中性，但在电弧高温下，$CO_2$ 气体被分解而呈很强的氧化性，能使合金元素氧化烧损，降低焊缝金属的力学性能，还可成为产生气孔和飞溅的根源。因此，$CO_2$ 焊的焊接冶金具有特殊性。

### 1. 合金元素的氧化与脱氧

（1）合金元素的氧化　$CO_2$ 在电弧高温作用下，易分解为一氧化碳和氧，使电弧气氛具有很强的氧化性。其中 CO 在焊接条件下不溶于金属，也不与金属发生反应，而原子状态的氧使铁及合金元素迅速氧化。结果使铁、锰、硅等焊缝有用的合金元素大量氧化烧损，降低力学性能。同时溶入金属的 FeO 与 C 元素作用产生的 CO 气体，一方面使熔滴和熔池金属发生爆破，产生大量的飞溅；另一方面结晶时来不及逸出，导致焊缝产生气孔。

（2）合金元素的脱氧　$CO_2$ 焊通常的脱氧方法是采用具有足够脱氧元素的焊丝。常用的脱氧元素是锰、硅、铝、钛等。对于低碳钢及低合金钢的焊接，主要采用锰、硅联合脱氧的方法，因为锰和硅脱氧后生成的 MnO 和 $SiO_2$ 能形成复合物浮出熔池，形成一层微薄的渣壳覆盖在焊缝表面。

### 2. $CO_2$ 焊的气孔问题

焊缝金属中产生气孔的根本原因是熔池金属中的气体，在冷却结晶过程中来不及逸出造成的。$CO_2$ 焊时，熔池表面没有熔渣覆盖，$CO_2$ 气流又有冷却作用，因此，结晶较快容易在焊缝中产生气孔。$CO_2$ 焊时可能产生的气孔有以下三种。

（1）一氧化碳气孔　当焊丝中脱氧元素不足，使大量的 FeO 不能还原而溶于金属中，在熔池结晶时发生下列反应：

$$FeO+C \longrightarrow Fe+CO \uparrow$$

这样，所生成的 CO 气体若来不及逸出，就会在焊缝中形成气孔。因此，应保证焊丝中含有足够的脱氧元素 Mn 和 Si，并严格限制焊丝中的含 C 量，就可以减小产生 CO 气孔的可能性。$CO_2$ 焊时，只要焊丝选择得适当，产生 CO 气孔的可能性不大。

（2）氢气孔　氢的来源主要是焊丝、焊件表面的铁锈、水分和油污及 $CO_2$ 气体中含有的水分。如果熔池金属溶入大量的氢，就可能形成氢气孔。

因此，为防止产生氢气孔，应尽量减小氢的来源，焊前要适当清除焊丝和焊件表面的杂质，并需对 $CO_2$ 气体进行提纯与干燥处理。此外，由于 $CO_2$ 焊的保护气体氧化性很强，可减弱氢的不利影响，所以 $CO_2$ 焊时形成氢气孔的可能性较小。

（3）氮气孔　当 $CO_2$ 气流的保护效果不好，如 $CO_2$ 气流量太小、焊接速度过快、喷嘴被飞溅堵塞等，以及 $CO_2$ 气体纯度不高，含有一定量的空气时，空气中的氮就会大量溶入熔池金属内。当熔池金属结晶凝固时，若氮来不及从熔池中逸出，便形成氮气孔。

应当指出，$CO_2$ 焊最常发生的是氮气孔，而氮主要来自空气。所以必须加强 $CO_2$ 气流的保护效果，这是防止 $CO_2$ 焊的焊缝中产生气孔的重要途径。

### 3. $CO_2$ 焊的熔滴过渡

$CO_2$ 焊熔滴过渡主要有两种形式：短路过渡和滴状过渡。喷射过渡在 $CO_2$ 焊时很难出现。

（1）短路过渡　$CO_2$ 焊在采用细焊丝、小电流和低电弧电压焊接时，可获得短路过渡。短路过渡时，电弧长度较短，焊丝端部熔化的熔滴尚未成为大滴时便与熔池表面接触

📝 笔记

而短路。此时电弧熄灭，熔滴在电磁收缩力和熔池表面张力共同作用下，迅速脱离焊丝端部过渡到熔池。随后电弧又重新引燃，重复上述过程。$CO_2$ 焊短路过渡的电流、电压波形变化和熔滴过渡情况，如图 4-4 所示。

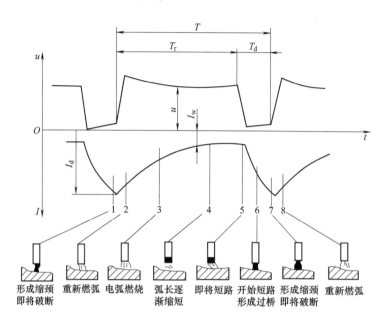

图 4-4　$CO_2$ 焊短路过渡的电流、电压波形变化和熔滴过渡情况

$T$—一个短路过渡周期的时间；$T_r$—电弧燃烧时间；$T_d$—短路时间；

$u$—电弧电压；$I_d$—短路最大电流；$I_w$—稳定的焊接电流

　　$CO_2$ 焊的短路过渡，由于过渡频率高，电弧非常稳定，飞溅小，焊缝成形良好，同时焊接电流较小，焊接热输入低，故适宜于薄板及全位置焊缝的焊接。

　　（2）滴状过渡　$CO_2$ 焊在采用粗焊丝、较大电流和较高电压时，会出现滴状过渡。

　　滴状过渡有两种形式。一是大颗粒过渡，这时的电流电压比短路过渡稍高，电流一般在 400A 以下，此时，熔滴较大且不规则，过渡频率较低，易形成偏离焊丝轴线方向的非轴向过渡，如图 4-5 所示。这种大颗粒非轴向过渡，电弧不稳定，飞溅很大，成形差，在实际生产中不宜采用。二是细滴过渡，这时焊接电流、电弧电压进一步增大，焊接电流在 400A 以上。此时，由于电磁收缩力的加强，熔滴细化，过渡频率也随之增加。虽然仍为非轴向过渡，但飞溅相对较少，电弧较稳定，焊缝成形较好，故在生产中应用较广泛。因此，粗丝 $CO_2$ 焊滴状过渡时，由于焊接电流较大，电弧穿透力强，母材的焊缝厚度较大，多用于中、厚板的焊接。

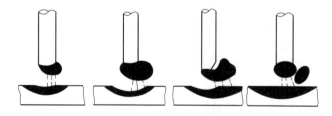

图 4-5　非轴线方向颗粒过渡示意图

#### 4. $CO_2$ 焊的飞溅

飞溅是 $CO_2$ 焊的主要缺点，颗粒过渡的飞溅程度，要比短路过渡时严重得多。一般金属飞溅损失约占焊丝熔化金属的 10% 左右，严重时可达 30%～40%，在最佳情况下，飞溅损失可控制在 2%～4% 的范围内。

（1） $CO_2$ 焊飞溅对焊接造成的有害影响

① $CO_2$ 焊时，飞溅增大，会降低焊丝的熔敷系数，从而增加焊丝及电能的消耗，降低焊接生产率和增加焊接成本。

② 飞溅金属粘着到导电嘴端面和喷嘴内壁上，会使送丝不畅而影响电弧稳定性，或者降低保护气的保护作用，容易使焊缝产生气孔，影响焊缝质量。并且，飞溅金属粘着到导电嘴、喷嘴、焊缝及焊件表面上，需待焊后进行清理，这就增加了焊接的辅助工时。

③ 焊接过程中飞溅出的金属，还容易烧坏焊工的工作服，甚至烫伤皮肤，恶化劳动条件。

（2） $CO_2$ 焊产生飞溅的原因及防止飞溅的措施

① 由冶金反应引起的飞溅　这种飞溅主要由 CO 气体造成。焊接过程中，熔滴和熔池中的碳氧化成 CO，CO 在电弧高温作用下，体积急速膨胀，压力迅速增大，使熔滴和熔池金属产生爆破，从而产生大量飞溅。减少这种飞溅的方法是采用含有锰硅脱氧元素的焊丝，并降低焊丝中的含碳量。

② 由极点压力产生的飞溅　这种飞溅主要取决于焊接时极性。当使用正极性焊接时（焊件接正极、焊丝接负极），正离子飞向焊丝端部的熔滴，机械冲击力大，形成大颗粒飞溅。而反极性焊接时，飞向焊丝端部的电子撞击力小，致使极点压力大为减小，因而飞溅较小。所以 $CO_2$ 焊应选用直流反接。

③ 熔滴短路时引起的飞溅　这种飞溅发生在短路过渡过程中，当焊接电源的动特性不好时，则更显得严重。当熔滴与熔池接触时，若短路电流增长速度过快，或者短路最大电流值过大时，会使缩颈处的液态金属发生爆破，产生较多的细颗粒飞溅；若短路电流增长速度过慢，则短路电流不能及时增大到要求的电流值，此时，缩颈处就不能迅速断裂，使伸出导电嘴的焊丝在电阻热的长时间加热下，成段软化和断落，并伴随着较多的大颗粒飞溅。减少这种飞溅的方法，主要是通过调节焊接回路中的电感来调节短路电流增长速度。

④ 非轴向颗粒过渡造成的飞溅　这种飞溅是在颗粒过渡时由于电弧的斥力作用而产生的。当熔滴在极点压力和弧柱中气流的压力共同作用下，熔滴被推到焊丝端部的一边，并抛到熔池外面去，产生大颗粒飞溅。

⑤ 焊接工艺参数选择不当引起的飞溅　这种飞溅是因焊接电流、电弧电压和回路电感等焊接工艺参数选择不当而引起的。如随着电弧电压的增加，电弧拉长，熔滴易长大，且在焊丝末端产生无规则摆动，致使飞溅增大。焊接电流增大，熔滴体积变小，熔敷率增大，飞溅减少。因此必须正确地选择 $CO_2$ 焊的焊接工艺参数，才会减少产生这种飞溅的可能性。

另外，还可以从焊接技术上采取措施，如采用 $CO_2$ 潜弧焊。该方法是采用较大焊接电流、较小的电弧电压，把电弧压入熔池形成潜弧，使产生的飞溅落入熔池，从而使飞溅大大减少。这种方法熔深大、效率高，现已广泛应用于厚板焊接。如图 4-6 所示。

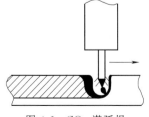

图 4-6　$CO_2$ 潜弧焊

笔记

　　$CO_2$ 焊的突出缺陷是飞溅较大。焊接前，可以使用飞溅防粘剂（型号为 S-1，呈水质溶液）涂抹在接缝两侧 100～150mm 范围内；使用喷嘴防堵剂（型号为 P-3，呈膏状）涂在喷嘴内壁和导电嘴端面，以消除飞溅带来的不利影响。

### 三、二氧化碳气体保护焊的焊接材料

$CO_2$ 焊所用的焊接材料是 $CO_2$ 气体和焊丝。

#### 1. $CO_2$ 气体

焊接用的 $CO_2$ 一般是将其压缩成液体储存于钢瓶内。$CO_2$ 气瓶的容量为 40L，可装 25kg 的液态 $CO_2$，占容积的 80%，满瓶压力约为 5～7MPa，气瓶外表涂铝白色，并标有黑色"液化二氧化碳"的字样。

液态 $CO_2$ 在常温下容易汽化。溶于液态 $CO_2$ 中的水分，易蒸发成水汽混入 $CO_2$ 气体中，影响 $CO_2$ 气体的纯度。气瓶内汽化的 $CO_2$ 气体中的含水量，与瓶内的压力有关，随着使用时间的增长，瓶内压力降低，水汽增多。当压力降低到 0.98MPa 时，$CO_2$ 气体中含水量大为增加，不能继续使用。

焊接用 $CO_2$ 气体的纯度应大于 99.5%，含水量不超过 0.05%，否则会降低焊缝的力学性能，焊缝也易产生气孔。如果 $CO_2$ 气体的纯度达不到标准，可进行提纯处理。

生产中提高 $CO_2$ 气体纯度的措施有以下几种。

（1）倒置排水　将 $CO_2$ 气瓶倒置 1～2h，使水分下沉，然后打开阀门放水 2～3 次，每次放水间隔 30min。

（2）正置放气　更换新气前，先将 $CO_2$ 气瓶正立放置 2h，打开阀门放气 2～3min，以排出混入瓶内的空气和水分。

（3）使用干燥气　在 $CO_2$ 气路中串接几个过滤式干燥器，用以干燥含水较多的 $CO_2$ 气体。

　　$CO_2$ 气瓶内的压力与外界温度有关，其压力随着外界温度的升高而增大，因此，$CO_2$ 气瓶严禁靠近热源或置于烈日下曝晒，以免压力增大发生爆炸危险。

#### 2. 焊丝

（1）对焊丝的要求

① $CO_2$ 焊焊丝必须比母材含有较多的 Mn 和 Si 等脱氧元素，以防止焊缝产生气孔，减少飞溅，保证焊缝金属具有足够的力学性能。

② 限制焊丝含 C 量在 0.10% 以下，并控制 S、P 含量。

③ 焊丝表面镀铜，镀铜可防止生锈，有利于保存，并可改善焊丝的导电性及送丝的稳定性。

（2）焊丝型号及规格　根据 GB/T 8110—2020《熔化极气体保护电弧焊用非合金钢及细晶粒钢实心焊丝》规定，焊丝型号按熔敷金属力学性能、焊后状态、保护气体类型和焊丝化学成分等进行划分。

焊丝型号由五部分组成。

第一部分：用字母"G"表示熔化极气体保护电弧焊用实心焊丝；

第二部分：表示在焊态、焊后热处理条件下，熔敷金属抗拉强度代号，见表4-3；

第三部分：表示冲击吸收能力（$KV_2$）不小于27J时的试验温度代号；

第四部分：表示保护气体类型代号，保护气体类型代号按GB/T 39255规定；

第五部分：表示焊丝化学成分分类，常用焊丝化学成分见表4-4。

除以上强制代号外，可在型号中附加可选代号：字母"U"附加在第三部分之后，表示在规定的试验温度下冲击吸收能力（$KV_2$）应不小于47J；无镀铜代号"N"附加在第五部分之后，表示无镀铜焊丝。

例如：

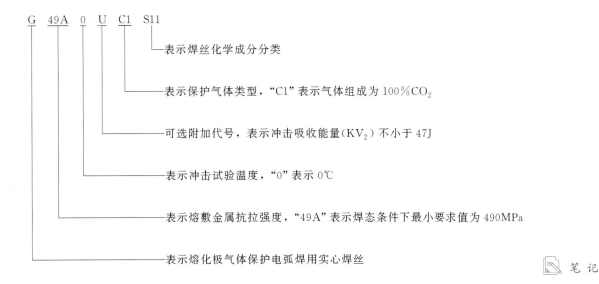

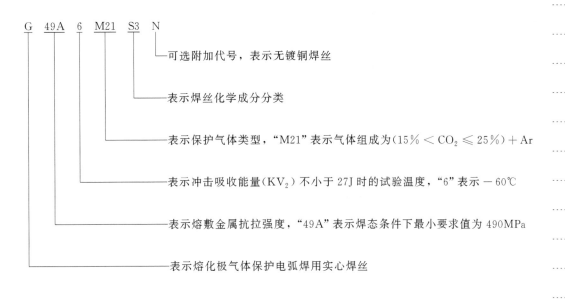

表 4-3    熔敷金属抗拉强度代号

| 抗拉强度代号[①] | 抗拉强度 $R_m$ /MPa | 屈服强度[②] $R_{eL}$ /MPa | 断后伸长率 $A$ /% |
|---|---|---|---|
| 43× | 430～600 | ≥330 | ≥20 |
| 49× | 490～670 | ≥390 | ≥18 |
| 55× | 550～740 | ≥460 | ≥17 |
| 57× | 570～770 | ≥490 | ≥17 |

① ×代表 "A" "P" 或者 "AP"，"A" 表示在焊态条件下试验；"P" 表示在焊后热处理条件下试验，"AP" 表示在焊态和焊后热处理条件下试验均可。

② 当屈服发生不明显时，应测定规定塑性延伸强度 $R_{p0.2}$。

表 4-4    常用焊丝化学成分

| 序号 | 化学成分分类 | 焊丝成分代号 | 化学成分(质量分数)/% | | | | | | | | | | |
|---|---|---|---|---|---|---|---|---|---|---|---|---|---|
| | | | C | Mn | Si | P | S | Ni | Cr | Mo | V | Cu[b] | Al | Ti+Zr |
| 1 | S2 | ER50-2 | 0.07 | 0.90～1.40 | 0.40～0.70 | 0.025 | 0.025 | 0.15 | 0.15 | 0.15 | 0.03 | 0.50 | 0.05～0.15 | Ti:0.05～0.15 Zr:0.02～0.12 |
| 2 | S3 | ER50-3 | 0.06～0.15 | 0.90～1.40 | 0.45～0.75 | 0.025 | 0.025 | 0.15 | 0.15 | 0.15 | 0.03 | 0.50 | — | — |
| 3 | S4 | ER50-4 | 0.06～0.15 | 1.00～1.50 | 0.65～0.85 | 0.025 | 0.025 | 0.15 | 0.15 | 0.15 | 0.03 | 0.50 | — | — |
| 4 | S6 | ER50-6 | 0.06～0.15 | 1.40～1.85 | 0.80～1.15 | 0.025 | 0.025 | 0.15 | 0.15 | 0.15 | 0.03 | 0.50 | — | — |
| 5 | S7 | ER50-7 | 0.07～0.15 | 1.50～2.00 | 0.50～0.80 | 0.025 | 0.025 | 0.15 | 0.15 | 0.15 | 0.03 | 0.50 | — | — |
| 6 | S10 | ER49-1 | 0.11 | 1.80～2.10 | 0.65～0.95 | 0.025 | 0.025 | 0.30 | 0.20 | — | — | 0.50 | — | — |
| 7 | S4M31 | ER55-D2 | 0.07～0.12 | 1.60～2.10 | 0.50～0.80 | 0.025 | 0.025 | 0.15 | — | 0.40～0.60 | — | 0.50 | — | — |
| 8 | S4M31T | ER55-D2-Ti | 0.12 | 1.20～1.90 | 0.40～0.80 | 0.025 | 0.025 | — | — | 0.20～0.50 | — | 0.50 | — | Ti:0.05～0.20 |

目前在我国，$CO_2$ 焊已得到广泛应用，主要用于碳钢、低合金钢的焊接，最常用的焊丝是 G49AYUC1S10 （ER49-1）和 G49A3C1S6 （ER50-6）。G49A3C1S6 （ER50-6）应用更广。$CO_2$ 焊常用的焊丝牌号与型号对应及用途见表 4-5。

表 4-5    $CO_2$ 焊常用的焊丝牌号和型号对应及用途

| 焊丝牌号 | 焊丝型号 | 用    途 |
|---|---|---|
| H08Mn2SiA | G49AYUC1S10 | 用于焊接低碳钢及某些低合金结构钢 |
| H11Mn2SiA | G49A3C1S6 | 适用于焊接碳钢及 500MPa 级的造船、桥梁等结构用钢 |

### 四、二氧化碳气体保护焊设备

$CO_2$ 气体保护焊设备有半自动焊设备和自动焊设备，其中 $CO_2$ 半自动焊在生产中应用较广。$CO_2$ 自动焊与 $CO_2$ 半自动焊相比仅多了焊车行走机构。

#### 1. $CO_2$ 半自动焊焊机组成

$CO_2$ 半自动焊设备如图 4-7 所示，主要由焊接电源、送丝系统及焊枪、$CO_2$ 焊供气系统、控制系统等部分组成。

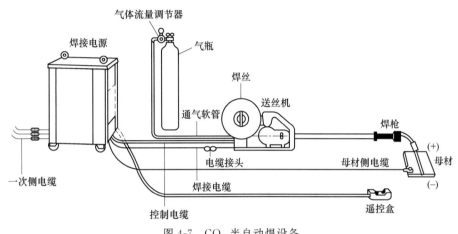

图 4-7 $CO_2$ 半自动焊设备

（1）焊接电源 $CO_2$ 焊采用交流电源焊接时，电弧不稳定，飞溅较大，所以，必须使用直流电源。通常选用平外特性的弧焊整流器。

因为 $CO_2$ 焊电弧静特性曲线工作在上升段，所以平的、下降的外特性都可满足电弧稳定燃烧，但 $CO_2$ 焊在等速送丝的条件下焊接时，采用平外特性曲线电源的电弧自身调节作用最好，如图 4-8 所示。虽然缓降外特性曲线电源电弧自身调节作用较平外特性差，但在短路过渡焊接中，焊接过程的稳定性和焊接质量有时也可满足生产实际要求，因此，在有些情况下，也可采用下降率不大（4V/100A 左右）的缓降外特性电源。常用的弧焊整流器有抽头式硅弧焊整流器、晶闸管弧焊整流器及逆变弧焊整流器。

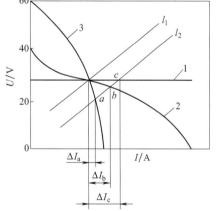

图 4-8 焊接电源外特性与电弧自身调节作用的关系
1—平硬特性曲线；2—缓降特性曲线；
3—陡降特性曲线

（2）送丝系统及焊枪

① 送丝系统 送丝系统由送丝机（包括电动机、减速器、校直轮和送丝轮）、送丝软管、焊丝盘等组成。$CO_2$ 半自动焊的焊丝送给为等速送丝，其送丝方式主要有拉丝式、推丝式和推拉式三种。如图 4-9 所示。

a. 拉丝式 焊丝盘、送丝机构与焊枪连接在一起，这样就不要用软管，避免了焊丝通过软管的阻力，送丝均匀稳定，但结构复杂，重量增加。拉丝式只适用细焊丝（直径为 0.5～0.8mm），操作的活动范围较大。

b. 推丝式　焊丝盘、送丝机构与焊枪分离，焊丝通过一段软管送入焊枪，因而焊枪结构简单，重量减轻，但焊丝通过软管时会受到阻力作用，故软管长度受到限制，通常推丝式所用的焊丝直径宜在 0.8mm 以上，其焊枪的操作范围在 2～4m 以内。目前 $CO_2$ 半自动焊多采用推丝式焊枪。

> **小提示**　送丝机构需定期进行保养，尤其是送丝弹簧软管，当使用一段时间后，软管内会有一些油垢、灰尘、锈迹等增加送丝阻力。定期需将弹簧软管置于汽油槽中进行清洗，以延长使用寿命。

c. 推拉式　具有前两种送丝方式的优点，焊丝送给时以推丝为主，而焊枪内的送丝机构，起着将焊丝拉直的作用，可使软管中的送丝阻力减小，因此增加了送丝距离（送丝软管可增长到 15m 左右）和操作的灵活性，但焊枪及送丝机构较为复杂。

② 焊枪　焊枪的作用是导电、导丝、导气。焊枪焊接时，由于焊接电流通过导电嘴将产生电阻热和电弧的辐射热，会使焊枪发热，所以焊枪常需冷却，冷却方式有空气冷却和用内循环水冷却两种。焊枪按送丝方式可分为推丝式焊枪和拉丝式焊枪；按结构可分为鹅颈式焊枪和手枪式焊枪。

鹅颈式气冷焊枪应用最广，如图 4-10 所示。手枪式水冷焊枪，如图 4-11 所示。焊枪上的喷嘴和导电嘴是焊枪的主要零件，直接影响焊接工艺性能。喷嘴一般为圆柱形，内孔直径在 12～25mm 之间。为了防止飞溅物的黏附并易清除，焊前最好在喷嘴的内外表面上喷一层防飞溅喷剂或刷硅油。

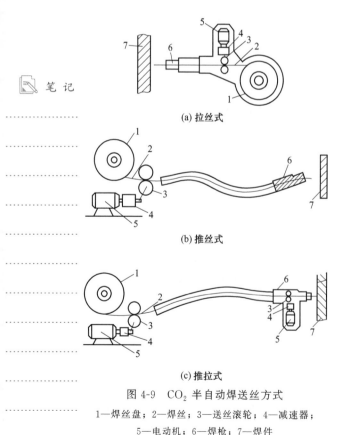

图 4-9　$CO_2$ 半自动焊送丝方式

1—焊丝盘；2—焊丝；3—送丝滚轮；4—减速器；
5—电动机；6—焊枪；7—焊件

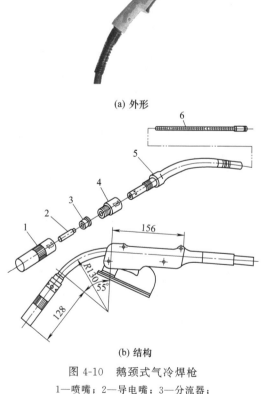

图 4-10　鹅颈式气冷焊枪

1—喷嘴；2—导电嘴；3—分流器；
4—接头；5—枪体；6—弹簧软管

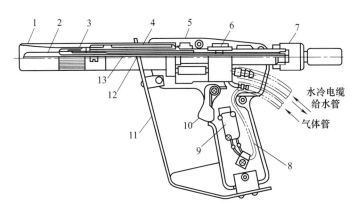

图 4-11　手枪式水冷焊枪

1—焊枪；2—焊嘴；3—喷管；4—冷却水通路；5—焊枪架；6—焊枪主体装配件；7—螺母；8—控制电缆；

9—开关控制杆；10—微型开关；11—防弧盖；12—金属丝通路；13—喷嘴内管

导电嘴常用紫铜、铬青铜或磷青铜制造。通常导电嘴的孔径比焊丝直径大 0.2mm 左右；孔径太小，送丝阻力大；孔径太大，则送出的焊丝摆动厉害，致使焊缝宽窄不一，严重时使焊丝与导电嘴间起弧造成黏结或烧损。

（3）$CO_2$ 焊供气系统　　$CO_2$ 焊的供气系统是由气源（气瓶）、预热器、减压器、流量计和气阀组成，如气体不纯，还需串接高压和低压干燥器。$CO_2$ 焊供气系统示意图，如图 4-12 所示。

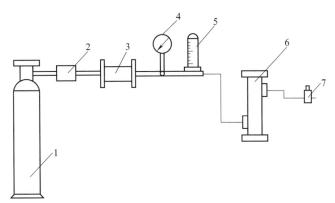

图 4-12　$CO_2$ 焊供气系统示意图

1—气源；2—预热器；3—高压干燥器；4—气体减压阀；5—气体流量计；6—低压干燥器；7—气阀

瓶装的液态 $CO_2$ 汽化时要吸热，吸热反应可使瓶阀及减压器冻结，所以，在减压器之前，需经预热器（75～100W）加热，并在输送到焊枪之前，应经过干燥器吸收 $CO_2$ 气体中的水分，使保护气体符合焊接要求。减压器是将瓶内高压 $CO_2$ 气体调节为低压（工作压力）的气体，流量计是控制和测量 $CO_2$ 气体的流量，以形成良好的保护气流。电磁气阀起控制 $CO_2$ 气的接通与关闭作用。现在生产的减压流量调节器是将预热器、减压器和流量计合为一体，使用起来很方便。

（4）控制系统　　$CO_2$ 焊控制系统的作用是对供气、送丝和供电系统实现控制。$CO_2$ 半自动焊的控制程序如图 4-13 所示。

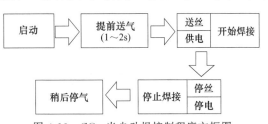

图 4-13　$CO_2$ 半自动焊控制程序方框图

笔 记

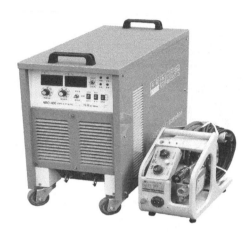

图 4-14  $CO_2$ 半自动焊机

生产中使用的一元化调节功能焊机,焊接电源用一个旋钮调节焊接电流,控制系统就会自动使电弧电压与焊接电流处于最佳匹配状态,使用时特别便利。

目前,我国定型生产使用较广的 NBC 系列 $CO_2$ 半自动焊机有:NBC-160 型、NBC-250 型、NBC1-300 型、NBC1-500 型等。此外,OTC 公司 XC 系列 $CO_2$ 半自动焊机、唐山松下公司 KR 系列 $CO_2$ 半自动焊机使用也较广。常用的 $CO_2$ 半自动焊机如图 4-14 所示。

**2. $CO_2$ 半自动焊机常见故障及排除方法**

$CO_2$ 半自动焊机常见故障及排除方法,见表 4-6。

表 4-6   $CO_2$ 半自动焊机的故障及排除方法

| 故障部位 | 示意图 | 故障特征 | 产生原因 | 排除方法 |
|---|---|---|---|---|
| 焊丝盘 | | (1)焊丝盘中焊丝松散<br>(2)送丝电动机过载;送丝不匀,电弧不稳;焊丝黏在导电嘴上 | (1)焊丝盘制动轴太松<br>(2)焊丝盘制动轴太紧 | (1)紧固焊丝盘制动轴<br>(2)松动焊丝盘制动轴 |
| 送丝轮V形槽及压紧轮 | | (1)送丝速度不均匀<br>(2)焊丝变形;送丝困难;焊丝嘴磨损快 | (1)送丝轮V形槽磨损严重;压紧轮压力太小<br>(2)送丝轮与所用焊丝直径不匹配;压紧轮压力太大 | (1)更换送丝轮;调整压紧轮压力<br>(2)送丝轮与所用焊丝直径要匹配;调整压紧轮压力 |
| 进丝嘴 | | (1)焊丝易打弯,送丝不畅<br>(2)摩擦阻力大,送丝受阻 | (1)进丝嘴孔太大或进丝嘴与送丝轮间距太大<br>(2)进丝嘴孔太小 | (1)调换进丝嘴和调整进丝嘴与送丝轮间距<br>(2)调换进丝嘴 |
| 弹簧软管 | | (1)焊丝打弯,送丝受阻<br>(2)摩擦阻力大,送丝受阻 | (1)管内径太大;软管太短<br>(2)管内径太小或被脏物堵塞;软管太长 | (1)调换弹簧软管<br>(2)调换弹簧软管或清洗弹簧软管 |
| 导电嘴 | | (1)电弧不稳;焊缝不直<br>(2)摩擦阻力大,送丝不畅 | (1)导电嘴磨损孔径太大<br>(2)导电嘴孔径太小 | (1)更换导电嘴<br>(2)更换导电嘴 |

笔记

续表

| 故障部位 | 示意图 | 故障特征 | 产生原因 | 排除方法 |
|---|---|---|---|---|
| 焊枪软管 | | 焊接速度不均或送不出丝 | 焊丝在焊枪软管内摩擦力大,送丝受阻;焊枪软管弯曲不舒展 | 焊前根据焊接位置将焊枪软管铺设舒展后再施焊 |
| 喷嘴 | | 气体保护不好,产生气孔;电弧不均 | 飞溅物堵塞出口或喷嘴松动 | 清理喷嘴并在喷嘴内涂防飞溅剂或紧固喷嘴 |
| 地线 | | 引不起弧或电弧不稳定 | 地线松动或接触处有锈未除净 | 清理接触处锈斑并紧固地线 |

## 五、二氧化碳气体保护焊工艺

$CO_2$ 气体保护焊的主要焊接工艺参数有焊丝直径、焊接电流、电弧电压、焊接速度、焊丝伸出长度、$CO_2$ 气体流量、电源极性、回路电感、装配间隙及坡口尺寸、喷嘴至焊件的距离等。

### 1. 焊丝直径

焊丝直径应根据焊件厚度、焊接空间位置及生产率的要求来选择。当焊接薄板或中厚板的立、横、仰焊时,多采用直径 1.6mm 以下的焊丝;在平焊位置焊接中厚板时,可以采用直径 1.2mm 以上的焊丝。焊丝直径的选择见表 4-7。

表 4-7　焊丝直径的选择

| 焊丝直径/mm | 焊件厚度/mm | 施焊位置 | 熔滴过渡形式 |
|---|---|---|---|
| 0.8 | 1～3 | 各种位置 | 短路过渡 |
| 1.0 | 1.5～6 | 各种位置 | 短路过渡 |
| 1.2 | 2～12 中厚 | 各种位置 | 短路过渡 |
| | | 平焊、平角焊 | 细颗粒过渡 |
| 1.6 | 6～25 中厚 | 各种位置 | 短路过渡 |
| | | 平焊、平角焊 | 细颗粒过渡 |
| 2.0 | 中厚 | 平焊、平角焊 | 细颗粒过渡 |

### 2. 焊接电流

焊接电流的大小应根据焊件厚度、焊丝直径、焊接位置及熔滴过渡形式来确定。焊接电流越大,焊缝厚度、焊缝宽度及余高都相应增加。通常直径 0.8～1.6mm 的焊丝,在短路过渡时,焊接电流在 50～230A 内选择;细滴过渡时,焊接电流在 150～500A 内选择。焊丝直径与焊接电流的关系见表 4-8。

表 4-8　焊丝直径与焊接电流的关系

| 焊丝直径/mm | 焊接电流/A | |
|---|---|---|
| | 细滴过渡 | 短路过渡 |
| 0.8 | 150～250 | 60～160 |
| 1.2 | 200～300 | 100～175 |

续表

| 焊丝直径/mm | 焊接电流/A | |
| --- | --- | --- |
| | 细滴过渡 | 短路过渡 |
| 1.6 | 350~500 | 100~180 |
| 2.4 | 500~750 | 150~200 |

### 3. 电弧电压

电弧电压必须与焊接电流配合恰当，否则会影响到焊缝成形及焊接过程的稳定性。电弧电压随着焊接电流的增加而增大。短路过渡焊接时，通常电弧电压在 16~24V 范围内。细滴过渡焊接时，对于直径为 1.2~3.0mm 的焊丝，电弧电压可在 25~36V 范围内选择。

> **师傅点拨**
>
> 电弧电压与焊接电流的关系可通过下面的经验公式进行估算。当焊接电流在 300A 以下时，估算的电弧电压值为：
>
> 电弧电压（V）＝0.04×焊接电流（A）＋16±1.5
>
> 当焊接电流在 300A 以上时，估算的电弧电压值为：
>
> 电弧电压（V）＝0.04×焊接电流（A）＋20±2.0

### 4. 焊接速度

在一定的焊丝直径、焊接电流和电弧电压条件下，随着焊速增加，焊缝宽度与焊缝厚度减小。焊速过快，不仅气体保护效果变差，可能出现气孔，而且还易产生咬边及未熔合等缺陷；但焊速过慢，则焊接生产率降低，焊接变形增大。一般 $CO_2$ 半自动焊时的焊接速度在 15~40m/h。

### 5. 焊丝伸出长度

焊丝伸出长度取决于焊丝直径，一般约等于焊丝直径的 10 倍，且不超过 15 mm。伸出长度过大，焊丝会成段熔断，飞溅严重，气体保护效果差；过小，不但易造成飞溅物堵塞喷嘴，影响保护效果，也影响焊工视线。

### 6. $CO_2$ 气体流量

$CO_2$ 气体流量应根据焊接电流、焊接速度、焊丝伸出长度及喷嘴直径等选择。气体流量过小电弧不稳，有密集气孔产生，焊缝表面易被氧化成深褐色；气体流量过大会出现气体紊流，也会产生气孔，焊缝表面呈浅褐色。

通常在细丝 $CO_2$ 焊时，$CO_2$ 气体流量约为 8~15L/min；粗丝 $CO_2$ 焊时，$CO_2$ 气体流量约为 15~25L/min。

### 7. 电源极性与回路电感

为了减少飞溅，保证焊接电弧的稳定性，$CO_2$ 焊应选用直流反接。焊接回路的电感值应根据焊丝直径和电弧电压来选择，不同直径焊丝的合适电感值见表 4-9。

表 4-9　不同直径焊丝的合适电感值

| 焊丝直径/mm | 0.8 | 1.2 | 1.6 |
| --- | --- | --- | --- |
| 合适电感值/mH | 0.01~0.08 | 0.10~0.16 | 0.30~0.70 |

> **小提示**
>
> 在焊接生产中，有时焊接电缆较长，常常将一部分电缆盘绕起来，这相当于在焊接回路中串入了一个附加电感，由于回路电感值的改变，使飞溅等发生变化。因此焊接过程正常后，电缆盘绕的圈数就不宜变动。

笔记

### 8. 装配间隙及坡口尺寸

由于 $CO_2$ 焊，焊丝直径较细，电流密度大，电弧穿透力强，电弧热量集中，一般对于 12mm 以下的焊件不开坡口也可焊透，对于必须开坡口的焊件，一般坡口角度可由焊条电弧焊的 60°左右减为 30°～40°，钝边可相应增大 2～3mm，根部间隙可相应减少 1～2mm。

### 9. 喷嘴至焊件的距离

喷嘴与焊件间的距离应根据焊接电流来选择，如图 4-15 所示。

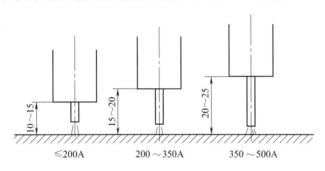

图 4-15 喷嘴至焊件的距离与焊接电流的关系

### 10. 焊枪倾角

焊枪倾角也是不容忽视的因素，焊枪倾角过大（如前倾角大于 25°）时，将加大熔宽并减少熔深，还会增加飞溅。当焊枪与焊件成后倾角时（电弧指向已焊焊缝），焊缝窄，熔深较大，余高较高。

焊枪倾角对焊缝成形的影响如图 4-16 所示。通常焊工习惯用右手持枪，采用左向焊法，采用前倾角（焊件的垂线与焊枪轴线的夹角）10°～15°，不仅能够清楚地观察和控制熔池，而且还可得到较好的焊缝成形。

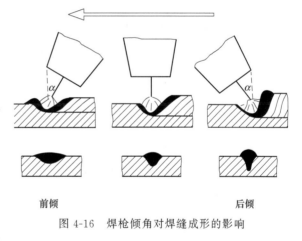

图 4-16 焊枪倾角对焊缝成形的影响

📝 笔记

## 模块三 熔化极惰性气体保护焊

熔化极惰性气体保护焊一般是采用氩气或氩气和氦气的混合气体作为保护进行焊接的。所以熔化极惰性气体保护焊通常指的是熔化极氩弧焊。

### 一、熔化极氩弧焊的原理及特点

熔化极氩弧焊是用填充焊丝作熔化电极的氩气保护焊。

#### 1. 熔化极氩弧焊的原理及特点

（1）熔化极氩弧焊的原理 熔化极氩弧焊采用焊丝作电极，在氩气保护下，电弧在焊丝与焊件之间燃烧。焊丝连续送给并不断熔化，而熔化的熔滴也不断向熔池过渡，与液态的焊件金属熔合，经冷却凝固后形成焊缝。熔化极氩弧焊按其操作方式有熔化极半自动氩弧焊和熔化极自动氩弧焊两种。

（2）熔化极氩弧焊的特点　熔化极氩弧焊与 $CO_2$ 焊、钨极氩弧焊相比有以下特点。

① 焊缝质量高　由于采用惰性气体作为保护气体，保护气体不与金属起化学反应，合金元素不会氧化烧损，而且也不溶解于金属。因此保护效果好，且飞溅极少，能获得较为纯净及高质量的焊缝。

② 焊接范围很广　几乎所有的金属材料都有可以进行焊接，特别适宜焊接化学性质活泼的金属和合金。由于近年来对于碳钢和低合金钢等黑色金属，更多采用熔化极活性混合气体保护焊。因此熔化极氩弧焊主要用于铝、镁、钛、铜及其合金和不锈钢及耐热钢等材料的焊接，有时还可用于焊接结构的打底焊。不仅能焊薄板也能焊厚板，特别适用于中等和大厚度焊件的焊接。

③ 焊接效率高　由于用焊丝作为电极，克服了钨极氩弧焊钨极的熔化和烧损的限制，焊接电流可大大提高，焊缝厚度大，焊丝熔敷速度快，所以一次焊接的焊缝厚度显著增加。例如铝及铝合金，当焊接电流为 $450\sim470A$ 时，焊缝的厚度可达 $15\sim20mm$。且采用自动焊或半自动焊，具有较高的焊接生产率，并改善了劳动条件。

④ 熔化极惰性气体保护焊的主要缺点　是无脱氧去氢作用，对焊丝和母材上的油、锈敏感，易产生气孔等缺陷，所以对焊丝和母材表面清理严格。由于采用氩气或氦气，焊接成本相对较高。

**2. 熔化极氩弧焊的熔滴过渡形式**

当采用短路过渡或颗粒状过渡焊接时，由于飞溅较严重，电弧复燃困难，焊件金属熔化不良及容易产生焊缝缺陷，所以熔化极氩弧焊一般不采用短路过渡或滴状过渡形式而多采用喷射过渡的形式。

## 二、熔化极氩弧焊的设备及工艺

### 1. 熔化极氩弧焊的设备

熔化极氩弧焊设备与 $CO_2$ 焊基本相同，主要是由焊接电源、供气系统、送丝机构、控制系统、半自动焊枪、冷却系统等部分组成。熔化极自动氩弧焊设备与半自动焊设备相比，多了一套行走机构，并且通常将送丝机构与焊枪安装在焊接小车或专用的焊接机头上，这样可使送丝机构更为简单可靠。

熔化极半自动氩弧焊机由于多用细焊丝施焊，所以采用等速送丝式系统配用平外特性电源。熔化极自动氩弧焊机自动调节工作原理与埋弧焊基本相同。选用细焊丝时采用等速送丝系统，配用缓降外特性的焊接电源；选用粗焊丝时，采用变速送丝系统，配用陡降外特性的焊接电源，以保证自动调节作用及焊接过程稳定性。熔化极自动氩弧焊大多采用粗焊丝。

熔化极氩弧焊的供气系统中，由于采用惰性气体，不需要预热器。又因为惰性气体也不像 $CO_2$ 那样含有水分，故不需干燥器。

我国定型生产的熔化极半自动氩弧焊机有 NBA 系列，如 $NBA_1$-500 型等，熔化极自动氩弧焊机有 NZA 系列，如 NZA-1000 型等。

### 2. 熔化极氩弧焊的焊接工艺

熔化极氩弧焊的主要焊接工艺参数有焊丝直径、焊接电流、电弧电压、焊接速度、喷嘴直径、氩气流量等。

焊接电流和电弧电压是获得喷射过渡形式的关键，只有焊接电流大于临界电流值，才能获得喷射过渡，不同材料和不同焊丝直径的临界电流见表 4-10。但焊接电流也不能过大，当焊接电流过大时，熔滴将产生不稳定的非轴向喷射过渡，飞溅增加，破坏熔滴过渡的稳定性。

要获得稳定的喷射过渡，在选定焊接电流后，还要匹配合适的电弧电压。实践表明，对于一定的临界电流值都有一个最低的电弧电压值与之相匹配，如果电弧电压低于这个值，即使电流比临界电流大得多，也不能获得稳定的喷射过渡。但电弧电压也不能过高。电弧电压过高，不仅影响保护效果，还会使焊缝成形恶化。

由于熔化极氩弧焊对熔池和电弧区的保护要求较高，而且电弧功率及熔池体积一般较钨极氩弧焊时大，所以氩气流量和喷嘴孔径相应增大，通常喷嘴孔径为 20mm 左右，氩气流量约在 30~65L/min 范围内。

熔化极氩弧焊采用直流反接，因为直流反接易实现喷射过渡，飞溅少，并且还可发挥"阴极破碎"作用。熔化极半自动氩弧焊焊接工艺参数见表 4-11。

表 4-10 不同材料和不同焊丝直径的临界电流

| 材 料 | 焊丝直径/mm | 临界电流/A |
|---|---|---|
| 铝 | 0.8 | 95 |
| | 1.2 | 135 |
| | 1.6 | 180 |
| 脱氧铜 | 0.9 | 180 |
| | 1.2 | 210 |
| | 1.6 | 310 |
| 钛 | 0.8 | 120 |
| | 1.6 | 225 |
| | 2.4 | 320 |
| 不锈钢 | 0.8 | 160 |
| | 1.2 | 210 |
| | 1.6 | 240 |
| | 2.0 | 280 |
| | 2.5 | 300 |
| | 3.0 | 350 |

表 4-11 熔化极半自动氩弧焊焊接工艺参数

| 厚度/mm | 焊丝直径/mm | 喷嘴直径/mm | 焊接电流/A | 电弧电压/V | 氩气流量/(L/min) |
|---|---|---|---|---|---|
| 8~12 | 1.6~2.5 | 20 | 180~310 | 20~30 | 50~55 |
| 14~22 | 2.5~3.0 | 20 | 300~470 | 30~42 | 55~65 |

# 模块四 熔化极活性气体保护焊

## 一、熔化极活性气体保护焊的原理及特点

熔化极活性气体保护焊，是采用在惰性气体氩（Ar）中加入少量的氧化性气体（$CO_2$、$O_2$ 或其混合气体）的混合气体作为保护气体的一种熔化极气体保护焊方法，简称为 MAG 焊。由于混合气体中氩气所占比例大，又常称为富氩混合气体保护焊。现常用氩（Ar）与 $CO_2$ 混合气体来焊接碳钢及低合金钢。

笔记

熔化极活性气体保护焊除了具有一般气体保护焊的特点外，与纯氩弧焊、纯 $CO_2$ 气体保护焊相比还具有以下特点。

**1. 与纯氩弧焊相比**

（1）熔化极活性气体保护焊的熔池、熔滴温度比纯氩弧焊高，电流密度大，所以熔深大，焊缝厚度大，并且焊丝熔化速度快，熔敷效率高，有利于提高焊接生产率。

（2）由于具有一定的氧化性，克服了纯氩保护时表面张力大、液态金属黏稠、易咬边及斑点漂移等问题。同时改善了焊缝成形，由纯氩的指状（蘑菇）熔深成形改变为深圆弧状成形，接头的力学性能好。

（3）由于加入一定量的较便宜的 $CO_2$ 气体，降低了焊接成本，但 $CO_2$ 的加入提高了产生喷射过渡的临界电流，引起熔滴和熔池金属的氧化及合金元素的烧损。

**2. 与纯 $CO_2$ 气体保护焊相比**

（1）由于电弧温度高，易形成喷射过渡，故电弧燃烧稳定，飞溅减小，熔敷系数提高，节省焊接材料，焊接生产率提高。

（2）由于大部分气体为惰性的氩气，对熔池的保护性能较好，焊缝气孔产生概率下降，力学性能有所提高。

（3）与纯 $CO_2$ 焊相比，焊缝成形好，焊缝平缓，焊波细密、均匀美观，但经济方面不如 $CO_2$ 焊，成本较 $CO_2$ 焊高。

## 二、熔化极活性气体保护焊常用混合气体及应用

**1. $Ar+O_2$**

$Ar+O_2$ 活性混合气体可用于碳钢、低合金钢、不锈钢等高合金钢及高强钢的焊接。焊接不锈钢等高合金钢及高强钢时，$O_2$ 的含量（体积分数）应控制在 $1\%\sim5\%$；焊接碳钢、低合金钢时，$O_2$ 的含量（体积分数）可达 $20\%$。

**2. $Ar+CO_2$**

$Ar+CO_2$ 混合气体既具有 Ar 的优点，如电弧稳定性好、飞溅小、很容易获得轴向喷射过渡等，同时又因为具有氧化性，克服了用单一 Ar 气焊接时产生的阴极漂移现象及焊缝成形不好等问题。Ar 与 $CO_2$ 气体的比例通常为 $(70\%\sim80\%)/(30\%\sim20\%)$。这种比例既可用于喷射过渡电弧，也可用于短路过渡及脉冲过渡电弧。但在用短路过渡电弧进行垂直焊和仰焊时，Ar 和 $CO_2$ 的比例最好是 $50\%/50\%$，这样有利于控制熔池。现在常用的是用 $80\%Ar+20\%\ CO_2$ 焊接碳钢及低合金钢。

**3. $Ar+O_2+CO_2$**

$Ar+O_2+CO_2$ 活性混合气体可用于焊接低碳钢、低合金钢，其焊缝成形、接头质量以及金属熔滴过渡和电弧稳定性都比 $Ar+O_2$、$Ar+CO_2$ 强。

## 三、熔化极活性气体保护焊的设备及工艺

**1. 熔化极活性气体保护焊的设备**

熔化极活性气体保护焊设备如图 4-17 所示。与 $CO_2$ 气保护焊设备类似，它只是在 $CO_2$ 气体保护焊设备系统中加入了氩气源和气体混合配比器而已。

为了有效地保证焊接时使用的混合气体组分配比正确、可靠和均匀，必须使用合适的混合气体配比装置。对于集中供气系统，则由整个系统的完善来保证；但对于单台焊机使

笔记

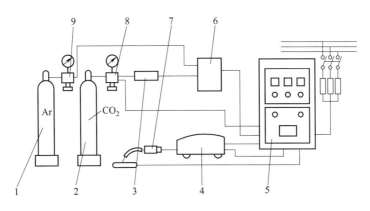

图 4-17 熔化极活性气体保护焊设备组成示意图

1—Ar气瓶；2—$CO_2$气瓶；3—干燥器；4—送丝小车；5—焊接
电源；6—混合气体配比器；7—焊枪；8,9—减压流量计

用混合气体作为保护气体时，则必须使用专门的混合气体配比器。现在市场上已有瓶装的
Ar、$CO_2$混合气体供应了，使用起来十分方便。

**2. 熔化极活性气体保护焊的焊接工艺参数**

正确地选择焊接工艺参数是获得高生产率和高质量焊缝的先决条件。熔化极活性气体
保护焊的焊接工艺参数主要有焊丝的选择、焊接电流、电弧电压、焊接速度、焊丝伸出长
度、气体流量、电源种类极性等。

（1）焊丝的选择 熔化极活性气体保护焊时，由于保护气体有一定氧化性必须使用含
有 Si、Mn 等脱氧元素的焊丝。焊接低碳、低合金钢时常选用 ER50-3、ER50-6、ER49-1
焊丝。

焊丝直径的选择与 $CO_2$ 气体保护焊相同，在使用半自动焊焊接时，常使用 1.6mm 以
下直径的焊丝进行施焊。当采用直径大于 2mm 的焊丝时，一般均采用自动焊。

 笔 记

（2）焊接电流 焊接电流是熔化极活性气体保护焊的重要工艺参数，焊接电流的大小
应根据工件的厚度、坡口形状、所采用的焊丝直径以及所需要的熔滴过渡形式来选择。表
4-12 列举了富氩混合气体保护焊平焊操作时的焊接电流值。

焊接电流的选择除参照有关经验数据外还可通过工艺评定试验得出的焊接电流值进行
调节。

（3）电弧电压 电弧电压也是焊接工艺中关键参数之一。电弧电压的高低决定了电弧
长短与熔滴的过渡形式。只有当电弧电压与焊接电流有机地匹配，才能获得稳定的焊接过
程。当电流与电弧电压匹配良好时，电弧稳定、飞溅少、声音柔和、焊缝熔合情况良好。
表 4-12 列举了富氩混合气体保护焊平焊操作时的电弧电压值。其他位置操作时，其电弧
电压和焊接电流的选择可按照平焊位量进行适当衰减调整。

**师傅点拨**
> 实际生产中，MAG 焊电弧电压常用经验公式来确定：平焊时，电弧电压（V）＝
> 0.05×焊接电流（A）＋16±1；立、横、仰焊时，电弧电压（V）＝0.05×焊接电流
> （A）＋10±1。

（4）焊丝伸出长度 焊丝伸出长度与 $CO_2$ 气体保护焊基本相同，一般为焊丝直径的

10 倍左右。

（5）气体流量　气体流量也是一个重要的参数。流量太小，起不到保护作用；流量太大，由于紊流的产生、保护效果亦不好，而且气体消耗太大，成本升高。一般对 1.2mm 以下焊丝半自动焊时，流量为 15L/min 左右。

（6）焊接速度　半自动焊焊接速度全靠施焊者自行确定。因为焊速过快，可以产生很多缺陷，如未焊透、熔合情况不佳、焊道太薄、保护效果差、产生气孔等；但焊速太慢则又可能产生焊缝过热，甚至烧穿、成形不良、生产率太低等。因此，焊接速度的确定应由操作者在综合考虑板厚、电弧电压及焊接电流、层次、坡口形状及大小、熔合情况和施焊位置等因素来确定并时调整。

（7）电源种类极性　熔化极活性气体保护焊与 $CO_2$ 气体保护焊一样，为了减小飞溅，一般均采用直流反极性焊接，即焊件接负极，焊枪接正极。

表 4-12 列举了实际中熔化极活性气体保护焊操作时的焊接工艺参数值。

表 4-12　熔化极活性气体保护焊焊接工艺参数

| 材质 | 板厚/mm | 焊丝层次 | 焊丝直径/mm | 焊接电流/A | 电弧电压/V | 气体流量/(L/min) | 焊接速度/(mm/min) |
|---|---|---|---|---|---|---|---|
| Q235-A | 16 | 打底层 | 1.2 | 95～105 | 18～19 | 15 | 250～300 |
| | | 中间层 | 1.2 | 200～220 | 23～25 | | 250～300 |
| | | 盖面层 | 1.2 | 190～210 | 22～24 | | 250～300 |
| Q355 (16Mn) | 16 | 打底层 | 1.6 | 250～275 | 30～31 | 25 | 300～350 |
| | | 中间层 | 1.6 | 325～350 | 34～35 | | 300～350 |
| | | 盖面层 | 1.6 | 325～350 | 34～35 | | 300～350 |
| | | 封底层 | 1.6 | 325～350 | 34～35 | | 300～350 |

# 模块五　药芯焊丝气体保护焊

笔记

药芯焊丝是继电焊条、实芯焊丝之后广泛应用的又一类焊接材料，使用药芯焊丝作为填充金属的各种电弧焊方法称为药芯焊丝电弧焊。药芯焊丝电弧焊根据外加保护方式不同有药芯焊丝气体保护电弧焊，药芯焊丝埋弧焊及药芯焊丝自保护焊。药芯焊丝气体保护焊又有药芯焊丝 $CO_2$ 气体保护焊、药芯焊丝熔化极惰性气体保护焊和药芯焊丝混合气体保护焊等。其中应用最广的是药芯焊丝 $CO_2$ 气体保护焊。

## 一、药芯焊丝气体保护电弧焊的原理及特点

### 1. 药芯焊丝气体保护焊的原理

药芯焊丝气体保护焊的基本工作原理与普通熔化极气体保护焊一样，是以可熔化的药芯焊丝作为电极及填充材料，在外加气体如 $CO_2$ 保护下进行焊接的电弧焊方法。与普通熔化极气体保护焊的主要区别在于焊丝内部装有药粉，焊接时，在电弧热作用下熔化状态的药芯焊丝、焊丝金属、母材金属和保护气体相互之间发生冶金作用，同时形成一层较薄的液态熔渣包覆熔滴并覆盖熔池，对熔化金属形成了又一层的保护。实质上这种焊接方法是一种气渣联合保护的方法，如图 4-18 所示。

### 2. 药芯焊丝气体保护焊的特点

药芯焊丝气体保护焊综合了焊条电弧焊和普通熔化极气体保护焊的优点。其主要优点如下。

（1）采用气渣联合保护，保护效果好，抗气孔能力强，焊缝成形美观，电弧稳定性好，飞溅少且颗粒细小。

（2）焊丝熔敷速度快，熔敷速度明显高于焊条，并略高于实芯焊丝，熔敷效率和生产率都较高，生产率比焊条电弧焊高 3～4 倍，经济效益显著。

（3）焊接各种钢材的适应性强，通过调整药粉的成分与比例，可焊接和堆焊不同成分的钢材。

（4）由于药粉改变了电弧特性，对焊接电源无特殊要求，交、直流，平缓外特性均可。

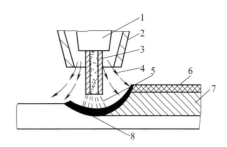

图 4-18　药芯焊丝气体保护焊示意图
1—导电嘴；2—喷嘴；3—药芯焊丝；4—$CO_2$
气体；5—电弧；6—熔渣；7—焊缝；8—熔池

药芯焊丝气保焊也有不足之处：焊丝制造过程复杂；送丝较实芯焊丝困难，需要采用降低送丝压力的送丝机构等；焊丝外表易锈蚀、药粉易吸潮，故使用前应对焊丝外表进行清理和 250～300℃的烘烤。

## 二、药芯焊丝及焊接工艺

### 1. 药芯焊丝的组成

药芯焊丝是由金属外皮（如 08A）和芯部药粉组成，即由薄钢带卷成圆形钢管或异形钢管的同时，填满一定成分的药粉后经拉制而成。其截面形状有 E 形、O 形和梅花形、中间填丝形、T 形等，各种药芯焊丝截面形状如图 4-19 所示。药粉的成分与焊条的药皮类似，目前国产的 $CO_2$ 气体保护焊药芯焊丝多为钛型药粉焊丝，规格有直径 2.0mm、2.4mm、2.8mm、3.2mm 等几种。

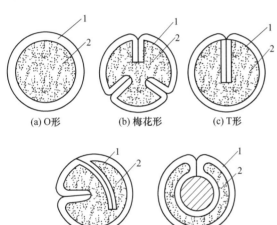

(a) O形　(b) 梅花形　(c) T形

(d) E形　(e) 中间填丝形

图 4-19　药芯焊丝的截面形状
1—钢带；2—药粉

### 2. 非合金钢及细晶粒钢药芯焊丝的型号

根据 GB/T 10045—2018《非合金钢及细晶粒钢药芯焊丝》标准规定，焊丝型号按力学性能、使用特性、焊接位置、保护气体类型、焊后状态和熔敷金属化学成分划分。仅适用于单道焊的焊丝，其型号划分中不包括焊后状态和熔敷金属化学成分。该标准适用于最小抗拉强度不大于 570MPa 的气体保护焊和自保护电弧焊用药芯焊丝。

焊丝型号由八部分组成：

第一部分：字母 T 表示药芯焊丝。

第二部分：表示用于多道焊时焊态或焊后热处理条件下，熔敷金属的抗拉强度代号（43、49、55、57）。或者表示用于单道焊时焊态条件下焊接接头的抗拉强度代号（43、49、55、57）。

第三部分：表示冲击吸收能量不小于 27J 时的试验温度代号。仅适用于单道焊的焊丝无此代号。

第四部分：表示使用特性代号。

第五部分：表示焊接位置代号。0 表示平焊、平角焊，1 表示全位置焊。

第六部分：表示保护气体类型代号，自保护为 N，仅适用于单道焊的焊丝在该代号后添加字母 S。

第七部分：表示焊后状态代号。其中 A 表示焊态，P 表示焊后热处理状态，AP 表示焊态和焊后热处理两种状态均可。

第八部分：表示熔敷金属化学成分分类。

除以上强制代号外，可在其后依次附加可选代号：字母 U 表示在规定的试验温度下，冲击吸收能量应不小于 47J；扩散氢代号 HX，其中 X 可为数字 15、10 或 5，分别表示每 100g 熔敷金属中扩散氢含量最大值（mL）。

非合金钢及细晶粒钢药芯焊丝型号举例：

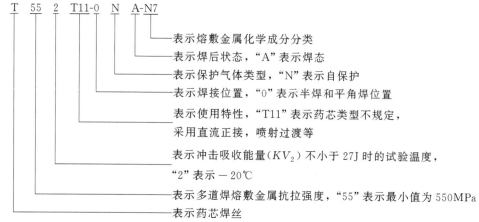

T 55 2 T11-0 N A-N7

- 表示熔敷金属化学成分分类
- 表示焊后状态，"A"表示焊态
- 表示保护气体类型，"N"表示自保护
- 表示焊接位置，"0"表示半焊和平角焊位置
- 表示使用特性，"T11"表示药芯类型不规定，采用直流正接，喷射过渡等
- 表示冲击吸收能量（$KV_2$）不小于 27J 时的试验温度，"2"表示 -20℃
- 表示多道焊熔敷金属抗拉强度，"55"表示最小值为 550MPa
- 表示药芯焊丝

### 3. 药芯焊丝的牌号

焊丝牌号以字母"Y"表示药芯焊丝，其后字母表示用途或钢种类别，见表 4-13。字母后的第一、二位数字表示熔敷金属抗拉强度保证值，单位 MPa。第三位数字表示药芯类型及电流种类（与电焊条相同），第四位数字代表保护类型，见表 4-14。

表 4-13　药芯焊丝类别

| 字母 | 钢类别 | 字母 | 钢类别 |
|---|---|---|---|
| J | 结构钢用 | G | 铬不锈钢 |
| R | 低合金耐热钢 | A | 奥氏体不锈钢 |
| D | 堆焊 | | |

表 4-14　药芯焊丝的保护类型

| 牌号 | 焊接时保护类型 | 牌号 | 焊接时保护类型 |
|---|---|---|---|
| YJ××-1 | 气保护 | YJ××-3 | 气保护、自保护两用 |
| YJ××-2 | 自保护 | YJ××-4 | 其他保护形式 |

焊丝牌号举例：

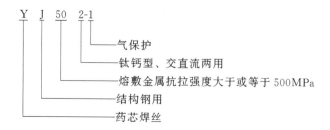

Y J 50 2-1

- 气保护
- 钛钙型、交直流两用
- 熔敷金属抗拉强度大于或等于 500MPa
- 结构钢用
- 药芯焊丝

### 4. 药芯焊丝气体保护焊工艺参数

药芯焊丝 $CO_2$ 气体保护电弧焊工艺与实芯焊丝 $CO_2$ 气体保护焊相似，其焊接工艺参数主要有焊接电流、电弧电压、焊接速度、焊丝伸出长度等。电源一般采用直流反接，焊丝伸出长度一般为 $15\sim25mm$，焊接速度通常在 $30\sim50cm/min$ 范围内。焊接电流与电弧电压必须恰当匹配，一般焊接电流增加电弧电压应适当提高。不同直径药芯焊丝 $CO_2$ 气体保护焊常用焊接电流、电弧电压见表 4-15。药芯焊丝半自动 $CO_2$ 气体保护焊焊接工艺参数见表 4-16。

表 4-15　不同直径药芯焊丝 $CO_2$ 气体保护焊常用焊接电流、电弧电压范围

| 焊丝直径/mm | 1.2 | 1.4 | 1.6 |
|---|---|---|---|
| 电流/A | $110\sim350$ | $130\sim400$ | $150\sim450$ |
| 电弧电压/V | $18\sim32$ | $20\sim34$ | $22\sim38$ |

表 4-16　药芯焊丝半自动 $CO_2$ 气体保护焊焊接工艺参数

| 工件厚度/mm | | 坡口形式及尺寸 | | 焊接电流/A | 电弧电压/V | 气体流量/(L/min) | 备注 |
|---|---|---|---|---|---|---|---|
| | | 坡口形式 | 尺寸/mm | | | | |
| 3 | | I 形坡口对接 | $b=0\sim1$ | $260\sim270$ | $26\sim27$ | $15\sim16$ | 焊一层 |
| 6 | | | $b=0\sim2$ | $270\sim280$ | $27\sim28$ | $16\sim17$ | 焊一层 |
| 9 | | | | $260\sim270$ | $26\sim27$ | $16\sim17$ | 正面焊一层 |
| | | | | $270\sim280$ | $27\sim28$ | $16\sim17$ | 反面焊一层 |
| 12 | | Y 形坡口对接 | $\alpha=40°\sim45°$ $p=3$ $b=0\sim2$ | $280\sim300$ | $29\sim31$ | $16\sim18$ | 正面焊二层 |
| 15 | | | | $270\sim280$ | $27\sim28$ | $16\sim17$ | 正面焊一层 |
| | | | | $280\sim290$ | $28\sim30$ | $17\sim18$ | 反面焊一层 |
| 20 | | 双 Y 形坡口对接 | $\alpha=40°\sim45°$ $p=3$ $b=0\sim1$ | $300\sim320$ | $30\sim32$ | $18\sim19$ | 正面焊一层 |
| | | | | $310\sim320$ | $31\sim32$ | $17\sim19$ | 反面焊一层 |
| 焊脚/mm | 6 | I 形坡口，T 形接头 | $b=0\sim2$ | $280\sim290$ | $28\sim30$ | $17\sim18$ | 焊一层 |
| | 9 | | | $290\sim310$ | $29\sim31$ | $18\sim19$ | 焊两层两道 |
| | 12 | | | $280\sim290$ | $28\sim30$ | $17\sim18$ | 焊两层三道 |
| | 15 | | | $290\sim310$ | $29\sim31$ | $19\sim20$ | 焊两层三道 |

二氧化碳焊板对接立焊

笔记

## 模块六　焊接工程实例

Q235 钢板对接 $CO_2$ 气体保护焊焊件及技术要求如图 4-20 所示。

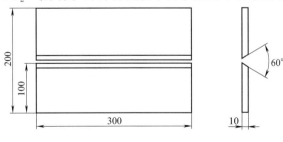

技术要求
1. 单面焊双面成形；
2. 母材 Q235。

图 4-20　Q235 钢板对接 $CO_2$ 气体保护焊焊件及技术要求

**1. 焊前准备**

（1）焊机　NBC-300 型 $CO_2$ 气体保护焊机，焊机直流反接。

（2）焊件　Q235 钢板 300mm×100mm×10mm，在一侧加工 30°坡口，两块板组对成一组焊件。

（3）焊丝　ER50-6，直径为 1.0mm。

（4）$CO_2$ 气体　纯度≥99.5%。

（5）装配与定位焊　将焊件坡口 20mm 范围内的铁锈清理干净，按表 4-17 中的装配尺寸，在焊件两端定位焊。

表 4-17　焊件装配的各项尺寸

| 坡口角度/(°) | 根部间隙/mm | | 钝边/mm | 反变形角度/(°) | 错边量/mm |
|---|---|---|---|---|---|
| | 始焊端 | 终焊端 | | | |
| 60 | 2.5 | 3.5 | 0～0.5 | 3 | ≤0.5 |

**2. 焊接工艺参数**

焊接工艺参数见表 4-18。

表 4-18　焊接工艺参数

| 焊道层次 | 电源极性 | 焊丝直径/mm | 焊丝伸出长度/mm | 焊接电流/A | 电弧电压/V | 气体流量/(L/min) |
|---|---|---|---|---|---|---|
| 打底焊 | 反极性 | 1.0 | 10～15 | 90～95 | 18～20 | 8～12 |
| 填充焊 | | | 10～15 | 110～120 | 20～22 | |
| 盖面焊 | | | | 110～120 | 20～22 | |

**3. 焊接**

（1）打底焊　采用左向焊法，焊前将焊件间隙小的一端放在右侧。将焊丝端头在焊件右端约 20mm 处坡口内的一侧，与其保持 2～3mm 的距离，按下焊枪扳机，气阀打开提前送气 1～2s，焊接电源接通，焊丝送出，焊丝与焊件接触，同时电弧引燃，迅速右移至焊件右端头，然后向左开始焊接打底焊道，焊枪沿坡口两侧作小幅度月牙形横向摆动［见图 4-21（a）］，当坡口根部熔孔直径达到 3～4mm 时转入正常焊接，同时严格控制喷嘴高度，既不能遮挡操作视线，又要保证气体保护效果。

焊丝端部要始终在熔池前半部燃烧，不得脱离熔池（防止焊丝前移过大而通过间隙出现穿丝现象），并控制电弧在坡口根部约 2～3mm 处燃烧，电弧在焊道中心移动要快，摆动到坡口两侧要稍作 0.5～1s 的停留。若坡口间隙较大，应在横向摆动的同时适当地前后移动作倒退式月牙形摆动［见图 4-21（b）］，这样摆动可避免电弧直接对准间隙，以防止烧穿。

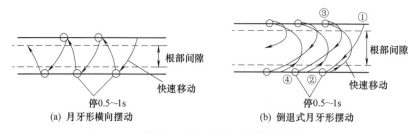

图 4-21　V 形坡口对接平焊打底层焊枪摆动方法

焊接过程中要仔细观察熔孔。并根据间隙和熔孔直径的变化调整横向摆动幅度和焊接速度，尽量维持熔孔的直径不变，以保证获得宽窄一致，高低均匀的背面焊缝。

打底层表面焊道表面平整两侧稍下凹，焊道厚度不超过 4mm，如图 4-22（a）所示。

（2）填充焊 将打底层焊道表面清理干净。调试好填充层的焊接参数后，在焊件的右端开始施焊。采用锯齿形摆动，焊枪的横向摆动幅度稍大于打底层，注意熔池两侧熔化情况，控制焊道厚度，使焊道表面平整稍下凹，其高度应低于母材表面 1.5～2mm，不允许熔化坡口棱边［见图 4-22（b）］。

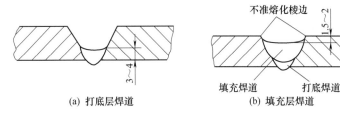

(a) 打底层焊道　　　　(b) 填充层焊道

图 4-22 焊道成形

（3）盖面焊 将填充层焊道表面清理干净，焊接电流和电弧电压调整至合适的范围内，在焊件的右端开始施焊，保持喷嘴高度，焊丝伸出长度可稍大于打底焊时 1～2mm。焊枪角度及焊枪摆动方法与填充层焊时相同，但焊枪摆动幅度应比填充焊时稍大，施焊时焊枪摆动要到位，在坡口两侧均匀缓慢，保证熔池两侧边缘超过坡口上表面 0.5～1.5mm，使焊道表面平整且宽窄一致，避免产生咬边等缺陷。

# 模块七 1＋X 考证题库

## 一、填空题

1. 熔化极气体保护电弧焊按保护气体不同可分为 ＿＿＿＿＿＿＿＿、＿＿＿＿＿＿＿＿和 ＿＿＿＿＿＿＿＿三类。

2. $CO_2$ 气体保护焊的优点是 ＿＿＿＿＿＿＿＿、＿＿＿＿＿＿＿＿、＿＿＿＿＿＿＿＿、＿＿＿＿＿＿＿＿、＿＿＿＿＿＿＿＿。

3. $CO_2$ 气体保护焊按所用的焊丝直径可分为＿＿＿＿＿＿＿＿和＿＿＿＿＿＿＿＿两种，前者使用的焊丝直径是＿＿＿＿＿＿＿＿，后者使用的焊丝直径是＿＿＿＿＿＿＿＿。

4. $CO_2$ 气体保护焊按操作方法不同可分为＿＿＿＿＿＿＿＿和＿＿＿＿＿＿＿＿两类，它们的区别是＿＿＿＿＿＿＿＿。

5. $CO_2$ 气体保护焊熔滴过渡的形式主要有＿＿＿＿＿＿＿＿和＿＿＿＿＿＿＿＿。

6. $CO_2$ 气体保护焊时，可能出现三种气孔，即＿＿＿＿＿＿＿＿、＿＿＿＿＿＿＿＿、＿＿＿＿＿＿＿＿。

7. $CO_2$ 气体保护焊用 $CO_2$ 气体的纯度要大于＿＿＿＿＿＿＿＿，含水量不超过＿＿＿＿＿＿＿＿。

8. 半自动 $CO_2$ 气体保护焊的送丝方式有＿＿＿＿＿＿＿＿、＿＿＿＿＿＿＿＿三种。

9. 用在惰性气体（Ar）中加入少量的＿＿＿＿＿＿＿＿气体组成的混合气体作为保护气体的焊接方法称为＿＿＿＿＿＿＿＿，简称＿＿＿＿＿＿＿＿焊，由于混合气体中＿＿＿＿＿＿＿＿所占比例大，故常称为＿＿＿＿＿＿＿＿。

10. 药芯焊丝气体保护焊根据保护气体不同，可分为＿＿＿＿＿＿＿＿、＿＿＿＿＿＿＿＿等，其中＿＿＿＿＿＿＿＿应用最广。

笔记

11. 药芯焊丝由＿＿＿＿＿＿＿和＿＿＿＿＿＿＿组成，其截面形状有＿＿＿＿＿形、＿＿＿＿＿形、＿＿＿＿＿形、＿＿＿＿＿形、＿＿＿＿＿形等。

**二、判断题**（正确的画"√"，错误的画"×"）

1. 氧化性气体由于本身氧化性强，所以不适宜作为保护气体。（　　）
2. 因氮气不溶于铜，故可用氮气作为焊接铜及铜合金的保护气体。（　　）
3. 气体保护焊很适宜于全位置焊接。（　　）
4. $CO_2$ 气体保护焊电源采用直流正接时，产生的飞溅要比直流反接时严重得多。（　　）
5. $CO_2$ 气体保护焊和埋弧焊用的都是焊丝，所以一般可以互用。（　　）
6. $CO_2$ 气体保护焊用的焊丝有镀铜和不镀铜两种，镀铜的作用是防止生锈，改善焊丝导电性能，提高焊接过程的稳定性。（　　）
7. 推丝式送丝机构适用于长距离输送焊丝。（　　）
8. 熔化极氩弧焊熔滴过渡的形式采用喷射过渡。（　　）
9. 药芯焊丝 $CO_2$ 气体保护焊是气-渣联合保护。（　　）
10. 富氩混合气体保护焊与纯 $CO_2$ 焊相比，电弧燃烧稳定、飞溅小，且易形成喷射过渡。（　　）

**三、问答题**

1. $CO_2$ 气体保护焊产生飞溅的原因是什么？减少飞溅的措施有哪些？
2. 药芯焊丝气体保护焊的原理及特点是什么？
3. $CO_2$ 气体、氮气、氩气都是保护气体，它们的性质和用途有何不同？
4. 气体保护电弧焊的原理及主要特点是什么？

# 焊 接 榜 样
## "铁甲神医"焊接专家白津生

中国国防科技工业特种焊接服务中心副主任、首席专家白津生，因为焊接技术过硬，解决了许多技术难题，被誉为"铁甲神医"。

白津生是1953年生人，小时候没有上过初中，不到16岁就被安排到了工厂成为了一名电焊工。刚做电焊工作时，炎热的温度很容易烫伤胳膊，加上刺眼的光，长时间工作眼睛灼伤得厉害，许多同期进工厂的小伙子都忍受不了这些，而白津生不一样，拿起焊枪一遍遍学习，眼睛痛到睁不开就闭着眼睛接着练，直到练成依靠听觉和感官就能感知电焊成效的本领，甚至在盲区可以实现精准电焊。白津生说，可能就是那时候肯吃苦，然后练成了这个绝活。

经过多年努力，白津生在多学科领域中取得了不俗成绩，获得国家专利20余项，许多创新成果填补了世界空白。他研究二十七年制成的全天候太阳能储能螺柱多用焊机获法国列宾竞赛金奖；他提出的"通过变质处理改善焊接性能的方法"获英国剑桥"金星奖"；他攻克并解决了"神舟七号"卫星保护装置的焊接难题；他在国际上首创根据焊接痕迹运用于刑事侦察，达国际领先水平……白津生成为公认的，在我国焊接界填补世界空白最多、获得国际大奖最多的国际焊接专家。

白津生扎根一线坚持不断创新，倾心无保留授徒。白津生说："我就是国家的一颗螺丝钉，只要国家需要我，我随时都要为国家奋斗。"

笔 记

# 第五单元

# 钨极惰性气体保护焊（TIG焊）

钨极惰性气体保护焊是使用纯钨或活化钨（钍钨、铈钨等）作电极的惰性气体保护焊，简称 TIG 焊。TIG 焊一般采用氩气作保护气体，故称钨极氩弧焊。由于钨极本身不熔化，只起发射电子产生电弧的作用，故也称不熔化极氩弧焊。

## 模块一　认识 TIG 焊

### 一、TIG 焊的基本原理及分类

#### 1. TIG 焊工作原理

TIG 焊是利用钨极与焊件之间产生的电弧热，来熔化附加的填充焊丝或自动给送的焊丝（也可不加填充焊丝）及基本金属形成熔池而形成焊缝的。焊接时，氩气流从焊枪喷嘴中连续喷出，在电弧区形成严密的保护气层，将电极和金属熔池与空气隔离，以形成优质的焊接接头。TIG 焊工作原理如图 5-1 所示。

#### 2. TIG 焊的分类

TIG 焊按采用的电流种类，可分为直流 TIG 焊、交流 TIG 焊和脉冲 TIG 焊等。

TIG 焊按其操作方式可分为手工 TIG 焊和自动 TIG 焊。手工 TIG 焊时，焊工一手握焊枪，另一手持焊丝，随焊枪的摆动和前进，逐渐将焊丝填入熔池之中。有时

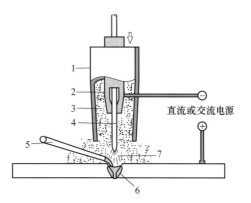

图 5-1　TIG 焊工作原理示意图

1—喷嘴；2—钨极夹头；3—保护气体；4—钨极；
5—填充金属；6—焊缝金属；7—电弧

也不加填充焊丝，仅将接口边缘熔化后形成焊缝。自动钨极氩弧焊是以传动机构带动焊枪行走，送丝机构尾随焊枪进行连续送丝的焊接方式。在实际生产中，手工 TIG 焊应用最广。

钨极氩弧焊
原理

笔记

## 二、TIG 焊特点及应用

TIG 焊除具有气体保护焊共有的特点外，还有一些特点，其特点和应用如下。

（1）焊接质量好    氩气是惰性气体，不与金属起化学反应，合金元素不会氧化烧损，而且也不溶解于金属。焊接过程基本上是金属熔化和结晶的简单过程，因此保护效果好，能获得高质量的焊缝。

钨极氩弧焊

（2）适应能力强    采用氩气保护无熔渣，填充焊丝不通过电流不产生飞溅，焊缝成形美观；电弧稳定性好，即使在很小的电流（<10A）下仍能稳定燃烧，且热源和填充焊丝可分别控制，热输入容易调节，所以特别适合薄件、超薄件（0.1mm）及全位置焊接（如管道对接）。

（3）焊接范围广    TIG 焊几乎可焊接除熔点非常低的铅、锡以外的所有的金属和合金，特别适宜焊接化学性质活泼的金属和合金。常用于铝、镁、钛、铜及其合金和不锈钢、耐热钢及难熔活泼金属（如锆、钽、钼等）等材料的焊接。由于容易实现单面焊双面成形，有时还可用于焊接结构的打底焊。

（4）焊接效率低    由于用钨作电极，承载电流能力较差，焊缝易受钨的污染。因而TIG 焊使用电流较小，电弧功率较低，焊缝熔深浅，熔敷速度小，仅适用于焊件厚度小于 6mm 的焊件焊接，且大多采用手工焊，焊接效率低。

（5）焊接成本较高    由于使用氩气等惰性气体，焊接成本高，常用于质量要求较高焊缝及难焊金属的焊接。

# 模块二    TIG 焊的焊接材料

钨极氩弧焊的焊接材料主要是钨极、氩气和焊丝。

📝 笔记

## 一、TIG 焊的钨极和焊丝

### 1. 钨极

TIG 焊时，钨极的作用是传导电流、引燃电弧和维持电弧正常燃烧。所以要求钨极具有较大的许用电流，熔点高、损耗小，引弧和稳弧性能好等特性。常用的钨极有纯钨极、钍钨极和铈钨极三种，它们的牌号、特点见表 5-1。

表 5-1    常用钨极的牌号、特点

| 钨极种类 | 常用牌号 | 特点 |
|---|---|---|
| 纯钨极 | WP | 熔点高达 3400℃，沸点约为 5900℃，基本上能满足焊接过程的要求，但电流承载能力低，空载电压高，目前已很少使用 |
| 钍钨极 | WTh10、WTh20、WTh30 | 在纯钨中加入 1%～3% 的氧化钍（$ThO_2$），显著提高了钨极电子发射能力。与纯钨极相比，引弧容易，电弧稳定，不易烧损，使用寿命长；电弧稳定但成本比较高，且有微量放射性，必须加强劳动防护 |
| 铈钨极 | WCe20 | 在纯钨中加入 2% 的氧化铈（$CeO_2$）。与钍钨极相比，引弧容易、电弧稳定，许用电流密度大；电极烧损小，使用寿命长；几乎没有放射性，是一种理想的电极材料 |

为了使用方便，钨极的一端常涂有颜色，以便识别。例如，钍钨极涂红色，铈钨极涂灰色，纯钨极涂绿色。常用的钨极直径为 0.5mm、1.0mm、1.6mm、2.0mm、2.5mm、

3.2mm、4.0mm、5.0mm 等规格。铈钨极型号意义如下：

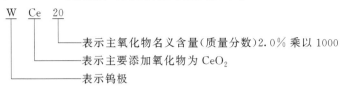

```
W  Ce  20
            └──── 表示主氧化物名义含量（质量分数）2.0% 乘以 1000
        └──────── 表示主要添加氧化物为 CeO₂
    └──────────── 表示钨极
```

> **小提示**
>
> 　　选用钨极时，尽量用铈钨极。修磨钨极时，要戴口罩和手套，工作后要洗手。存放钨极时，若数量较大，最好放在铅盒中保存。

### 2. 焊丝

焊丝选用的原则是熔敷金属化学成分或力学性能与被焊材料相当。氩弧焊用焊丝主要分钢焊丝和有色金属焊丝两大类。氩弧焊用碳、低合金钢焊丝可按 GB/T 8110—2008《气体保护电弧焊用碳、低合金钢焊丝》选用（参见第四单元），不锈钢焊丝按 YB/T 5092—2016《焊接用不锈钢焊丝》选用。

焊接有色金属一般采用与母材相当的焊丝。铜及铜合金焊丝，根据 GB/T 9460—2008《铜及铜合金焊丝》规定，焊丝型号由三部分组成，第一部分为字母"SCu"表示铜及铜合金焊丝；第二部分为四位数，表示焊丝型号；第三部分为可选部分，表示化学成分代号。

铝及铝合金焊丝，根据 GB/T 10858—2008《铝及铝合金焊丝》规定，焊丝型号由三部分组成，第一部分为字母"SAl"表示铝及铝合金焊丝；第二部分为四位数，表示焊丝型号；第三部分为可选部分，表示化学成分代号。

第六单元所列气焊丝均可作为氩弧焊焊丝。

## 二、TIG焊的保护气体

📝 笔记

TIG焊的保护气体大致有氩气、氦气及氩-氢和氩-氦的混合气体三种，使用最广的是氩气。氦气由于比较稀缺，提炼困难，价格昂贵，国内极少使用。氩-氢的混合气体仅限于不锈钢、镍及镍-铜合金焊接。

氩气是无色、无味的惰性气体，不与金属起化学反应，也不溶解于金属。且氩气比空气重25%，使用时气流不易漂浮散失，有利于对焊接区的保护。

氩的电离能较高，引燃电弧较困难，故需采用高频引弧及稳弧装置。但氩弧一旦引燃，燃烧就很稳定。在常用的保护气体中，氩弧的稳定性最好。

焊接用氩气以瓶装供应，其外表涂成灰色，并且标注有绿色"氩气"字样。氩气瓶的容积一般为40L，最高工作压力为15MPa。使用时，一般应直立放置。

氩弧焊对氩气的纯度要求很高，如果氩气中含有一些氧、氮和少量其他气体，将会降低氩气保护性能，对焊接质量造成不良影响。各种金属焊接时对氩气的纯度要求见表 5-2。

表 5-2　各种金属焊接时对氩气的纯度要求

| 焊材料 | 厚度/mm | 焊接方法 | 氩气纯度（体积分数）/% | 电流种类 |
|---|---|---|---|---|
| 钛及其合金 | 0.5 以上 | 钨极手工及自动 | 99.99 | 直流正接 |
| 镁及其合金 | 0.5～2.0 | 钨极手工及自动 | 99.9 | 交流 |

续表

| 焊材料 | 厚度/mm | 焊接方法 | 氩气纯度(体积分数)/% | 电流种类 |
|---|---|---|---|---|
| 铝及其合金 | 0.5~2.0 | 钨极手工及自动 | 99.9 | 交流 |
| 铜及其合金 | 0.5~3.0 | 钨极手工及自动 | 99.8 | 直流正接或交流 |
| 不锈钢、耐热钢 | 0.1以上 | 钨极手工及自动 | 99.7 | 直流正接或交流 |
| 低碳钢、低合金钢 | 0.1以上 | 钨极手工及自动 | 99.7 | 直流正接或交流 |

# 模块三  TIG 焊设备

## 一、TIG 焊设备分类及组成

手工钨极氩弧焊设备包括焊机、焊枪、供气系统、冷却系统、控制系统等部分，如图 5-2 所示。自动钨极氩弧焊设备，除上述几部分外，还有送丝装置及焊接小车行走机构。

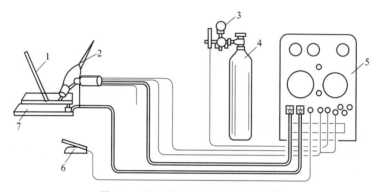

图 5-2  手工钨极氩弧焊设备示意图

1—填充金属；2—焊枪；3—流量计；4—氩气瓶；5—焊机；6—开关；7—焊件

### 1. 焊机

焊机包括焊接电源及高频振荡器、脉冲稳弧器、消除直流分量装置等控制装置。若采用焊条电弧焊的电源，则应配用单独的控制箱。直流钨极氩弧焊的焊机较为简单，直流焊接电源附加高频振荡器即可。

（1）焊接电源  由于钨极氩弧焊电弧静特性曲线工作在水平段，所以应选用具有陡降外特性的电源。一般焊条电弧焊的电源（如弧焊变压器、弧焊整流器等）都可作手工钨极氩弧焊电源。

（2）引弧及稳弧装置  由于氩气的电离能较高，难以电离，引燃电弧困难，但又不宜使用提高空载电压的方法，所以钨极氩弧焊必须使用高频振荡器来引燃电弧。对于交流电源，由于电流每秒有 100 次经过零点，电弧不稳，故还需使用脉冲稳弧器，以保证重复引燃电弧，并稳弧。

高频振荡器是钨极氩弧焊设备的专门引弧装置，是在钨极和工件之间加入约 3000V 高频电压，这种焊接电源空载电压只要 65V 左右即可达到钨极与焊件非接触而点燃电弧的目的。高频振荡器一般仅供焊接时初次引弧，不用于稳弧，引燃电弧后马上切断。

脉冲稳弧器是施加一个高压脉冲而迅速引弧，并保持电弧连续燃烧，从而起到稳定电弧的作用。

（3）直流分量及消除的装置

① 直流分量产生原因　用交流电焊接时，正极性时，钨极为负极，由于钨极的熔点高，导热系数低，且断面尺寸小，易使电极端部加热到很高的温度，电子发射能力强。所以焊接电流较大，电弧电压较低。反极性时，焊件为负极，由于焊件的熔点低，导热性能好，断面尺寸又大，熔池金属不易加热到较高的温度，使电子发射能力减弱。所以焊接电流较小，电弧电压较高。如图 5-3 所示。这种正负半波不对称的电流，可以看成是有两部分组成，一部分是真正的交流电，另一部分是叠加在交流部分上的直流电，这部分直流电被称为直流分量。

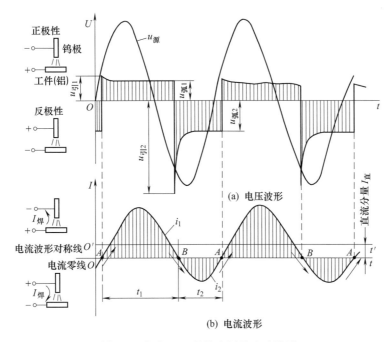

图 5-3　交流 TIG 焊的电压及电流波形

$u_{引1}$—正极性的引燃电压；$u_{弧1}$—正极性的电弧电压；$u_{引2}$—反极性的引燃电压；

$u_{弧2}$—反极性的电弧电压；$i_1$—正极性的焊接电流；$i_2$—反极性的焊接电流；

$t_1$—正极性时间；$t_2$—反极性时间；$u_{源}$—焊接电源空载电压

② 直流分量的危害　直流分量的出现，一是使反极性半周的电流幅值减少，作用时间缩短，削弱了"阴极破碎"作用，使电弧不稳，成形差，易产生气孔、未焊透等缺陷；二是使焊接变压器的工作条件恶化，铁芯发热，易损坏设备。因此交流钨极氩弧焊时，必须限制和消除直流分量。

③ 消除直流分量装置　消除直流分量的方法主要有在焊接回路中串接直流电源（蓄电池）、在焊接回路中串接二极管和电阻及在焊接回路中串接电容，如图 5-4 所示。其中在焊接回路中串接电容，使用方便，维护简单，应用最广，是交流钨极氩弧焊消除直流分量的最常用方法。这是因为电容对交流电的阻抗很少，可允许交流电通过，而使直流电不能通过，因此隔断了直流电，从而消除了直流分量。

**2. 焊枪**

钨极氩弧焊焊枪的作用是夹持电极、导电和输送氩气流。氩弧焊枪分为气冷式焊枪（QQ 系列）和水冷式焊枪（QS 系列）。气冷式焊枪使用方便，但限于小电流（150A）焊

📝 笔记

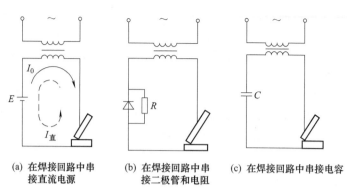

(a) 在焊接回路中串
接直流电源

(b) 在焊接回路中串
接二极管和电阻

(c) 在焊接回路中串接电容

图 5-4    消除直流分量的方法示意图

接使用；水冷式焊枪适宜大电流和自动焊接使用。气冷式焊枪如图 5-5 所示，水冷式焊枪如图 5-6 所示。

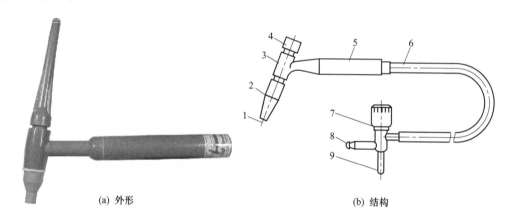

(a) 外形

(b) 结构

图 5-5    QQ 型气冷式氩弧焊枪

1—钨极；2—陶瓷喷嘴；3—枪体；4—短帽；5—手把；6—电缆；
7—气体开关手轮；8—通气接头；9—通电接头

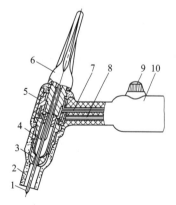

图 5-6    水冷式 TIG 焊焊枪

1—钨电极；2—陶瓷喷嘴；3—导气套管；
4—电极夹头；5—枪体；6—电极帽；
7—进气管；8—冷却水管；
9—控制开关；10—焊枪手柄

焊枪一般由枪体、喷嘴、电极夹持机构、电缆、氩气输入管、水管和开关及按钮组成。

其中喷嘴是决定氩气保护性能优劣的重要部件，常见的喷嘴形式，如图 5-7 所示。圆柱带锥形和圆柱带球形的喷嘴，保护效果最佳，氩气流速均匀，容易保持层流，是生产中常用的一种形式。圆锥形的喷嘴，因氩气流速变快，气体挺度虽好一些，但容易造成紊流，保护效果较差，但操作方便，便于观察熔池，也经常使用。

**3. 供气系统**

钨极氩弧焊的供气系统由氩气瓶、减压器、流量计和电磁阀组成。减压器用以减压和调压。流量计是用来调节和测量氩气流量的大小，现常将减压器与流量计制成一体，成为氩气流量调节器，如图 5-8 所示。电磁气阀是控制气体通断装置。

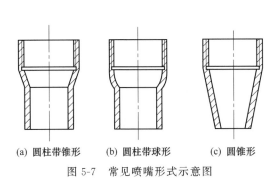

(a) 圆柱带锥形　　(b) 圆柱带球形　　(c) 圆锥形

图 5-7　常见喷嘴形式示意图

图 5-8　氩气流量调节器

### 4. 冷却系统

一般选用的最大焊接电流在 150A 以上时，必须冷却焊枪和电极。采用通水冷却时，冷却水接通并有一定压力后，才能启动焊接设备，通常在钨极氩弧焊设备中用水压开关或手动来控制水流量。

### 5. 控制系统

钨极氩弧焊的控制系统是通过控制线路，对供电、供气、引弧与稳弧等各个阶段的动作程序实现控制。图 5-9 为交流手工钨极氩弧焊的控制程序方框图。

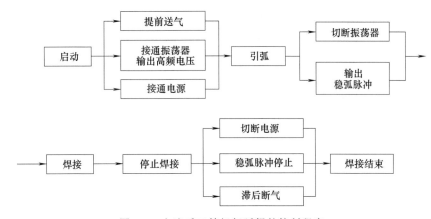

图 5-9　交流手工钨极氩弧焊的控制程序

## 二、TIG 焊设备常见故障及处理方法

手工钨极氩弧焊设备常见故障有水、气路堵塞或泄漏；焊枪钨极夹头未旋紧，引起电弧不稳；焊件与地线接触不良或钨极不洁引不起弧；焊机熔断器断路、焊枪开关接触不良使焊机不能正常启动等，常见故障分析及处理方法见表 5-3。

表 5-3　钨极氩弧焊设备常见故障分析及处理方法

| 故　障　特　征 | 产　生　原　因 | 排　除　方　法 |
|---|---|---|
| 电源接通,指示灯不亮 | (1)开关损坏<br>(2)熔丝烧断<br>(3)控制变压器损坏<br>(4)指示灯损坏 | (1)更换开关<br>(2)更换熔丝<br>(3)更换变压器<br>(4)更换指示灯 |

笔 记

续表

| 故　障　特　征 | 产　生　原　因 | 排　除　方　法 |
|---|---|---|
| 控制线路放电,但焊机不能启动 | (1)焊枪上的开关接触不良<br>(2)启动继电器有故障<br>(3)控制变压器损坏或接触不良 | (1)更换焊枪上的开关<br>(2)检修继电器<br>(3)检修或更换控制变压器 |
| 有振荡器放电,但引不起弧 | (1)电源与焊件接触不良<br>(2)焊接电源接触器触点烧坏<br>(3)控制线路故障 | (1)检修<br>(2)检修接触器<br>(3)检修控制线路 |
| 引弧后焊接过程中电弧不稳 | (1)稳弧器有故障<br>(2)消除直流元件故障<br>(3)焊接电源线路接触不良 | (1)检查稳弧器<br>(2)更换直流元件<br>(3)检修焊接电源 |
| 焊机启动后无氩气输出 | (1)气路堵塞<br>(2)电磁气阀故障<br>(3)控制线路故障<br>(4)延时线路故障 | (1)清理气路<br>(2)更换电磁气阀<br>(3)检修控制线路<br>(4)检修延时线路 |
| 无振荡或振荡火花微弱 | (1)脉冲引弧器或高频振荡器故障<br>(2)火花放电间隙不对<br>(3)放电盘云母击穿<br>(4)放电器电极烧坏 | (1)检修<br>(2)调节放电盘间隙<br>(3)更换云母<br>(4)更换放电器电极 |

## 三、常用 TIG 焊焊机型号及技术数据

钨极氩弧焊机按电源性质可分为直流钨极氩弧焊机、交流钨极氩弧焊机和脉冲钨极氩弧焊机。直流钨极氩弧焊机型号有 WS-250、WS-400 等,交流钨极氩弧焊机型号有 WSJ-300、WSJ-500 等,交直流钨极氩弧焊机型号有 WSE-150、WSE-400 等,脉冲钨极氩弧焊机型号有 WSM-200、WSM-400 等。

### 1. 手工直流钨极氩弧焊机型号及技术数据

手工直流钨极氩弧焊机型号及技术数据见表 5-4。

表 5-4　手工直流钨极氩弧焊机型号及技术数据

| 型　　号 | WS-250 | WS-300 | WS-400 |
|---|---|---|---|
| 输入电源/(V/Hz) | 380/50 | 380/50 | 380/50 |
| 额定输入容量/kW | 18 | 22.5 | 30 |
| 电流调节范围/A | 25～250 | 30～340 | 60～450 |
| 负载持续率/% | 60 | 60 | 60 |
| 工作电压/V | 11～22 | 11～23 | 13～28 |
| 电流衰减时间/s | 3～10 | 3～10 | 3～10 |
| 滞后停气时间/s | 4～8 | 4～8 | 4～8 |
| 冷却水流量/(L/min) | >1 | >1 | >1 |
| 外形尺寸/mm | 690×500×1140 | 690×500×1140 | 740×540×1180 |
| 质量/kg | 260 | 270 | 350 |

### 2. 手工交直流钨极氩弧焊机型号及技术数据

手工交直流钨极氩弧焊机型号及技术数据见表 5-5。

表 5-5　手工交直流钨极氩弧焊机型号及技术数据

| 型　　号 | WSE-150 | WSE-250 | WSE-400 |
|---|---|---|---|
| 输入电源/V | 380 | 380 | 380 |
| 空载电压/V | 82 | 85 | 96 |

📝 笔记

续表

| 型号 | WSE-150 | WSE-250 | WSE-400 |
|---|---|---|---|
| 工作电压/V | 16 | 11～20 | 12～28 |
| 电流调节范围/A | 15～180 | 25～250 | 50～450 |
| 负载持续率/% | 35 | 60 | 60 |
| 外形尺寸/mm | 654×466×722 | 810×620×1020 | 560×500×1000 |
| 质量/kg | 155 | 235 | 344 |

### 3. 手工交流钨极氩弧焊机型号及技术数据

手工交流钨极氩弧焊机型号及技术数据见表5-6。

表5-6　手工交流钨极氩弧焊机型号及技术数据

| 型号 | WSJ-300 | WSJ-400-1 | WSJ-500 |
|---|---|---|---|
| 输入电源/V | 380 | 380 | 380 |
| 工作电压/V | 22 | 26 | 30 |
| 负载持续率/% | 60 | 60 | 60 |
| 电流调节范围/A | 50～300 | 50～400 | 50～500 |
| 额定电流/A | 300 | 400 | 500 |
| 外形尺寸/mm | 540×466×800 | 550×400×1000 | 760×540×900 |
| 质量/kg | 490 | 490 | 492 |

# 模块四　TIG焊工艺

## 一、焊前清理与保护

### 1. 焊前清理

钨极氩弧焊时，对材料表面质量要求较高，因此必须对被焊材料的坡口及坡口附近20mm范围内及焊丝进行清理，去除金属表面的氧化膜和油污等杂质，以确保焊缝的质量。焊前清理的常用方法有：机械清理、化学清理和化学-机械清理方法。  笔记

（1）机械清理法　这种方法比较简便，而且效果较好，适用于大尺寸、焊接周期长的焊件。通常使用直径细小不锈钢丝刷等工具进行打磨，也可用刮刀铲去表面氧化膜，直至露出金属光泽。

（2）化学清理法　是依靠化学反应的方法去除焊丝或工件表面的氧化膜的方法，对于填充焊丝及小尺寸焊件，多采用化学清理法。这种方法与机械清理法相比，具有清理效率高、质量稳定均匀、保持时间长等特点。铝、镁、钛及其合金用化学清理法清除焊丝和工件表面的氧化膜效果较好，铝及铝合金的化学清理方法见表5-7。

表5-7　铝及铝合金的化学清理方法

| 材料 | 碱洗 | | | 冲洗 | 中和光化 | | | 冲洗 | 干燥 |
|---|---|---|---|---|---|---|---|---|---|
| | 溶液 | 温度/℃ | 时间/min | | 溶液 | 温度/℃ | 时间/min | | |
| 纯铝 | NaOH 6%～10% | 40～50 | ≤20 | 清水 | HNO₃ 30% | 室温 | 1～3 | 清水 | 风干或低温干燥 |
| 铝镁、铝锰合金 | | | ≤7 | | | | | | |

（3）化学-机械清理法　清理时先用化学清理法，焊前再对焊接部位进行机械清理。

这种联合清理的方法，适用于质量要求更高的焊件。

**2. 保护措施**

由于钨极氩弧焊的对象主要是化学性质活泼的金属和合金，因此在一些情况下，有必要采取一些加强保护效果的措施。

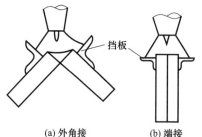

图 5-10　加临时挡板加强保护

（1）加挡板　对端接接头和角接接头，采用加临时挡板的方法加强保护效果，如图 5-10 所示。

（2）焊枪后面附加拖罩　该方法是在焊枪喷嘴后面安装附加拖罩，如图 5-11 所示。附加拖罩可使 400℃ 以上的焊缝和热影响区仍处于保护之中，适合散热慢、高温停留时间长的高合金材料的焊接。

（3）焊缝背面通气保护　该方法是在焊缝背面采用可通保护气的垫板、反面充气罩或在被焊管子内部局部密闭气腔内充气保护，如图 5-12、图 5-13 所示，这样可同时对正面和反面进行保护。

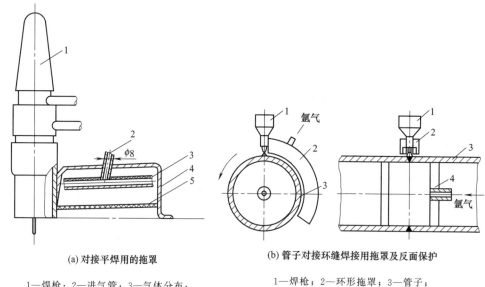

(a) 对接平焊用的拖罩

1—焊枪；2—进气管；3—气体分布；
4—拖罩外壳；5—铜丝网

(b) 管子对接环缝焊接用拖罩及反面保护

1—焊枪；2—环形拖罩；3—管子；
4—金属或纸质挡板

图 5-11　安装附加拖罩保护

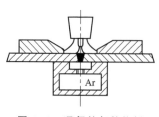

图 5-12　通保护气的垫板

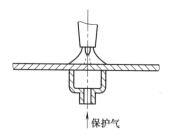

图 5-13　反面充气罩保护

## 二、TIG 焊的焊接工艺参数

钨极氩弧焊的焊接工艺参数主要有：电源种类和极性、钨极直径及端部形状、焊接电流、电弧电压、氩气流量、焊接速度和喷嘴直径等。正确地选择焊接工艺参数是获得优质焊接接头的重要保证。

**1. 电源种类和极性**

钨极氩弧焊可以使用直流电，也可以使用交流电。电流种类和极性可根据焊件材质进行选择。

（1）直流反接　钨极氩弧焊采用直流反接时（即钨极为正极、焊件为负极），由于电弧阳极温度高于阴极温度，使接正极的钨棒容易过热而烧损，许用电流小，同时焊件上产生的热量不多，因而焊缝厚度较浅，焊接生产率低，所以很少采用。

但是，直流反接有一种去除氧化膜的作用，对焊接铝、镁及其合金有利。因为铝、镁及其合金焊接时，极易氧化，形成熔点很高的氧化膜（如 $Al_2O_3$ 的熔点为 $2050℃$）覆盖在熔池表面，阻碍基本金属和填充金属的熔合，造成未熔合、夹渣、焊缝表面形成皱皮及内部气孔等缺陷。

采用直流反接时，电弧空间的正离子，由钨极的阳极区飞向焊件的阴极区，撞击金属熔池表面，将致密难熔的氧化膜击碎，以达到清理氧化膜的目的，这种作用称为"阴极破碎"作用，也称"阴极雾化"，如图 5-14 所示。

尽管，直流反接能将被焊金属表面的氧化膜去除，但钨极的许用电流小，易烧损，电弧燃烧不稳定。所以，铝、镁及其合金一般不采用此法而应尽可能使用交流电来焊接。

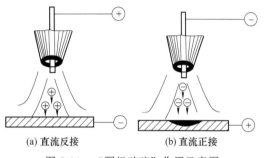

图 5-14　"阴极破碎"作用示意图

（2）直流正接　钨极氩弧焊采用直流正接时（即钨极为负极、焊件为正极），由于电弧在焊件阳极区产生的热量大于钨极阴极区，致使焊件的焊缝厚度增加，焊接生产率高。而且钨极不易过热与烧损，使钨极的许用电流增大，电子发射能力增强，电弧燃烧稳定性比直流反接时好。但焊件表面是受到比正离子质量小得多的电子撞击，不能去除氧化膜，因此没有"阴极破碎"作用，故适合于焊接表面无致密氧化膜的金属材料。

（3）交流钨极氩弧焊　由于交流电极性是不断变化的，这样在交流正极性的半周波中（钨极为负极），钨极可以得到冷却，以减小烧损。而在交流负极性的半周波中（焊件为负极）有"阴极破碎"作用，可以清除熔池表面的氧化膜。因此，交流钨极氩弧焊兼有直流钨极氩弧焊正、反接的优点，是焊接铝镁合金的最佳方法。各种材料的电源种类与极性的选用见表 5-8。

表 5-8　电源种类与极性的选用

| 电源种类和极性 | 被焊金属材料 |
| --- | --- |
| 直流正接 | 低碳钢,低合金钢,不锈钢,耐热钢,铜、钛及其合金 |
| 直流反接 | 适用于各种金属的熔化极氩弧焊,钨极氩弧焊很少采用 |
| 交流电源 | 铝、镁及其合金 |

**2. 钨极直径及端部形状**

钨极直径主要按焊件厚度、焊接电流、电源极性来选择。如果钨极直径选择不当，将

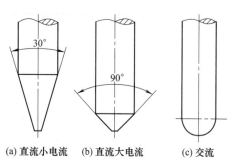

(a) 直流小电流　(b) 直流大电流　(c) 交流

图 5-15　常用的钨极端部形状

造成电弧不稳、严重烧损钨极和焊缝夹钨。钨极端部形状对电弧稳定性有一定影响，交流钨极氩焊时，一般将钨极端部磨成圆珠形；直流小电流施焊时，钨极可以磨成尖锥角；直流大电流时，钨极宜磨成钝角，钨极端部形状如图 5-15 所示。

### 3. 焊接电流

焊接电流主要根据焊件厚度、钨极直径和焊缝空间位置来选择，过大或过小的焊接电流都会使焊缝成形不良或产生焊接缺陷。各种直径的钨极许用电流范围见表 5-9。

表 5-9　各种直径的钨极许用电流范围

| 电源极性 | 钨极直径/mm | | | | |
|---|---|---|---|---|---|
| | 1.0 | 1.6 | 2.4 | 3.2 | 4.0 |
| | 许用电流范围/A | | | | |
| 直流正接 | 15～80 | 70～150 | 150～250 | 250～400 | 400～500 |
| 直流反接 | | 10～20 | 15～30 | 25～40 | 40～55 |
| 交流电源 | 20～60 | 60～120 | 100～180 | 160～250 | 200～320 |

### 4. 氩气流量和喷嘴直径

对于一定孔径的喷嘴，选用的氩气流量要适当，如果流量过大，不仅浪费，而且容易形成紊流，使空气卷入，对焊接区的保护作用不利，同时带走电弧区的热量多，影响电弧稳定燃烧。而流量过小也不好，气流挺度差，容易受到外界气流的干扰，以致降低气体保护效果。通常氩气流量在 3～20L/min 范围内。一般喷嘴直径随着氩气流量的增加而增加，通常为 5～14mm。

笔记

### 5. 焊接速度

在一定的钨极直径、焊接电流和氩气流量条件下，焊速过快，会使保护气流偏离钨极与熔池，影响气体保护效果，易产生未焊透等缺陷。焊速过慢时，焊缝易咬边和烧穿。因此，应选择合适的焊接速度。焊接速度对氩气保护效果的影响如图 5-16 所示。

### 6. 电弧电压

电弧电压增加，焊缝厚度减小，熔宽显著增加；随着电弧电压的增加，气体保护效果随之变差。当电弧电压过高时，易产生未焊透、焊缝被氧化和气孔等缺陷。因此，应尽量采用短弧焊，一般为 10～24V。

### 7. 喷嘴与焊件间的距离

喷嘴与焊件间的距离以 5～15mm 为宜。距离过大，气体保护效果差；距离过小，虽对气体保护有利，但能观察的范围和保护区域变小。

这个距离是否合适，可通过测定氩气有效保护区域的直径来判断。测定的方法是采用交流电源在铝板上引燃电弧后，焊枪固定不动，电弧燃烧 5～6s 后，切断电源，这时铝板上留下银白色区域，如图 5-17 所示。这就是氩气有效保护区域，也称为去氧化膜区，其直径越大，说明保护效果越好。

另外，生产实践中，可通过直接观察焊缝表面颜色来判定氩气保护效果，见表 5-10～表 5-12。

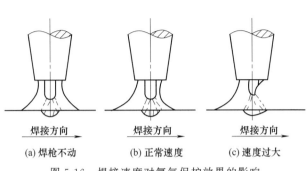

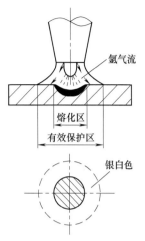

图 5-16　焊接速度对氩气保护效果的影响　　　　图 5-17　氩气有效保护区域

表 5-10　不锈钢焊缝颜色与保护效果的评定

| 焊缝颜色 | 银白色、金黄色 | 蓝　色 | 红灰色 | 黑灰色 |
|---|---|---|---|---|
| 保护效果 | 最好 | 良好 | 较好 | 差 |

表 5-11　铝及铝合金焊缝颜色与保护效果的评定

| 焊缝颜色 | 银白有光泽 | 白色无光泽 | 灰白色无光泽 | 灰黑无光泽 |
|---|---|---|---|---|
| 保护效果 | 最好 | 较好 | 差 | 最差 |

表 5-12　钛及钛合金焊缝颜色与保护效果的评定

| 焊缝颜色 | 亮银白色 | 橙黄、蓝紫色 | 青灰色 | 白色氧化钛粉末 |
|---|---|---|---|---|
| 保护效果 | 最好 | 较好 | 差 | 最差 |

### 8. 钨极伸出长度

为了防止电弧热烧坏喷嘴，钨极端部应突出喷嘴以外，其伸出长度对接焊时一般为 3～6mm，角焊缝时为 7～8mm。伸出长度过小，焊工不便于观察熔化状况，对操作不利；伸出长度过大，气体保护效果会受到一定的影响。

表 5-13 为铝及铝合金（平对接）手工交流钨极氩弧焊的焊接工艺参数。表 5-14 为不锈钢（平对接）手工直流钨极氩弧焊的焊接工艺参数。

表 5-13　铝及铝合金（平对接）手工交流钨极氩弧焊的焊接工艺参数

| 焊件厚度 /mm | 钨极直径 /mm | 焊接电流 /A | 焊丝直径 /mm | 喷嘴直径 /mm | 氩气流量 /(L/min) | 焊接速度 /(mm/min) |
|---|---|---|---|---|---|---|
| 1.2 | 1.6～2.4 | 45～75 | 1～2 | 6～11 | 3～5 |  |
| 2 | 1.6～2.4 | 80～110 | 2～3 | 6～11 | 3～5 | 180～230 |
| 3 | 2.4～3.2 | 100～140 | 2～3 | 7～12 | 6～8 | 110～160 |
| 4 | 3.2～4 | 140～210 | 3～4 | 7～12 | 6～8 | 100～150 |
| 5 | 4～6 | 210～300 | 4～5 | 10～12 | 8～12 | 80～130 |
| 6 | 5～6 | 240～300 | 5～6 | 12～14 | 12～16 | 80～130 |

表 5-14　不锈钢（平对接）手工直流钨极氩弧焊的焊接工艺参数

| 接头形式 | 焊件厚度 /mm | 钨极直径 /mm | 焊接电流 /A | 焊丝直径 /mm | 氩气流量 /(L/min) |
|---|---|---|---|---|---|
| 对接接头 （I 形坡口、间隙 0.5mm） | 0.8 | 1 | 18～20 | 1.2 | 6 |
|  | 1 | 2 | 20～25 | 1.6 | 6 |

笔记

续表

| 接头形式 | 焊件厚度 /mm | 钨极直径 /mm | 焊接电流 /A | 焊丝直径 /mm | 氩气流量 /(L/min) |
|---|---|---|---|---|---|
| 对接接头<br>（I形坡口、间隙0.5mm） | 1.5 | 2 | 25～30 | 1.6 | 7 |
| | 2 | 3 | 35～45 | 1.6～2 | 7～8 |
| 对接接头<br>（50°V形坡口，间隙、<br>钝边各0.5mm） | 2.5 | 3 | 60～80 | 1.6～2 | 8～9 |
| | 3 | 3 | 75～85 | 1.6～2 | 8～9 |
| | 4 | 3 | 75～90 | 2 | 9～10 |

### 三、脉冲TIG焊工艺

脉冲钨极氩弧焊与一般钨极氩弧焊的主要区别在于它能提供周期性脉冲式的焊接电流。周期性脉冲式的焊接电流包括基值电流（维弧电流）和脉冲电流，基值电流是用来维持电弧燃烧和预热电极与焊件，脉冲电流是用来熔化焊件和焊丝的。图5-18为脉冲焊接电流波形示意图。

脉冲钨极
氩弧焊

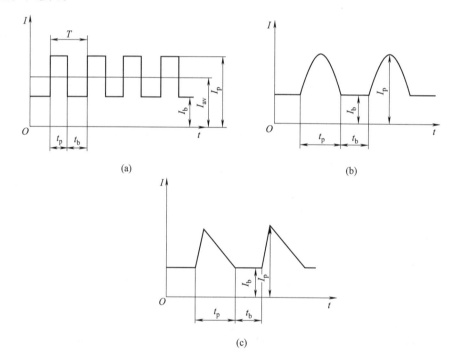

图5-18　脉冲焊接电流波形示意图

$T$—脉冲周期；$t_p$—脉冲电流时间；$t_b$—基值电流时间；$I_b$—基值电流；$I_{av}$—平均电流；$I_p$—脉冲电流

#### 1. 脉冲钨极氩弧焊原理

焊接时，脉冲电流产生的大而明亮的脉冲电弧和基值电流产生的小而暗淡的基值电弧交替作用在焊件上。当每一次脉冲电流通过时，焊件上就形成一个点状熔池，待脉冲电流停歇后，由于热量减少点状熔池结晶形成一个焊点。这时由基值电流来维持电弧燃烧，以便下一次脉冲电流来临时，脉冲电弧能可靠而稳定地复燃。下一个脉冲作用时，原焊点的一部分与焊件新的接头处产生一个新的点状熔池，如此循环，最后形成一条呈鱼鳞纹形的、由许多焊点连续搭接而成的链状焊缝，如图5-19所示。通过对脉冲电流、基值电流和脉冲电流持续时间等调节与控制，可改变和控制热输入，从而控制焊缝质量及尺寸。

笔记

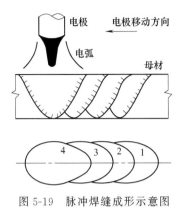

图 5-19 脉冲焊缝成形示意图
1~4—焊点

### 2. 脉冲钨极氩弧焊特点

（1）接头质量好 能有效控制焊接热输入和接头金属的高温停留时间，因此减小了焊缝和热影响区金属过热，提高了接头的力学性能，并可减少焊接变形与应力。

（2）扩大了氩弧焊的使用范围 脉冲钨极氩弧焊比钨极氩弧焊的焊缝厚度大，可焊板厚范围广。在减少平均电流的情况下，可焊接钨极氩弧焊不能焊接的薄板构件，用它焊接小于 0.1mm 薄钢板仍能获得满意结果。

（3）适用于全位置焊 采用脉冲电流后，可用较小的平均电流值进行焊接，减小了熔池体积，并且熔滴过渡和熔池金属加热是间歇性的，因此更易进行全位置焊接。

### 3. 脉冲钨极氩弧焊的焊接工艺参数

脉冲钨极氩弧焊的工艺参数除普通钨极氩弧焊的参数外，还有脉冲电流、基值电流、脉冲电流时间、基值电流时间、脉冲频率等。

（1）脉冲电流和脉冲电流时间 是决定焊缝成形尺寸的主要参数。如脉冲电流大，脉冲电流时间长，焊缝的熔深和熔宽都会增加，其中脉冲电流的作用比脉冲持续时间大。脉冲电流的选择主要取决于工件材料的性质与厚度，脉冲电流过大易产生咬边现象。

（2）基值电流 一般选用较小的基值电流，只要能维持电弧的稳定燃烧即可。在其他参数不变时，改变基值电流可调节工件的预热和熔池的冷却速度。

（3）基值电流时间 对焊缝成形尺寸的影响较小，如间隙时间太长，将明显减小对工件的热输入，使焊缝冷却时间增加；如间隙时间太短，又相当于"连续"焊，发挥不出脉冲焊的优点。

（4）脉冲频率 脉冲频率是通过改变脉冲电流时间和基值电流时间来进行调节的。常用的低频脉冲钨极氩弧焊机频率区间为 0.5~10 周/s。如果频率过高，第一个焊点来不及形成，第二个脉冲电流又来到，则不能显示出脉冲工艺的特点。

## 模块五 焊接工程实例

Q235 钢板对接手工钨极氩弧焊焊件及技术要求如图 5-20 所示。

## 一、焊前准备

（1）焊接设备 WS-300 型钨极氩弧焊机。

（2）氩气瓶及氩气流量调节器 AT-15 型。

（3）铈钨极 WCe-20，直径为 2.4mm。

（4）气冷式焊枪 QQ-85°/150-1 型。

（5）焊件 Q235 钢板，规格为 300mm×100mm×3mm，若干块。

（6）焊丝 ER49-1，直径为 2.0mm。

（7）焊件与焊丝清理 采用钢丝刷或砂布将焊接处和焊丝表面清理。

（8）装配及定位焊 定位焊时先焊焊件两端，然后在中间加定位焊点。必须待焊件边

笔 记

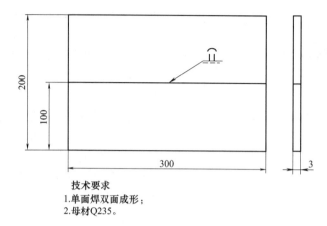

技术要求
1. 单面焊双面成形；
2. 母材Q235。

图 5-20　板对接手工钨极氩弧焊焊件及技术要求

缘熔化形成熔池再加入焊丝，定位焊缝宽度应小于最终焊缝宽度。定位焊也可以不填加焊丝，直接利用母材的熔合进行定位。定位焊之后，必须矫正焊件保证不错边，并作适当的反变形，以减小焊后变形。

TIG 焊板
对接平焊

## 二、焊接工艺参数

焊接工艺参数见表 5-15。

**表 5-15　焊接工艺参数**

| 焊接层次 | 钨极直径<br>/mm | 喷嘴直径<br>/mm | 钨极伸出长度<br>/mm | 氩气流量<br>/(L/min) | 焊丝直径<br>/mm | 焊接电流<br>/A |
|---|---|---|---|---|---|---|
| 底层焊 | 2.4 | 8～12 | 5～6 | 8～12 | 2.0 | 70～90 |
| 盖面焊 | 2.4 | 8～12 | 5～6 | 10～12 | 2.0 | 100～120 |

 笔记

## 三、焊接

### 1. 打底层焊接

采用左焊法，持枪姿势及焊丝、焊枪与焊件之间的角度，如图 5-21 所示。

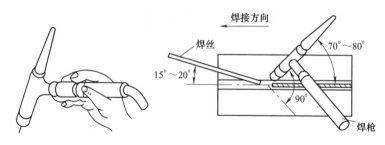

(a) 持枪姿势　　　　(b) 焊丝、焊枪与焊件相对位置

图 5-21　持枪姿势及焊丝、焊枪与焊件的相对位置

焊接时，将稳定燃烧的电弧移向定位焊缝的边缘，用焊丝迅速触及焊接部位进行试探，当感到该部位变软开始熔化时，立即填加焊丝，焊丝的填充一般采用断续点滴填充法，即焊丝端部在氩气保护区内，向熔池边缘以滴状往复加入，此时焊枪向前作微微摆

动。焊丝的填加和焊枪的运行动作要配合协调，焊枪要保持一定的弧长且平稳而均匀的前移。遇到定位焊缝时，可适当抬高焊枪，并加大焊枪与焊件间的角度，以保证焊透。

焊接过程中，若焊件间隙变小时，则应停止填丝，将电弧压低 1～2mm，直接进行击穿；当间隙增大时，应快速向熔池填加焊丝，然后向前移动焊枪，以避免产生烧穿和塌陷现象。如果发现有下沉趋向时，必须断电熄弧片刻，再重新引弧继续焊接。

### 2. 收弧和接头

一根焊丝用完后，焊枪暂不抬起，按下电流衰减开关，左手迅速更换焊丝，将焊丝端头置于熔池边缘之后，启动正常焊接电流，继续进行焊接。若条件不允许，则应先使用衰减电流，停止送丝，等待熔池缩小且凝固后，再移开焊枪。进行接头时，采用始焊时相同的方法引弧，将电弧拉至接头处，压低电弧，直接击穿坡口根部，形成新的熔池后，再填丝焊接。

### 3. 盖面焊

盖面焊应适当加大焊接电流。操作时，焊丝与焊件间的角度尽量减小，送丝速度相对快些且保持连续均匀。焊枪横向采用小锯齿形摆动，其幅度比打底层焊时稍大，在坡口两侧稍停留，保持熔池熔合坡口棱边 0.5～1mm，并根据焊缝的余高调节填丝量，以使焊缝表面均匀平整。

# 模块六　1＋X 考证题库

### 一、填空题

1. 氩气瓶外表涂_____色，并标有_____色的氩气字样。

2. 使用交流钨极氩弧焊焊接铝镁及其合金时，通常在回路中串联一个_____，以消除回路中产生的_____。

3. 钨极氩弧焊焊接铝时，电源一般采用_____。

4. 手工钨极氩弧焊设备主要由_____、_____、_____、_____等部分组成。

5. 低碳钢、低合金钢钨极氩弧焊时，电源应选用_____。

6. 钨极氩弧焊电源采用_____时，钨极是_____极，温度高、消耗快、寿命短，所以很少采用。

7. 钨极氩弧焊时，通常采用_____器来引弧，采用_____器来稳弧。

8. 钨极氩弧焊焊枪的作用是_____、_____、_____。

9. 在 WSJ-300 型号中，W 表示_____，S 表示_____，J 表示_____。

10. 钨极脉冲氩弧焊的焊接工艺参数除普通钨极氩弧焊的参数外，还有_____、_____、_____、_____、_____等。

### 二、判断题（正确的画"√"，错误的画"×"）

1. 氩气是惰性气体，具有高温下不分解又不与焊缝金属起化学反应的特性。（　　）

2. 手工钨极氩弧焊的有害因素较多，其中有微量的放射性，故尽量选用无放射性的钍钨极来代替有放射性的铈钨极。（　　）

3. 手工钨极氩弧焊较好的引弧方法是接触引弧法。（　　）

4. 手工钨极氩弧焊时，由于电弧受到氩气的压缩和冷却作用，使电弧热量集中，热影响区缩小，因此，焊接应力和变形较大，此法只适宜于厚板的焊接。（　　）

5. 钨极氩弧焊焊接铝镁合金一般采用交流电源，而不采用直流反接，因为直流反接时无阴极破碎现象。（　　）

笔 记

6. 钨极氩弧焊时，当焊接电流超过 150A 时，钨极和焊枪必须采用流动冷水来进行冷却。　（　　）

7. 手工钨极氩弧焊时，为增加保护效果，氩气的流量是越大越好。　（　　）

8. 脉冲氩弧焊时，基值电流只起维持电弧燃烧的作用。　（　　）

9. 钨极脉冲氩弧焊可焊接钨极氩弧焊不能焊接的超薄板，但不适宜于全位置焊。　（　　）

10. 钨极脉冲氩弧焊焊缝，实际上是由许多焊点连续搭接而成的。　（　　）

### 三、问答题

1. 钨极氩弧焊的特点是什么？

2. 钨极氩弧焊的焊接工艺参数主要有哪些？

3. 脉冲氩弧焊的原理是什么？有何特点？

# 焊 接 榜 样

## 焊接院士：关桥

　　关桥（1935.07.02—2022.12.26）。中国工程院院士，航空制造工程焊接专家。生于山西省太原市，籍贯山西襄汾。中国共产党党员。毕业于莫斯科鲍曼高等工学院，后又继续深造获技术科学副博士学位（K.T.H.）；现任中国航空制造工程研究院研究员；曾任中国焊接学会理事长、国际焊接学会（IIW）副主席。

　　关桥在焊接力学理论研究领域，有重要建树；是"低应力无变形焊接"新技术的发明人；解决了影响壳体结构安全与可靠性的焊接变形难题。

　　关桥长期从事航空制造工程中特种焊接科学研究工作，是我国航空焊接专业学科发展的带头人。指导了高能束流（电子束、激光束、等离子体）加工技术、扩散连接技术与超塑性成形/扩散连接组合工艺技术、搅拌摩擦焊接等项新技术的预先研究与工程应用开发；先后获国家发明奖二等奖一项，部级科学技术进步奖一等奖2项，二等奖4项。拥有2项国家发明专利。

笔记

　　关桥长期致力于我国焊接科学技术事业的发展。在担任中国焊接学会理事长期间，领导我国焊接学会，作为东道主，于1994年在北京成功地举办了国际焊接学会（IIW）第47届年会。

　　他注重人才培养和科研团队的建设。他获得多项国内国际大奖和荣誉称号：全国先进工作者（1989）、航空金奖（1991）和光华科技基金奖一等奖（1996）、何梁何利基金技术科学奖（1998）、国际焊接学会（IIW）终身成就奖（1999）、中国焊接终身成就奖（2005）、英国焊接研究所BROOKER奖章（2005）、中国机械工程学会科技成就奖（2006）、国际焊接学会FELLOW奖（IIW Fellow Award，2017）等。

　　关桥曾当选为中国共产党第11、12、13次全国代表大会代表，第六届全国人民代表大会代表，北京市第十届人民代表大会代表，中国人民政治协商会议第九届、第十届全国委员会科技界委员。

# 第六单元

# 气焊与气割

气焊与气割是利用可燃气体与助燃气体混合燃烧产生的气体火焰的热量作为热源，进行金属材料的焊接或切割的加工工艺方法。气焊在电弧焊广泛应用之前，是一种比较广泛应用的焊接方法。尽管现在电弧焊及先进焊接方法迅速发展和广泛应用，气焊的应用范围越来越小，但在铜、铝等有色金属及铸铁的焊接领域仍有其独特优势。气割和焊接几乎是同时诞生的"孪生兄弟"，构成金属材料的一"裁"一"缝"，气割和焊接一样也是应用量最大、覆盖面广的重要加工工艺方法。

## 模块一　认识气体火焰

气焊与气割的热源是气体火焰。产生气体火焰的气体有可燃气体和助燃气体，可燃气体有乙炔、液化石油气等，助燃气体是氧气。气焊常用的是氧气与乙炔燃烧产生的气体火焰——氧-乙炔焰，气割的预热火焰除氧-乙炔焰外，还有氧气与液化石油气燃烧产生的气体火焰——氧-液化石油气火焰等。

### 一、产生气体火焰的气体

#### 1. 氧气

在常温、常态下氧是气态，氧气的分子式为 $O_2$。氧气本身不能燃烧，但能帮助其他可燃物质燃烧，具有强烈的助燃作用。

氧气的纯度对气焊与气割的质量、生产率和氧气本身的消耗量都有直接影响。气焊与气割对氧气的要求是纯度越高越好。气焊与气割用的工业用氧气一般分为两级：一级纯度氧气含量不低于 $99.2\%$，二级纯度氧气含量不低于 $98.5\%$。

一般情况下，由氧气厂和氧气站供应的氧气可以满足气焊与气割的要求。对于质量要求较高的气焊应采用一级纯度的氧。气割时，氧气纯度不应低于 $98.5\%$。

> **小提示**　工业中常用的高压氧气，如果与油脂等易燃物质相接触时，就会发生剧烈的氧化反应而使易燃物自行燃烧，甚至发生爆炸。因此在操作中，切不可使氧气瓶瓶阀、氧气减压器、焊炬、割炬、氧气皮管等沾染上油脂。

## 2. 乙炔

乙炔是由电石（碳化钙）和水相互作用分解而得到的一种无色而带有特殊臭味的碳氢化合物，其分子式为 $C_2H_2$。

乙炔是可燃性气体，它与空气混合时所产生的火焰温度为 2350℃，而与氧气混合燃烧时所产生的火焰温度为 3000～3300℃，因此足以迅速熔化金属进行焊接和切割。

乙炔是一种具有爆炸性的危险气体，在一定压力和温度下很容易发生爆炸。乙炔爆炸时会产生高热，特别是产生高压气浪，其破坏力很强，因此使用乙炔时必须要注意安全。

> **小提示**　乙炔与铜或银长期接触后生成的乙炔铜（$Cu_2C_2$）或乙炔银（$Ag_2C_2$），是一种爆炸性的化合物，它们受到剧烈震动或者加热到 110～120℃ 就会引起爆炸。所以凡是与乙炔接触的器具设备禁止用银或含铜量超过 70% 的铜合金制造。乙炔和氯、次氯酸盐等反应会发生燃烧和爆炸，所以乙炔燃烧时，绝对禁止用四氯化碳来灭火。

## 3. 液化石油气

液化石油气的主要成分是丙烷（$C_3H_8$）、丁烷（$C_4H_{10}$）、丙烯（$C_3H_6$）等碳氢化合物，在常压下以气态存在，在 0.8～1.5MPa 压力下，就可变成液态，便于装入瓶中储存和运输，液化石油气由此而得名。

液化石油气与乙炔一样，与空气或氧气形成的混合气体具有爆炸性，但比乙炔安全得多。

液化石油气的火焰温度比乙炔的火焰温度低，其在氧气中的燃烧温度为 2800～2850℃；液化石油气在氧气中的燃烧速度低，约为乙炔的 1/3，其完全燃烧所需氧气量比乙炔所需氧气量大。因此，用于气割时，金属预热时间稍长，但其切割质量容易保证，割口光洁，不渗碳，质量比较好。

由于液化石油气价格低廉，比乙炔安全，质量比较好，目前国内外已把液化石油气作为一种新的可燃气体来逐渐代替乙炔。液化石油气在气割中已有成熟技术，广泛应用于钢材的气割和低熔点的有色金属焊接中，如黄铜焊接、铝及铝合金焊接等。

> **小提示**　可燃气体除了乙炔、液化石油气外，还有丙烯、天然气、焦炉煤气、氢气以及丙炔、丙烷与丙烯的混合气体、乙炔与丙烯的混合气体、乙炔与丙烷的混合气体、乙炔与乙烯的混合气体及以丙烷、丙烯、液化石油气为原料，再辅以一定比例的添加剂的气体和经雾化后的汽油。这些气体主要用于气割，但综合效果均不及液化石油气。

## 二、气体火焰的种类与性质

### 1. 氧-乙炔焰

氧-乙炔焰的外形、构造、火焰的化学性质和火焰温度的分布与氧气和乙炔的混合比大小有关。根据混合比的大小不同，可得到性质不同的三种火焰：中性焰、碳化焰和氧化焰，如图 6-1 所示。氧-乙炔焰三种火焰的特点见表 6-1。

笔记

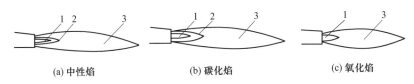

(a) 中性焰    (b) 碳化焰    (c) 氧化焰

图 6-1　氧-乙炔焰的构造和形状

1—焰心；2—内焰；3—外焰

表 6-1　氧-乙炔焰种类及特点

| 火焰种类 | 氧与乙炔混合比 | 火焰最高温度 | 火 焰 特 点 |
|---|---|---|---|
| 中性焰 | 1.1～1.2 | 3050～3150℃ | 氧与乙炔充分燃烧，既无过剩氧，也无过剩的乙炔。焰心明亮，轮廓清楚，内焰具有一定的还原性 |
| 碳化焰 | 小于1.1 | 2700～3000℃ | 乙炔过剩，火焰中有游离状态的碳和氢，具有较强的还原作用，也有一定的渗碳作用。碳化焰整个火焰比中性焰长 |
| 氧化焰 | 大于1.2 | 3100～3300℃ | 火焰中有过量的氧，具有强烈的氧化性，整个火焰较短，内焰和外焰层次不清 |

### 2. 氧-液化石油气火焰

　　氧-液化石油气火焰的构造，同氧-乙炔火焰基本一样，也分为氧化焰、碳化焰和中性焰三种。其焰心也有部分分解反应，不同的是焰心分解产物较少，内焰不像乙炔那样明亮，而有点发蓝，外焰则显得比氧-乙炔焰清晰而且较长。由于液化石油气的着火点较高，使得点火较乙炔困难，必须用明火才能点燃。氧-液化石油气的温度比乙炔焰略低，温度可达 2800～2850℃。目前氧液化石油气火焰主要用于气割，并部分的取代了氧-乙炔焰。

气焊原理

# 模块二　气　　焊

　　气焊是利用气体火焰作热源的一种熔焊方法。常用氧气和乙炔混合燃烧的火焰进行焊接，故又称为氧-乙炔焊。

## 一、气焊原理、特点及应用

### 1. 气焊原理

　　气焊是利用可燃气体和氧气通过焊炬按一定的比例混合，获得所要求的火焰能率和性质的火焰作为热源，熔化被焊金属和填充金属，使其形成牢固的焊接接头。

　　气焊时，先将焊件的焊接处金属加热到熔化状态形成熔池，并不断地熔化焊丝向熔池中填充，气体火焊覆盖在熔化金属的表面上起保护作用，随着焊接过程的进行，熔化金属冷却形成焊缝，气焊过程如图 6-2 所示。

### 2. 气焊的特点及应用

　　气焊的优点是：设备简单，操作方便，成本低，适应性强，在无电力供应的地方可

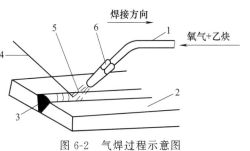

图 6-2　气焊过程示意图

1—混合气管；2—焊件；3—焊缝；

4—焊丝；5—气焊火焰；6—焊嘴

方便焊接；可以焊接薄板、小直径薄壁管；焊接铸铁、有色金属、低熔点金属及硬质合金时质量较好。

气焊的缺点是：火焰温度低，加热分散，热影响区宽，焊件变形大和过热严重，接头质量不如焊条电弧焊容易保证；生产率低，不易焊较厚的金属；难以实现自动化。

因此，气焊目前在工业生产中主要用于焊接薄板、小直径薄壁管、铸铁、有色金属、低熔点金属及硬质合金等。此外气焊火焰还可用于钎焊、喷焊和火焰矫正等。

## 二、气焊焊接材料

### 1. 气焊丝

气焊用的焊丝在气焊中起填充金属作用，与熔化的母材一起形成焊缝。常用的气焊丝有碳素结构钢焊丝、合金结构钢焊丝、不锈钢焊丝、铜及铜合金焊丝、铝及铝合金焊丝和铸铁气焊丝等。碳素结构钢焊丝、合金结构钢焊丝、不锈钢焊丝的牌号及用途见表 6-2。铜及铜合金、铝及铝合金及铸铁气焊丝的型号、牌号、化学成分及用途分别见表 6-3～表 6-5。

表 6-2　钢焊丝的牌号及用途

| 碳素结构钢焊丝 | | 合金结构钢焊丝 | | 不锈钢焊丝 | |
|---|---|---|---|---|---|
| 牌号 | 用途 | 牌号 | 用途 | 牌号 | 用途 |
| H08 | 焊接一般低碳钢结构 | H10Mn2 | 用途与 H08Mn 相同 | H022Cr21Ni10 | 焊接超低碳不锈钢 |
| | | H08Mn2Si | | | |
| H08A | 焊接较重要低、中碳钢及某些低合金钢结构 | H10Mn2Mo | 焊接普通低合金钢 | H06Cr21Ni10 | 焊接 18-8 型不锈钢 |
| H08E | 用途与 H08A 相同，工艺性能较好 | H10Mn2MoV | 焊接普通低合金钢 | H07Cr21Ni10 | 焊接 18-8 型不锈钢 |
| H08Mn | 焊接较重要的碳素钢及普通低合金钢结构，如锅炉、受压容器等 | H08CrMo | 焊接铬钼钢等 | H06Cr19Ni10Ti | 焊接 18-8 型不锈钢 |
| H08MnA | 用途与 H08Mn 相同，但工艺性能较好 | H18CrMoA | 焊接结构钢，如铬钼钢、铬锰硅钢等 | H10Cr24Ni13 | 焊接高强度结构钢和耐热合金钢等 |
| H15A | 焊接中等强度工件 | H30CrMnSi | 焊接铬锰硅钢 | H11Cr26Ni21 | 焊接高强度结构钢和耐热合金钢等 |
| H15Mn | 焊接中等强度工件 | H10CrMoA | 焊接耐热合金钢 | | |

表 6-3　铜及铜合金焊丝的型号、牌号、化学成分及用途

| 焊丝型号 | 焊丝牌号 | 名称 | 主要化学成分/% | 熔点/℃ | 用途 |
|---|---|---|---|---|---|
| SCu1898 (CuSn1) | HS201 | 纯铜焊丝 | Sn(≤1.0)，Si(0.35～0.5)，Mn(0.35～0.5)，其余为 Cu | 1083 | 纯铜的气焊、氩弧焊及等离子弧焊等 |
| SCu6560 (CuSi3Mn) | HS211 | 青铜焊丝 | Si(2.8～4.0)，Mn(≤1.5)，其余为 Cu | 958 | 青铜的气焊、氩弧焊及等离子弧焊等 |
| SCu4700 (CuZn40Sn) | HS221 | 黄铜焊丝 | Cu(57～61)，Sn(0.25～1.0)，其余为 Zn | 886 | |
| SCu6800 (CuZn40Ni) | HS222 | 黄铜焊丝 | Cu(56～60)，Sn(0.8～1.1)，Si(0.05～0.15)，Fe(0.25～1.20)，Ni(0.2～0.8)，其余为 Zn | 860 | 黄铜的气焊、氩弧焊及等离子弧焊等 |
| SCu6810A (CuZn40 SnSi) | HS223 | 黄铜焊丝 | Cu(58～62)，Si(0.1～0.5)，Sn(≤1.0)，其余为 Zn | 905 | |

表 6-4　铝及铝合金焊丝的型号、牌号、化学成分及用途

| 焊丝型号 | 焊丝牌号 | 名称 | 主要化学成分/% | 熔点/℃ | 用途 |
|---|---|---|---|---|---|
| SAl1450<br>（Al99.5Ti） | HS301 | 纯铝焊丝 | Al≥99.5 | 660 | 纯铝的气焊及氩弧焊 |
| SAl4043<br>（AlSi5） | HS311 | 铝硅合金焊丝 | Si(4.5～6),其余为 Al | 580～610 | 焊接除铝镁合金外的铝合金 |
| SAl3103<br>（AlMn1） | HS321 | 铝锰合金焊丝 | Mn(1.0～1.6)其余为 Al | 643～654 | 铝锰合金的气焊及氩弧焊 |
| SAl5556<br>（AlMg5Mn1Ti） | HS331 | 铝镁合金焊丝 | Mg(4.7～5.5),Mn(0.5～1.0),<br>Ti(0.05～0.2),其余为 Al | 638～660 | 焊接铝镁合金及铝锌镁合金 |

表 6-5　铸铁气焊丝的型号、牌号、化学成分及用途

| 焊丝型号、牌号 | 化学成分/% | | | | | 用途 |
|---|---|---|---|---|---|---|
| | C | Mn | S | P | Si | |
| RZC-1 | 3.20～3.50 | 0.6～0.75 | ≤0.10 | 0.5～0.75 | 2.7～3.0 | 焊补灰铸铁 |
| RZC-2 | 3.5～4.5 | 0.3～0.8 | ≤0.1 | ≤0.05 | 3.0～3.8 | |
| RZCQ-1 | 3.2～4.2 | 0.1～0.4 | ≤0.015 | ≤0.05 | 3.2～3.8 | 焊补球墨铸铁 |
| RZCQ-2 | 3.5～4.2 | 0.5～0.8 | ≤0.03 | ≤0.10 | 3.5～4.2 | |

### 2. 气焊熔剂

气焊熔剂是气焊时的助熔剂，其作用是与熔池内的金属氧化物或非金属夹杂物相互作用生成熔渣，覆盖在熔池表面，使熔池与空气隔离，因而能有效防止熔池金属的继续氧化，改善了焊缝的质量。所以焊接有色金属（如铜及铜合金、铝及铝合金）、铸铁及不锈钢等材料时，必须采用气焊熔剂。

气焊熔剂可以在焊前直接撒在焊件坡口上或者蘸在气焊丝上加入熔池。常用的气焊熔剂的牌号、性能及用途见表 6-6。

表 6-6　气焊熔剂的牌号、性能及用途

| 熔剂牌号 | 名称 | 基本性能 | 用途 |
|---|---|---|---|
| CJ101 | 不锈钢及耐热钢气焊熔剂 | 熔点为 900℃,有良好的湿润作用,能防止熔化金属被氧化,焊后熔渣易清除 | 用于不锈钢及耐热钢气焊 |
| CJ201 | 铸铁气焊熔剂 | 熔点为 650℃,呈碱性反应,具有潮解性,能有效地去除铸铁在气焊时所产生的硅酸盐和氧化物,有加速金属熔化的功能 | 用于铸铁件气焊 |
| CJ301 | 铜气焊熔剂 | 系硼基盐类,易潮解,熔点约为 650℃。呈酸性反应,能有效地熔解氧化铜和氧化亚铜 | 用于铜及铜合金气焊 |
| CJ401 | 铝气焊熔剂 | 熔点约为 560℃,呈酸性反应,能有效地破坏氧化铝膜,因极易吸潮,在空气中能引起铝的腐蚀,焊后必须将熔渣清除干净 | 用于铝及铝合金气焊 |

📝 笔记

## 三、气焊设备及工具

气焊设备及工具主要有：氧气瓶、乙炔瓶、液化石油气瓶、减压器、焊炬等，其组成如图 6-3 所示。

### 1. 氧气瓶

氧气瓶是储存和运输氧气的一种高压容器，其形状和构造如图 6-4 所示。氧气瓶外表涂天蓝色，瓶体上用黑漆标注"氧气"字样。常用气瓶的容积为 40L，在 15MPa 压力下，可储存 $6m^3$ 的氧气。

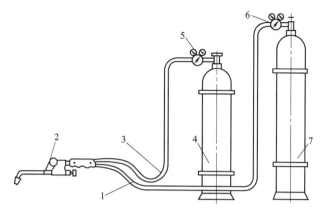

图 6-3  气焊设备组成
1—氧气胶管；2—焊炬；3—乙炔胶管；4—乙炔瓶；5—乙炔减压器；
6—氧气减压器；7—氧气瓶

### 2. 乙炔瓶

乙炔瓶是一种储存和运输乙炔的容器，其形状和构造如图 6-5 所示。乙炔瓶外表涂白色，并用红漆标注"乙炔"字样。瓶口装有乙炔瓶阀，但阀体旁侧没有侧接头，因此必须使用带有夹环的乙炔减压器。乙炔瓶的工作压力为 1.5MPa，在瓶体内装有浸满着丙酮的多孔性填料，能使乙炔安全地储存在乙炔瓶内。

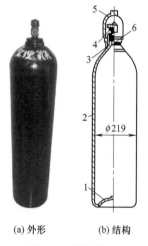

(a) 外形        (b) 结构
图 6-4  氧气瓶
1—瓶底；2—瓶体；3—瓶箍；4—氧气瓶阀；
5—瓶帽；6—瓶头

(a) 外形        (b) 结构
图 6-5  乙炔瓶
1—瓶口；2—瓶帽；3—瓶阀；4—石棉；
5—瓶体；6—多孔填料；7—瓶底

### 3. 液化石油气钢瓶

液化石油气钢瓶是储存液化石油气的专用容器，是焊接钢瓶，其壳体采用气瓶专用钢焊接而成，如图 6-6 所示。按用量及使用方式，气瓶容量有 15kg、20kg、30kg、50kg 等多种规格。工业上常采用 30kg，如企业用量大，还可以制成容量为 1t 、2t 或更大的储气罐。气瓶最大工作压力 1.6MPa，水压试验的压力为 3MPa。工业用液化石油气瓶外表面涂棕色漆，并用白漆写有"工业用液化气"字样。

#### 4. 减压器

减压器又称压力调节器，它是将气瓶内的高压气体降为工作时的低压气体的调节装置。

（1）减压器的作用及分类 减压器的作用是将气瓶内的高压气体（如氧气瓶内的氧气压力最高达 15MPa，乙炔瓶内的乙炔压力最高达 1.5MPa）降为工作时所需的压力（氧气的工作压力一般为 0.1～0.4MPa，乙炔的工作压力最高不超过 0.15MPa），并保持工作时压力稳定。

减压器按用途不同可分为氧气减压器、乙炔减压器、液化石油气减压器等；按构造不同可分为单级式和双级式两类；按工作原理不同可分为正作用式和反作用式两类。目前常用的是单级反作用式减压器。

（2）氧气减压器 单级反作用式氧气减压器的构造及工作原理如图 6-7 所示。

当减压器在非工作状态时，调压手柄向外旋出，调压弹簧处于松弛状态，使活门被活门弹簧压下，关闭通道，由气瓶流入高压室的高压气体不能从高压室流入低压室。

图 6-6 工业用液化石油气钢瓶

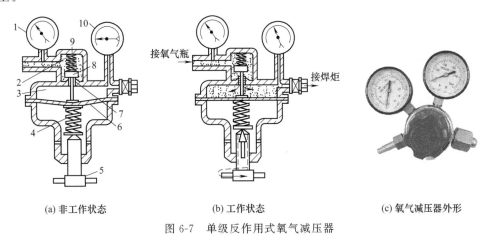

(a) 非工作状态  (b) 工作状态  (c) 氧气减压器外形

图 6-7 单级反作用式氧气减压器

1—高压表；2—高压室；3—低压室；4—调压弹簧；5—调压手柄；6—薄膜；
7—通道；8—活门；9—活门弹簧；10—低压表

当减压器工作时，调压手柄向内旋入，调压弹簧受压缩而产生向上的压力，并通过弹性薄膜将活门顶开，高压气体从高压室流入低压室。气体从高压室流入低压室时，由于体积膨胀而使压力降低，起到了减压作用。

气体流入低压室后，对弹性薄膜产生了向下的压力，并传递到活门，影响活门的开启。当低压室的气体输出量降低而压力升高时，活门的开启度缩小，减小了流入低压室的气体，使低压室内气体压力不会增高。同样，当低压室的气体输出量增加而压力降低时，活门的开启度增大，流入低压室的气体增多，使低压室内气体压力增高。这种自动调节作用，使低压室内气体的压力稳定地保持着工作压力，这就是减压器的稳压作用。

图 6-8  乙炔减压器

（3）乙炔减压器  乙炔瓶用减压器的构造、工作原理和使用方法与氧气减压器基本相同，所不同的是乙炔减压器与乙炔瓶的连接是用特殊的夹环并借用紧固螺钉加以固定，如图 6-8 所示。

（4）液化石油气用的减压器  液化石油气用的减压器的作用也是将气瓶内的压力降至工作压力和稳定输出压力，保证供气量均匀。一般民用的减压器稍加改制即可用于切割一般厚度的钢板。另外，液化石油气减压器也可以直接使用丙烷减压器。如果用乙炔瓶灌装液化石油气，则可使用乙炔减压器。

（5）减压器常见故障及排除  减压器常见故障及其排除方法见表 6-7。

表 6-7  减压器常见故障及其排除方法

| 故 障 特 征 | 可 能 产 生 原 因 | 排 除 方 法 |
|---|---|---|
| 减压器连接部分漏气 | （1）螺钉配合松动<br>（2）垫圈损坏 | （1）压紧螺钉<br>（2）调换垫圈 |
| 安全阀漏气 | 活门填料与弹簧产生变形 | 调整弹簧或更换活门填料 |
| 减压器罩壳漏气 | 弹性薄膜装置中薄膜损坏 | 拆开、更换膜片 |
| 调节螺钉已旋松,但低压力表有缓慢上升的自流现象 | （1）减压器活门或活门座上有污物<br>（2）减压活门或活门座有损坏<br>（3）副弹簧损坏 | （1）去除污物<br>（2）调换减压活门<br>（3）调换副弹簧 |
| 减压器使用时压力下降过大 | 减压活门密封不良或有堵塞 | 去除或调换密封填料 |
| 工作过程中,发现供气不足或压力表指针有较大摆动 | （1）减压活门产生冻结<br>（2）氧气瓶阀开启不足 | （1）用热水或蒸汽加热解冻<br>（2）加大瓶阀开启程度 |
| 高、低压力表指针不回到零值 | 压力表损坏 | 修理或调换 |

### 5. 焊炬

（1）焊炬的作用及分类  焊炬是气焊时用于控制气体混合比、流量及火焰并进行焊接的工具。焊炬的作用是将可燃气体和氧气按一定比例混合，并以一定的速度喷出燃烧而生成具有一定能量、成分和形状稳定的火焰。

焊炬按可燃气体与氧气混合的方式不同，可分为射吸式焊炬（也称低压焊炬）和等压式焊炬两类，现在常用的是射吸式焊炬，等压式焊炬可燃气体的压力和氧气的压力相等，不能用于低压乙炔，所以目前很少使用。

（2）射吸式焊炬的构造及原理  射吸式焊炬的外形及构造如图 6-9 所示。焊炬工作时，打开氧气阀，氧气即从喷嘴口快速射出，并在喷嘴外围造成负压（吸力）；再打开乙炔调节阀，乙炔气聚集在喷嘴的外围。由于氧射流负压的作用，聚集在喷嘴外围的乙炔气很快被氧气吸出，并按一定的比例与氧气混合，经过射吸管、混合气管从焊喷嘴出。

（3）焊炬型号的表示方法  焊炬型号是由汉语拼音字母 H、表示结构形式、操作方式适用燃气种类的序号及最大焊接加热厚度组成。

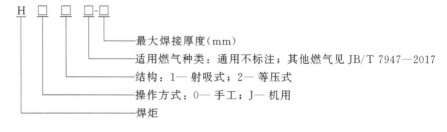

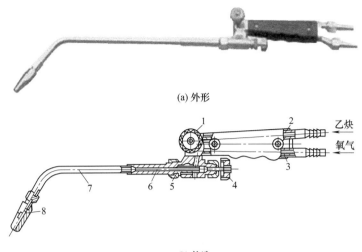

(a) 外形

(b) 构造

图 6-9 射吸式焊炬

1—乙炔阀；2—乙炔导管；3—氧气导管；4—氧气阀；

5—喷嘴；6—射吸管；7—混合气管；8—焊嘴

如 H01-6 表示手工操作的可焊接最大厚度为 6mm 的射吸式焊炬。

**小提示**　对于新使用的射吸式焊炬，必须检查其射吸情况。即接上氧气胶管，拧开氧气阀和乙炔阀，将手指轻轻按在乙炔进气管接头上，若感到有一股吸力，则表明射吸能力正常，若没有吸力，甚至氧气从乙炔接头上倒流，则表明射吸能力不正常，则不能使用。

 笔记

#### 6. 输气胶管

氧气瓶和乙炔瓶中的气体，须用橡皮管输送到焊炬或割炬中。根据 GB/T 2550—2016《气体焊接设备焊接、切割和类似作业用橡胶软管》标准规定，氧气管为蓝色，乙炔管为红色。通常氧气管内径为 8mm，乙炔管内径为 10mm，氧气管与乙炔管强度不同，氧气管允许工作压力为 1.5MPa，乙炔管为 0.5MPa。连接于焊炬胶管长度不能短于 5m，但太长了会增加气体流动的阻力，一般在 10～15m 为宜。焊炬用橡皮管禁止油污及漏气，并严禁互换使用。

#### 7. 其他辅助工具

（1）护目镜　气焊时使用护目镜，主要是保护焊工的眼睛不受火焰亮光的刺激，以便在焊接过程中能够仔细地观察熔池金属，又可防止飞溅金属微粒溅入眼睛内。护目镜的镜片颜色和深浅，根据焊工的需要和被焊材料性质进行选用。颜色太深太浅都会妨碍对熔池的观察，影响工作效率，一般宜用 3～7 号的黄绿色镜片。

（2）点火枪　使用手枪式点火枪点火最为安全方便。当用火柴点火时，必须把划着了的火柴从焊嘴的后面送到焊嘴或割嘴上，以免手被烧伤。

此外还有清理工具，如钢丝刷、手锤、锉刀；连接和启闭气体通路的工具，如钢丝钳、铁丝、皮管夹头、扳手等及清理焊嘴的通针。

### 四、气焊工艺

#### 1. 接头形式及焊接方向

（1）接头形式　气焊可以在平、立、横、仰各种空间位置进行焊接，气焊的接头形式有对接接头、卷边接头、角接接头等，如图 6-10 所示。对接接头是气焊采用的主要接头形式，角接接头、卷边接头一般只在薄板焊接时使用，搭接接头、T 形接头很少采用。对接接头时，当板厚大于 5mm 时应开坡口。低碳钢的卷边接头及对接接头的形状和尺寸如表 6-8 所示。

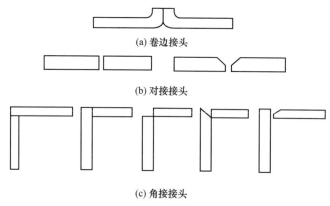

(a) 卷边接头

(b) 对接接头

(c) 角接接头

图 6-10　气焊接头形式

表 6-8　低碳钢的卷边接头及对接接头的形状和尺寸

| 接头形式 | 板厚/mm | 卷边及钝边/mm | 间隙/mm | 坡口角度/(°) | 焊丝直径/mm |
|---|---|---|---|---|---|
| 卷边接头 | 0.5～1.0 | 1.5～2.0 | | | 不用 |
| I 形坡口对接接头 | 1.0～5.0 | | 1.0～4.0 | | 2.0～4.0 |
| V 形坡口对接接头 | ＞5.0 | 1.5～3.0 | 2.0～4.0 | 左向焊法 80,右向焊法 60 | 3.6～6.0 |

（2）焊接方向　气焊时，按照焊炬和焊丝的移动方向，可分为左向焊法和右向焊法两种。

① 右向焊法　右向焊法如图 6-11（a）所示，焊炬指向焊缝，焊接过程自左向右，焊炬在焊丝面前移动。右向焊法适合焊接厚度较大，熔点及导热性较高的焊件，但不易掌握，一般较少采用。

② 左向焊法　左向焊法如图 6-11（b）所示，焊炬是指向焊件未焊部分，焊接过程自右向左，而且焊炬是跟着焊丝走。这种方法操作简便，容易掌握，适宜于薄板的焊接，是普遍应用的方法。左向焊法缺点是焊缝易氧化，冷却较快，热量利用率低。

#### 2. 气焊工艺参数

气焊工艺参数包括焊丝、气焊熔剂、火焰的性质及能率、焊嘴尺寸及焊嘴的倾斜角度、焊接方向、焊接速度等，它们是保证焊接质量的主要技术依据。

（1）焊丝　焊丝的型号、牌号选择应根据焊件材料的力学性能或化学成分，选择相应性能或成分的焊丝，具体见表 6-2～表 6-5。焊丝直径主要根据焊件的厚度来决定，焊丝直径与焊件厚度的关系见表 6-9。

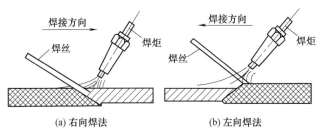

图 6-11  右向焊法和左向焊法

表 6-9  焊丝直径与焊件厚度的关系

| 焊件厚度/mm | 1～2 | 2～3 | 3～5 | 5～10 | 10～15 |
|---|---|---|---|---|---|
| 焊丝直径/mm | 1～2 或不用焊丝 | 2～3 | 3～3.2 | 3.2～4 | 4～5 |

若焊丝直径过细，焊接时焊件尚未熔化，而焊丝已很快熔化下滴，容易造成熔合不良等缺陷；相反，如果焊丝直径过粗，焊丝加热时间增加，使焊件过热就会扩大热影响区，同时导致焊缝产生未焊透等缺陷。

在开坡口焊件的第一、二层焊缝焊接，应选用较细的焊丝，以后各层焊缝可采用较粗焊丝。焊丝直径还和焊接方向有关，一般右向焊时所选用的焊丝要比左向焊时粗些。

（2）气焊熔剂  气焊熔剂的选择要根据焊件的成分及其性质而定，一般碳素结构钢气焊时不需要气焊熔剂。而不锈钢、耐热钢、铸铁、铜及铜合金、铝及铝合金气焊时，则必须采用气焊熔剂。气焊熔剂牌号的选择详见表 6-6。

（3）火焰的性质及能率

① 火焰的性质  气焊火焰的性质，应该根据不同材料的焊件合理的选择。中性焰适用于焊接一般低碳钢和要求焊接过程对熔化金属不渗碳的金属材料，如不锈钢、紫铜、铝及铝合金等；碳化焰只适用含碳较高的高碳钢、铸铁、硬质合金及高速钢的焊接；氧化焰很少采用，但焊接黄铜时，采用含硅焊丝，氧化焰会使熔化金属表面覆盖一层硅的氧化膜，可阻止黄铜中锌的蒸发，故通常焊接黄铜时，宜采用氧化焰。各种金属材料气焊火焰的选用见表 6-10。

笔记

表 6-10  各种金属材料气焊火焰的选用

| 材料种类 | 火焰种类 | 材料种类 | 火焰种类 |
|---|---|---|---|
| 低、中碳钢 | 中性焰 | 铝镍钢 | 中性焰或乙炔稍多的中性焰 |
| 低合金钢 | 中性焰 | 锰钢 | 氧化焰 |
| 紫铜 | 中性焰 | 镀锌铁板 | 氧化焰 |
| 铝及铝合金 | 中性焰或轻微碳化焰 | 高速钢 | 碳化焰 |
| 铅、锡 | 中性焰 | 硬质合金 | 碳化焰 |
| 青铜 | 中性焰或轻微氧化焰 | 高碳钢 | 碳化焰 |
| 不锈钢 | 中性焰或轻微碳化焰 | 铸铁 | 碳化焰 |
| 黄铜 | 氧化焰 | 镍 | 碳化焰或中性焰 |

② 火焰能率  气焊火焰能率主要是根据每小时可燃气体（乙炔）的消耗量（L/h）来确定，而气体消耗量又取决于焊嘴的大小。焊嘴号码越大，火焰的能率也越大。在生产实际中，焊件较厚，金属材料熔点较高，导热性较好（如铜、铝及合金），焊缝又是平焊位置，则应选择较大的火焰能率；反之，如果焊接薄板或其他位置焊缝时，火焰能率要适当减小。

（4）焊嘴尺寸及焊嘴的倾斜角度　焊嘴是氧乙炔混合气体的喷口，每把焊炬备有一套口径不同的焊嘴，焊接较厚的焊件应用较大的焊嘴。焊嘴选用见表6-11。

表 6-11　不同厚度焊件的焊嘴选用

| 焊嘴号 | 1 | 2 | 3 | 4 | 5 |
|---|---|---|---|---|---|
| 焊件厚度/mm | <1.5 | 1～3 | 2～4 | 4～7 | 7～11 |

焊炬的倾斜角度，主要取决于焊件的厚度和母材的熔点及导热性。焊件愈厚、导热性及熔点愈高，采用的焊炬倾斜角越大，这样可使火焰的热量集中；相反，则采用较小的倾斜角。焊接碳素钢，焊炬倾斜角与焊件厚度的关系如图6-12所示。

在气焊过程中，焊丝与焊件表面的倾斜角一般为30°～40°，焊丝与焊炬中心线的角度为90°～100°，如图6-13所示。

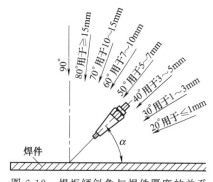

图 6-12　焊炬倾斜角与焊件厚度的关系

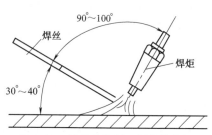

图 6-13　焊丝与焊炬、焊件的位置

（5）焊接速度　一般情况下，厚度大、熔点高的焊件，焊接速度要慢些，以免产生未熔合的缺陷；厚度小、熔点低的焊件，焊接速度要快些，以免烧穿和使焊件过热，降低产品质量。总之，在保证焊接质量的前提下，应尽量加快焊接速度，以提高生产率。

✎ 笔记

# 模块三　气　　割

气割是利用气体火焰的能量将金属分离的一种加工方法，是生产中钢材分离的重要手段。气割技术的应用几乎覆盖了机械、造船、军工、石油化工、矿山机械及交通能源等多种工业领域。

## 一、气割原理及特点

### 1. 气割的原理和过程

气割是利用气体火焰的热能，将工件切割处预热到燃烧温度后，喷出高速切割氧流，使其燃烧并放出热量实现切割的方法。氧气切割过程包括下列三个阶段。

（1）气割开始时，用预热火焰将起割处的金属预热到燃烧温度（燃点）。

（2）向被加热到燃点的金属喷射切割氧，使金属剧烈地燃烧。

（3）金属燃烧氧化后生成熔渣和产生反应热，熔渣被切割氧吹除，所产生的热量和预热火焰热量将下层金属加热到燃点，这样继续下去就将金属逐渐地割穿，随着割炬的移动，就切割成所需的形状和尺寸。

因此，氧气切割过程是预热—燃烧—吹渣过程，其实质是铁在纯氧中的燃烧过程，而不是熔化过程。气割过程如图 6-14 所示。

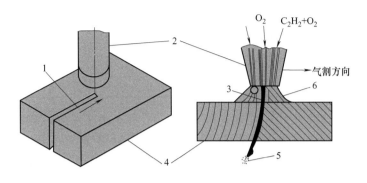

气割过程

图 6-14　气割过程
1—割缝；2—割嘴；3—氧气流；4—工件；5—氧化物；6—预热火焰

### 2. 气割的特点及应用

（1）气割的优点

① 切割效率高，切割钢的速度比其他机械切割方法快。

② 机械方法难以切割的截面形状和厚度，采用氧-乙炔焰切割比较经济。

③ 切割设备的投资比机械切割设备的投资低，切割设备轻便，可用于野外作业。

④ 切割小圆弧时，能迅速改变切割方向。切割大型工件时，不用移动工件，借助移动氧-乙炔火焰，便能迅速切割。

⑤ 可进行手工和机械切割。

（2）气割的缺点

① 切割的尺寸公差，劣于机械方法。

② 预热火焰和排出的赤热熔渣存在发生火灾以及烧坏设备和烧伤操作工的危险。

③ 切割时，燃气的燃烧和金属的氧化，需要采用合适的烟尘控制装置和通风装置。

④ 切割材料受到限制，如铜、铝、不锈钢、铸铁等不能用氧-乙炔焰切割。

（3）应用　气割的效率高，成本低，设备简单，并能在各种位置进行切割和在钢板上切割各种外形复杂的零件，因此，广泛地用于钢板下料、开焊接坡口和铸件浇冒口的切割，切割厚度可达 300mm 以上。目前，气割主要用于各种碳钢和低合金钢的切割。其中淬火倾向大的高碳钢和强度等级较高的低合金钢气割时，为避免切口淬硬或产生裂纹，应采取适当加大预热火焰功率和放慢切割速度，甚至割前对钢材进行预热等措施。

## 二、气割的条件及金属的气割性

### 1. 气割的条件

符合下列条件的金属才能进行氧气切割。

（1）金属在氧气中的燃烧点应低于熔点，这是氧气切割过程能正常进行的最基本条件。否则金属在燃烧之前已熔化就不能实现正常的切割过程。

（2）金属气割时形成氧化物的熔点应低于金属本身的熔点。氧气切割过程产生的金属氧化物的熔点必须低于该金属本身的熔点，同时流动性要好，这样的氧化物能以液体状态从割缝处被吹除。常用金属材料及其氧化物的熔点如表 6-12 所示。

笔记

表 6-12    常用金属材料及其氧化物的熔点

| 金属材料 | 金属熔点/℃ | 氧化物的熔点/℃ | 金属材料 | 金属熔点/℃ | 氧化物的熔点/℃ |
|---|---|---|---|---|---|
| 纯铁 | 1535 | 1300~1500 | 铅 | 327 | 2050 |
| 低碳钢 | 1500 | 1300~1500 | 铝 | 658 | 2050 |
| 高碳钢 | 1300~1400 | 1300~1500 | 铬 | 1550 | 1990 |
| 灰铸铁 | 1200 | 1300~1500 | 镍 | 1450 | 1990 |
| 铜 | 1084 | 1230~1336 | 锌 | 419 | 1800 |

（3）金属在切割氧射流中燃烧应该是放热反应。因为放热反应的结果是上层金属燃烧产生很大的热量，对下层金属起着预热作用。如气割低碳钢时，由金属燃烧所产生的热量约占 70% 左右，而由预热火焰所供给的热量仅为 30%。否则，如果金属燃烧是吸热反应，则下层金属得不到预热，气割过程就不能进行。

（4）金属的导热性不应太高。否则预热火焰及气割过程中氧化所析出的热量会被传导散失，使气割不能开始或中途停止。

### 2. 常用金属的气割性

（1）低碳钢和低合金钢能满足上述要求，所以能很顺利地进行气割。钢的气割性能与含碳量有关，钢含碳量增加，熔点降低，燃点升高，气割性能变差。

（2）铸铁不能用氧气气割，原因是它在氧气中的燃点比熔点高很多，同时产生高熔点的二氧化硅（$SiO_2$），而且氧化物的黏度也很大，流动性又差，切割氧流不能把它吹除。此外由于铸铁中含碳量高，碳燃烧后产生一氧化碳和二氧化碳冲淡了切割氧射流，降低了氧化效果，使气割发生困难。

（3）高铬钢和铬镍钢会产生高熔点的氧化铬和氧化镍（约 1990℃），遮盖了金属的割缝表面，阻碍下一层金属燃烧，也使气割发生困难。

（4）铜、铝及其合金燃点比熔点高，导热性好，加之铝在切割过程中产生高熔点二氧化铝（约 2050℃），而铜产生的氧化物放出的热量较低，都使气割发生困难。

目前，铸铁、高铬钢、铬镍钢、铜、铝及其合金均采用等离子弧切割。

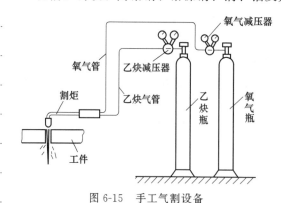

图 6-15    手工气割设备

### 三、气割设备及工具

气割设备及工具主要有：氧气瓶、乙炔瓶、液化石油气瓶、减压器、割炬（或气割机）等。氧气瓶、乙炔瓶、液化石油气瓶、减压器与气焊用的相同。手工气割时使用的是手工割炬，机械化设备使用的是气割机。手工气割设备如图 6-15 所示。

### 1. 割炬

（1）割炬的作用及分类    割炬是手工气割的主要工具，割炬的作用是将可燃气体与氧气以一定的比例和方式混合后，形成具有一定能量和形状的预热火焰，并在预热火焰的中心喷射切割氧气进行气割。

割炬按可燃气体与氧气混合的方式不同可分为射吸式割炬和等压式割炬两种；按可燃气体种类不同可分为乙炔割炬、液化石油气割炬等，射吸式割炬应用最为普遍。

（2）射吸式割炬的构造及原理

① 射吸式割炬的构造　射吸式割炬的构造如图 6-16 所示，它是以射吸式焊炬为基础，它的结构可分为两部分：一部分为预热部分，其构造与射吸式焊炬相同，具有射吸作用，可以使用低压乙炔；另一部分为切割部分，它是由切割氧调节阀、切割氧气管以及割嘴等组成。

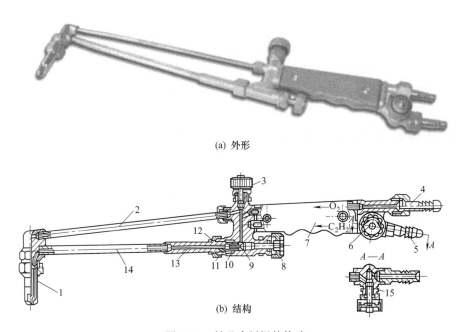

(a) 外形

(b) 结构

图 6-16　射吸式割炬的构造

1—割嘴；2—切割氧管；3—切割氧调节阀；4—氧气管接头；5—乙炔管接头；6—乙炔调节阀；
7—手柄；8—预热氧调节阀；9—主体；10—氧气阀针；11—喷嘴；12—射吸管螺母；
13—射吸管；14—混合管；15—乙炔阀针

笔记

割嘴的构造与焊嘴不同，如图 6-17 所示。焊嘴上喷孔是小圆孔，所以气焊火焰呈圆锥形；而射吸式割炬的割嘴混合气体的喷射孔有环形和梅花形两种。环形割嘴的混合气体孔道呈环形，整个割嘴由内嘴和外嘴两部分组合而成，又称组合式割嘴。梅花形割嘴的混合气体孔道，呈小圆孔均匀地分布在高压氧孔道周围，整个割嘴为一体，又称整体式割嘴。

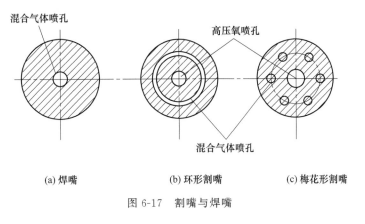

(a) 焊嘴　　　　　(b) 环形割嘴　　　　　(c) 梅花形割嘴

图 6-17　割嘴与焊嘴

② 射吸式割炬的工作原理　气割时，先开启预热氧调节阀和乙炔调节阀，点火产生环形预热火焰对割件进行预热，待割件预热至燃点时，即开启切割氧调节阀，此时高速切割氧气流经切割氧气管，由割嘴的中心孔喷出，进行气割。

（3）割炬的型号表示法　割炬的型号是由汉语拼音字母 G、表示结构形式、操作方式、适用燃气种类的序号及最大切割厚度组成。

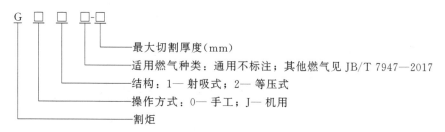

最大切割厚度（mm）
适用燃气种类：通用不标注；其他燃气见 JB/T 7947—2017
结构：1— 射吸式；2— 等压式
操作方式：0— 手工；J— 机用
割炬

射吸式割炬的型号有 G01-30、G01-100、G01-300 等。如 G01-30 表示手工操作的可切割的最大厚度为 30mm 的射吸式割炬。

（4）液化石油气割炬　对于液化石油气割炬，由于液化石油气与乙炔的燃烧特性不同，因此不能直接使用乙炔用的射吸式割炬，需要进行改造，应配用液化石油气专用割嘴。

液化石油气割炬除可以自行改制外，也可购买液化石油气专用割炬。例如，G07-100割炬是就专供液化石油气切割用的割炬。

（5）等压式割炬　等压式割炬的可燃气体、预热氧分别由单独的管路进入割嘴内混合。由于可燃气体是靠自己的压力进入割炬，所以它不适用低压乙炔，而须采用中压乙炔。等压式割炬具有气体调节方便、火焰燃烧稳定、回火可能性较射吸式割炬小等优点，其应用量越来越大，国外应用量比国内大。等压式割炬的结构如图 6-18 所示。

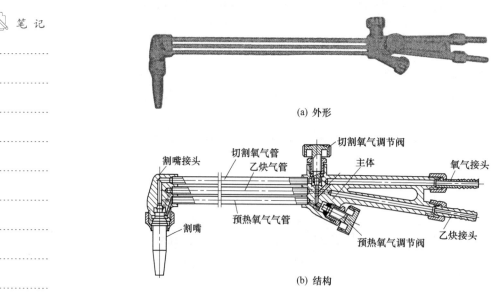

(a) 外形

割嘴接头　切割氧气管　切割氧气调节阀
乙炔气管　主体　氧气接头
割嘴　预热氧气气管　乙炔接头
预热氧气调节阀

(b) 结构

图 6-18　等压式割炬的结构

## 2. 气割机

气割机是代替手工割炬进行气割的机械化设备。它比手工气割的生产率高，割口质量好，劳动强度和成本都较低。近年来，由于计算机技术发展，数控气割机也得到广泛应用。下面简单介绍常用的半自动气割机、仿形气割机和数控气割机。

（1）半自动气割机　半自动气割机是最简单的机械化气割设备，一般是一台小车带动割嘴在专用轨道上自动地移动，但轨道轨迹要人工调整。当轨道是直线时，割嘴可以进行直线气割；当轨道呈一定的曲率时，割嘴可以进行一定曲率的曲线气割。

CG1-30 型半自动气割机是目前常用的半自动切割机，如图 6-19 所示。这是一种结构简单，操作方便的小车式半自动气割机，它能切割直线或圆弧。CG1-30 型半自动气割机的主要技术参数见表 6-13。

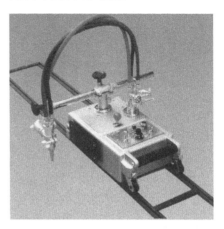

图 6-19　CG1-30 型半自动气割机

（2）仿形气割机　仿形气割机是一种高效率的半自动气割机，可方便又精确地气割出各种形状的零件。仿形气割机的结构形式有两种类型：一种是门架式，另一种是摇臂式。其工作原理主要是靠轮沿样板仿形带动割嘴运动，而靠轮又有磁性靠轮和非磁性靠轮两种。

CG2-150 型仿形气割机是一种高效率半自动气割机，如图 6-20 所示。CG2-150 型仿形气割机的主要技术参数见表 6-14。

表 6-13　CG1-30 型半自动气割机的主要技术参数

| 型号 | 电源电压/V | 电动机功率/W | 气割钢板厚度/mm | 割圆直径/mm | 气割速度/(mm/min) | 割嘴数目/个 | 外形尺寸（长×宽×高）/mm | 质量/kg |
|---|---|---|---|---|---|---|---|---|
| CG1-30 | 220 | 24 | 5～60 | 200～2000 | 50～750 | 1～3 | 370×230×240 | 17 |

表 6-14　CG2-150 型仿形气割机主要技术参数

| 型号 | 气割钢板厚度/mm | 气割速度/(mm/min) | 气割精度/mm | 气割正方形尺寸/mm | 气割长方形尺寸/mm | 气割直线长度/mm | 割圆直径/mm | 外形尺寸（长×宽×高）/mm | 质量/kg |
|---|---|---|---|---|---|---|---|---|---|
| CG2-150 型 | 5～60 | 50～750 | ±0.5 | 500×500 | 900×400 750×450 | 1200 | 600 | 190×335 ×800 | 35 |

（3）数控气割机　所谓数控就是指用于控制机床或设备的工作指令（或程序），以数字形式给定的一种新的控制方式。将这种指令提供给数控自动气割机的控制装置时，气割机就能按照给定的程序，自动地进行切割。

数控自动气割机不仅可省去放样、划线等工序，使焊工劳动强度大大降低，而且切口质量好，生产效率高，因此这种新技术的应用正在日益扩大。

数控气割机主要由数控程序和气割执行机

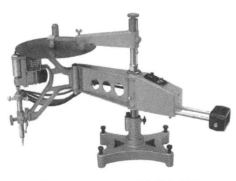

图 6-20　CG2-150 型仿形气割机

笔记

构两大部分组成。气割执行机构采用门式结构，门架可在两根导轨上行走。门架上装有横移小车，各装有一个割炬架，在割炬架上装有割炬自动升降传感器，可自动调节高低，同时还装有高频自动点火装置。预热氧、切割氧及燃气管路的开关由电磁阀控制，并且对预热、开切割氧等可按程序任意调节延迟时间。数控气割机示意图如图 6-21 所示。

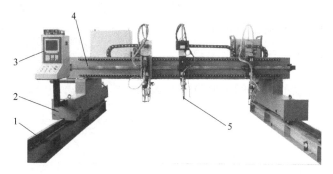

图 6-21　数控气割机

1—导轨；2—小车；3—控制机构；4—门架；5—割炬

## 四、气割工艺

### 1. 气割工艺参数

气割工艺参数主要包括气割氧压力、气割速度、预热火焰性质及能率、割嘴与割件的倾斜角度、割嘴离割件表面的距离等。

（1）气割氧压力　气割氧压力主要根据割件厚度来选用。割件越厚，要求气割氧压力越大。氧气压力过大，不仅造成浪费，而且使割口表面粗糙，割缝加大。氧气压力过小，不能将熔渣全部从割缝处吹除，使割缝的背面留下很难清除干净的挂渣，甚至出现割不透现象。氧气压力可参照表 6-15 选用。

氧气纯度对气割速度、气体消耗量及割缝质量有很大影响。氧气的纯度低，金属氧化缓慢，使气割时间增加，而且气割单位长度割件的氧气消耗量也增加。例如在氧气纯度为 97.5%～99.5% 的范围内，每降低 1% 时，1m 长的割缝气割时间增加 10%～15%，而氧气消耗量增加 25%～35%。

表 6-15　钢板厚度与气割速度、氧气压力的关系

| 钢板厚度/mm | 气割速度/(mm/min) | 氧气压力/MPa | 钢板厚度/mm | 气割速度/(mm/min) | 氧气压力/MPa |
| --- | --- | --- | --- | --- | --- |
| 4 | 450～500 | 0.2 | 25 | 240～270 | 0.425 |
| 5 | 400～500 | 0.3 | 30 | 210～250 | 0.45 |
| 10 | 340～450 | 0.35 | 40 | 180～230 | 0.45 |
| 15 | 300～375 | 0.375 | 60 | 160～200 | 0.5 |
| 20 | 260～350 | 0.4 | 80 | 150～180 | 0.6 |

（2）气割速度　气割速度与割件厚度和使用的割嘴形状有关，割件愈厚，气割速度愈慢；反之割件愈薄，则气割速度愈快。气割速度太慢，会使割缝边缘熔化；速度过快，则会产生很大的后拖量（沟纹倾斜）或割不穿。气割速度的正确与否，主要根据割缝后拖量来判断，应使割缝产生的后拖量最小为原则。所谓后拖量是指切割面上切割氧流轨迹的始点与终点在水平方向的距离，如图 6-22 所示。气割速度可参照表 6-15 选用。

| 小提示 | 　　气割时产生后拖量的原因主要是：气割上层金属在燃烧时，所产生的气体冲淡了切割氧气流，使下层金属燃烧缓慢产生后拖量；下层金属无预热火焰的直接预热作用，火焰不能充分对下层金属加热，使割件下层不能剧烈燃烧产生后拖量；割件金属离割嘴距离较大，切割氧气流吹除氧化物的能量降低产生后拖量；气割速度过快，来不及将下层金属氧化，产生后拖量。 |
| :---: | :--- |

　　（3）预热火焰性质及能率　　预热火焰的作用是把金属割件加热，并始终保持能在氧气流中燃烧的温度，同时使钢材表面上的氧化皮剥落和熔化，便于切割氧气流与铁化合。预热火焰对金属割件的加热温度，低碳钢时约为 $1100\sim1150℃$。

　　气割时，预热火焰应采用中性焰或轻微氧化焰，不能使用碳化焰，因为碳化焰会使割口边缘产生增碳现象。

　　预热火焰能率是以每小时可燃气体消耗量来表示的。预热火焰能率应根据割件厚度来选择，一般割件越厚，火焰能率应越大。但火焰能率过大时，会使割缝上缘产生连续珠状钢粒，甚至熔化成圆角，同时造成割件背面粘渣增多而影响气割质量。当火焰能率过小时，割件得不到足够的热量，迫使气割速度减慢，甚至使气割过程发生困难。这在厚板气割时更应注意。

　　（4）割嘴与割件的倾斜角度　　割嘴与割件的倾斜角度，直接影响气割速度和后拖量，如图 6-23 所示。当割嘴沿气割相反方向倾斜一定角度时（后倾），能使氧化燃烧而产生的熔渣吹向切割线的前缘，这样可充分利用燃烧反应产生的热量来减少后拖量，从而促使气割速度的提高。进行直线切割时，应充分利用这一特性。割嘴与割件倾斜角大小，主要根据割件厚度而定。割嘴倾角与割件厚度的大小，可按表 6-16 选择。

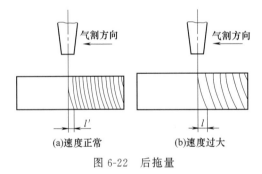

图 6-22　后拖量　　　　　　　　图 6-23　割嘴与割件的倾斜角度

表 6-16　割嘴倾角与割件厚度的关系

| 割件厚度 /mm | <6 | 6～30 | >30 | | |
| :--- | :---: | :---: | :---: | :---: | :---: |
| | | | 起割 | 割穿后 | 停割 |
| 倾角方向 | 后倾 | 垂直 | 前倾 | 垂直 | 后倾 |
| 倾角角度 | 25°～45° | 0° | 5°～10° | 0° | 5°～10° |

　　（5）割嘴离割件表面的距离　　割嘴离割件表面的距离应根据预热火焰长度和割件厚度来确定，一般为 $3\sim5mm$。因为这样的加热条件好，切割面渗碳的可能性最小。当割件厚度小于 20mm 时，火焰可长些，距离可适当加大；当割件厚度大于或等于 20mm 时，由于气割速度放慢，火焰应短些，距离应适当减小。

　　**2. 气割（气焊）的回火**

　　气割（气焊）时发生气体火焰进入喷嘴内逆向燃烧的现象称为回火。回火可能烧毁割

（焊）炬、管路及引起可燃气体储罐的爆炸。

发生回火的根本原因是混合气体从焊割炬的喷射孔内喷出的速度小于混合气体燃烧速度。由于混合气体的燃烧速度一般不变，凡是降低混合气体喷出速度的因素都有可能发生回火。发生回火的具体原因有以下几个方面。

（1）输送气体的软管太长、太细，或者曲折太多，使气体在软管内流动时所受的阻力增大，降低了气体的流速，引起回火。

（2）焊割时间过长或者焊割嘴离工件太近致使焊割嘴温度升高，焊割炬内的气体压力增大，增大了混合气体的流动阻力，降低了气体的流速引起回火。

（3）焊割嘴端面黏附了过多飞溅出来的熔化金属微粒，这些微粒阻塞了喷射孔，使混合气体不能畅通地流出引起回火。

（4）输送气体的软管内壁或焊割炬内部的气体通道上黏附了固体碳质微粒或其他物质，增加了气体的流动阻力，降低了气体的流速以及气体管道内存着氧-乙炔混合气体等引起回火。

> **小提示**
>
> 由于瓶装乙炔瓶内压力较高，发生火焰倒流燃烧的可能性很少。若发生回火，处理的方法是：迅速关闭乙炔调节阀门，再关闭氧气调节阀门，切断乙炔和氧气来源。

## 模块四　焊接工程实例

### 实例一　薄板气焊

Q235 薄钢板气焊焊件及技术要求如图 6-24 所示。

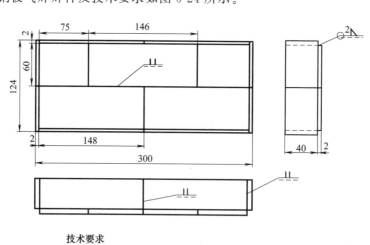

**技术要求**

1.采用合理的装配焊接顺序控制焊接变形；
2.母材Q235。

图 6-24　薄钢板气焊焊件及技术要求

### 1. 焊前准备

（1）设备和工具　乙炔瓶、氧气瓶、乙炔减压器及氧气减压器、射吸式焊炬及气焊用胶管。

（2）辅助器具 气焊眼镜、通针、打火枪、工作服、手套、胶鞋、小锤、钢丝钳等。

（3）焊件 Q235 钢板，长×宽×厚 148mm×60mm×2mm 两块、146mm×60mm×2mm 两块、75mm×60mm×2mm 两块、62mm×40mm×2mm 四块、148mm×40mm×2mm 四块。

（4）焊丝 牌号 H08A，直径 2mm。

（5）装配定位 焊件分两步（平面板和四周围板）进行定位焊。首先将平面板水平放置在平台上，逐块定位连接，留间隙 0.5mm。其次待平面板焊接矫平后，再与四周围板装配定位。

## 2. 焊接

平面板的焊接顺序是先焊短焊缝，后焊长焊缝。

用中性焰，左向焊法。焊接时，对准接缝的中心线，焊接速度要随焊件熔化情况而变化，使焊缝两边缘熔合均匀，背面焊透要均匀。焊丝位于焰心前下方 2～4mm 处（见图 6-25），若在熔池边缘上被粘住，这时不要用力拔焊丝，可用火焰加热焊丝与焊件接触处，焊丝即可自然脱离。

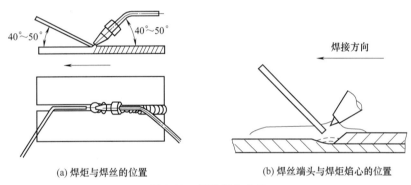

(a) 焊炬与焊丝的位置　　　　　　　　(b) 焊丝端头与焊炬焰心的位置

图 6-25 气焊操作方法

📝 笔记

在焊接过程中，焊炬和焊丝要作上下往复相对运动，其目的是调节熔池温度，使得焊缝熔化良好，并控制液体金属的流动，使焊缝成形美观。

焊接时，应始终保持熔池大小一致，只有保持熔池大小一致，才能焊出均匀的焊缝。控制熔池大小，可通过改变焊炬角度、高度和焊接速度来调节。发现熔池过小，焊丝不能与焊件熔合，仅敷在焊件表面，表明热量不足，因此应增加焊炬倾角，减慢焊接速度。发现熔池过大，且没有流动金属时，表明焊件被烧穿。此时应迅速提起火焰或加快焊接速度，减小焊炬倾角，并多加焊丝。

在焊件间隙大或焊件薄的情况下，应将火焰的焰心指在焊丝上，使焊丝阻挡部分热量，防止接头处熔化过快。

焊炬和焊丝的移动要配合好。焊道的宽度、高度和笔直度必须均匀整齐，表面的波纹，要规则整齐，没有焊瘤、凹坑、气孔等缺陷。

焊接结束时，将焊炬火焰缓慢提起，使焊缝熔池逐渐减小。为了防止收尾时产生气孔、裂纹和熔池没填满产生凹坑等缺陷，可在收尾时多加一点焊丝。

当平面板焊完之后，用平锤将其矫平，再把围板装配好，用同样的操作方法进行焊接。

## 实例二 厚板气割

Q235 厚板气割割件及技术要求如图 6-26 所示。

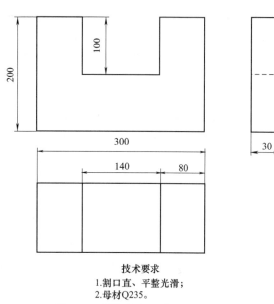

**技术要求**
1.割口直、平整光滑；
2.母材Q235。

图6-26 厚板气割割件及技术要求

1. **割前准备**

（1）设备 氧气瓶和乙炔瓶。

（2）气割工具 割炬，G01-100型，3号环形割嘴；氧气、乙炔减压器。

（3）辅助工具 氧气胶管（黑色）、乙炔胶管（红色）；护目镜、透针、扳手、钢丝刷。

（4）防护用品 工作服、皮手套、胶鞋、口罩、护脚等。

（5）割件毛坯 Q235钢板长×宽×厚为320mm×220mm×30mm，并用石笔画出气割线。

2. **气割操作**

（1）确定气割顺序 先气割炬形轮廓，后气割凹形。

（2）调节火焰 调节火焰为中性焰，并调整火焰的挺直度。

（3）割件预热 开始切割时，应先预热起割端的棱角处，当金属预热到低于熔点的红热状态呈现亮红色时，割嘴向气割反方向倾斜一点，将火焰局部移出边缘线以外，同时慢慢打开切割氧气阀门。当看到被预热的红点在氧气流中被吹掉时，进一步开大切割氧气阀门，看到割件背面飞出鲜红的氧化金属渣时，证明割件已被割透。当割件全部割透以后，就可以使割嘴恢复正常位置，并应根据割件的厚度以适当的速度从右向左移动进行切割。

（4）正常气割 起割后，即进入正常的气割阶段。为了保证割缝质量，切割速度要均匀，这是整个气割过程最主要的一点。为此，割炬运行要均匀，割嘴与工件的距离要求尽量保持不变。在移动位置重新气割时，要在原来的停割处进行预热，然后对准原割缝开启气割氧气，继续进行气割。

（5）停割 气割过程临近终点停割时，割嘴应沿气割方向略倾斜一个角度，以便使钢板的下部提前割透，使割缝在收尾处较整齐。停割后要仔细清除割口周边上的挂渣，以便于以后的加工。

# 模块五　1+X考证题库

## 一、填空题

1. 气焊与气割是利用_____气体与_____气体混合燃烧所产生的气体火焰作热源来进行金属材料的焊接或切割的加工工艺方法。

2. 氧气瓶外表是_____色，氧气字样为_____色；乙炔瓶外表是_____色，乙炔字样颜色为_____色，液化石油气瓶外表涂_____色，液化石油气字样为_____色。

3. 减压器有两个作用，它们是_____和_____。

4. 在焊炬型号 H01-20 中，H 表示_____，01 表示_____，20 表示_____。

5. 在割炬型号 G01-30 中，G 表示_____，01 表示_____，30 表示_____。

6. 焊炬按可燃气体与氧气混合的方式不同，可分为_____和_____两类，割炬按可燃气体与氧气混合方式不同，可分为_____和_____，但_____使用较多。

笔记

7. 气焊时，按照焊丝和焊炬移动方向不同，可分为_____和_____两种，前者适合焊厚板，后者适合焊薄板。

8. 气割的工艺参数主要有_____、_____、_____、_____、_____等。

9. 仿形气割机的结构形式有_____和_____两种类型，其工作原理是_____。

10. 用气焊焊接铝及铝合金时，常采用_____或_____火焰。

## 二、判断题（正确的画"√"，错误的画"×"）

1. 凡是与乙炔接触的器具设备不能用银或含铜量超过 70% 的铜合金制造。（　　）

2. 发生回火的根本原因是混合气体的喷出速度大于混合气体的燃烧速度。（　　）

3. 气焊时，一般碳素结构钢不需气焊熔剂，而不锈钢、铝及铝合金、铸铁等必须用气焊熔剂。（　　）

4. 气焊铸铁时，可用碳化焰来进行。（　　）

5. 气割时就是利用气体火焰的能量将工件切割处预热到一定温度，使之熔化，然后喷出高速切割氧流，将熔化金属吹掉而形成切口的过程。（　　）

6. 钢材含碳量越高，其氧气切割性能越好。（　　）

7. 中性焰适用于焊接一般的低碳钢及要求焊接过程中对熔化金属渗碳的金属材料。（　　）

8. 气焊发生回火时，应先关闭氧气调节阀。（　　）

9. 被切割金属材料的燃点高于熔点是保证切割过程顺利进行的最基本条件。（　　）

10. 氧气本身是不能燃烧的，但它能帮助其他可燃物质燃烧。（　　）

## 三、问答题

1. 金属用氧-乙炔气割的条件是什么？

2. 回火的原因是什么？气焊、气割工作中造成回火的因素有哪些？

3. 氧-乙炔焰按混合比不同可分为几种火焰？它的性质及应用范围如何？

## 焊 接 榜 样

············································

### 焊接院士：徐滨士

笔 记

徐滨士（1931.03.12—2023.02.15）。中国工程院院士，维修工程、表面工程和再制造工程专家。生于黑龙江省哈尔滨市，原籍山东招远。1954 年毕业于哈尔滨工业大学。现任装备再制造技术国防科技重点实验室名誉主任，波兰科学院外籍院士，全军装备维修表面工程研究中心主任。

长期从事维修工程、表面工程和再制造工程研究，是我国表面工程学科和再制造工程学科的倡导者和开拓者之一。在国内率先将等离子喷涂技术用于解决车辆薄壁磨损零件修复的重大难题；研制的电刷镀设备、各种镀液及纳米电刷镀技术，为现场修复大型设备及关键零件提供先进技术。开发的高效能超音速等离子喷涂技术，为制备高温热障涂层提供了关键技术。开发研究新型履带板换代材料并推广应用。研究纳米自修复添加剂新技术，解决了重载荷、极端苛刻环境下的润滑、抗磨、防腐等重大难题。先后获得国家科技进步一等奖 1 项、二等奖 4 项，国家自然科学二等奖 1 项，国家技术发明二等奖 2 项，省部级科技进步一等奖 10 项、二等奖 9 项。荣获何梁何利基金技术科学奖、光华科技工程奖、国际热处理与表面工程联合会"最高学术成就奖"、中国机械工程学会科技成就奖、中国焊接学会"终身成就奖"、中国表面工程学会和摩擦学学会"最高成就奖"等荣誉称号。出版专著 20 余部，制定国家标准 10 余项，发表学术论文千余篇，获国家发明专利 60 余项。

# 第七单元

# 等离子弧焊及切割

等离子弧是利用等离子枪将阴极（如钨极）和阳极之间的自由电弧压缩成高温、高电离、高能量密度及高焰流速度的电弧。利用等离子弧来进行切割与焊接的工艺方法称为等离子弧切割和焊接。它不仅能切割和焊接常用工艺方法所能加工的材料，而且还能切割或焊接一般工艺方法所难于加工的材料，因而它在焊接与切割领域中是一门较有发展前途的先进工艺。

## 模块一　认识等离子弧

### 一、等离子弧的形成及特点

笔记

#### 1. 等离子弧的形成

（1）等离子弧　一般的焊接电弧未受到外界的压缩，称为自由电弧。自由电弧中的气体电离是不充分的，能量不能高度集中，并且弧柱直径随着功率的增加而增加，因而弧柱中的电流密度近乎为常数，其温度也就被限制在 $5730 \sim 7730^{\circ}\mathrm{C}$。如果对自由电弧的弧柱采取压缩效应，进行强迫"压缩"，就能获得导电截面收缩得比较小而能量更加集中，弧柱中的气体几乎达到全部电离状态的电弧，这种电弧称为等离子弧。

（2）等离子弧的形成原理　目前广泛采用的压缩电弧的方法是将钨极缩入喷嘴内部，并在水冷喷嘴中通以一定压力和流量的离子气，强迫电弧通过喷嘴孔道，以形成高温、高能量密度的等离子弧。等离子弧的形成如图 7-1 所示（等离子弧切割无保护气和保护罩），此时电弧受到如下三种压缩作用。

① 机械压缩作用　电弧弧柱被强迫通过细孔道的喷嘴，使弧柱截面压缩变细，而不能自由扩大。

② 热收缩作用　电弧通过水冷却的喷嘴，同时又受到外部不断送来的高速冷却气流（氮气、氩气等）的冷

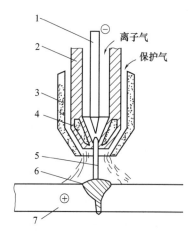

图 7-1　等离子弧的形成

1—钨极；2—水冷喷嘴；3—保护罩；
4—冷却水；5—等离子弧；
6—焊缝；7—工件（母材）

却作用，这样弧柱外围受到强烈冷却，使其外围的电离度大大减弱，电弧电流只能从弧柱中心通过，电弧弧柱进一步被压缩。

③ 磁收缩作用 带电粒子在弧柱内的运动，可看成是电流在一束平行的"导线"内移动，由于这些"导线"自身磁场所产生的电磁力，使这些"导线"相互吸引，从而产生磁收缩效应。由于前述两种效应使电弧中心的电流密度已经很高，使得磁收缩作用明显增强，从而使电弧更进一步地受到压缩。

电弧在以上三种压缩作用下，弧柱截面很细，温度极高，弧柱内气体也得到了高度的电离，从而形成稳定的等离子弧。

> **小提示** 在等离子弧的三种压缩作用中，喷嘴孔径的机械压缩作用是前提；热收缩作用则是电弧被压缩的主要原因；磁收缩作用是必然存在的，它对电弧的压缩也起到一定的作用。

### 2. 等离子弧的特点

（1）温度高、能量高度集中 等离子弧的导电性高，承受的电流密度大，因此，温度极高，达 16000～33000℃，并且截面很小，能量密度高度集中。

（2）电弧挺度好、燃烧稳定 自由电弧的扩散角度约为 45°，而等离子弧由于电离程度高，放电过程稳定，在压缩作用下，其扩散角仅为 5°。故电弧挺度好，燃烧稳定。

（3）具有很强的机械冲刷力 等离子弧发生装置内通入常温压缩气体，由于受到电弧高温加热而膨胀，使气体压力大大增加，高压气流通过喷嘴细通道喷出时，可达到很高的速度甚至可超过声速，所以等离子弧有很强的机械冲刷力。

## 二、等离子弧的类型及应用

根据电极的不同接法，等离子弧可以分为转移弧、非转移弧、联合型弧三种，如图 7-2 所示。

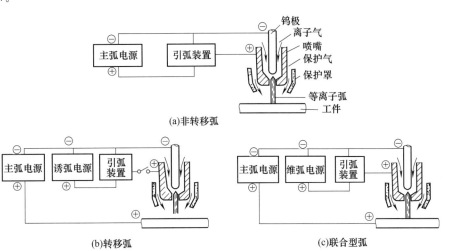

图 7-2 等离子弧的类型

### 1. 非转移弧

电极接负极，喷嘴接正极，焊件不接电源，等离子弧在电极和喷嘴内表面之间燃烧并从喷嘴喷出，如图 7-2(a) 所示，这种等离子弧也称等离子焰。由于工件不接电源，工作时只靠等离子焰加热，所以加热能量和温度较转移弧低，主要用于喷涂、焊接、切割较薄的金属和非金属材料。

### 2. 转移弧

电极接负极，焊件接正极，电弧首先在电极与喷嘴之间引燃，当电极与焊件间加上一个较高的电压后，再转移到电极与焊件间，使电极与焊件间产生等离子弧，这个电弧就称为转移弧，这时电极与喷嘴间的电弧就熄灭，如图 7-2(b) 所示。这类电弧是在非转移弧的基础上形成的，高温的阳极斑点直接作用在工件上，电弧热有效利用率大为提高，所以可用作中、厚板的切割、焊接和堆焊的热源。

### 3. 联合型弧

转移弧和非转移弧同时存在的电弧称为联合型弧，如图 7-2(c) 所示。联合弧中转移弧为主弧，非转移弧在工作中起补充加热和稳定电弧作用，称为维弧，即在某种因素影响下，等离子弧中断时，依靠维持电弧可立即使等离子弧复燃。这种等离子弧稳定性好，电流很小时也能保持电弧稳定，主要用于微束等离子弧焊接和粉末等离子弧堆焊。

## 三、等离子弧的双弧

在使用转移型等离子弧进行焊接或切割过程中，正常的等离子弧应稳定地在钨极和工件之间燃烧，如图 7-3 中弧 1。但由于某些原因往往还会在钨极和喷嘴及喷嘴和工件之间产生与主弧并列的电弧（弧 2 和弧 3），这种现象就称为双弧现象。

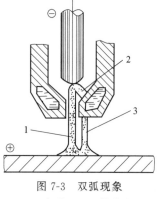

图 7-3 双弧现象
1—主弧；2,3—并列弧

### 1. 双弧的危害性

在等离子弧焊接或切割过程中，双弧带来的危害主要表现在下列几方面。

（1）破坏等离子弧的稳定性，使焊接或切割过程不能稳定地进行，恶化焊缝成形和切口质量。

（2）产生双弧时，在钨极和工件之间同时形成两条并列的导电通路，减小了主弧电流，降低了主弧的电功率。因而使焊接时熔透能力和切割时的切割厚度减小。

（3）双弧一旦产生，喷嘴就成为并列弧的电极，就有并列弧的电流通过。此时等离子弧和喷嘴内孔壁之间的冷气膜受到破坏，因而使喷嘴受到强烈加热，故容易烧坏喷嘴，使焊接或切割工作无法进行。

### 2. 双弧形成的原因

在等离子弧焊接或切割时，等离子弧弧柱与喷嘴孔壁之间存在着由离子气所形成的冷气膜。这层冷气膜由于喷嘴的冷却作用，具有比较低的温度和电离度，对弧柱向喷嘴的传热和导电都具有较强的阻滞作用。因此，冷气膜的存在一方面起到绝热作用，可防止喷嘴因过热而烧坏。另一方面，冷气膜的存在相当于在弧柱和喷嘴孔壁之间有一绝缘套筒存在，它隔断了喷嘴与弧柱间电的联系，因此等离子弧能稳定燃烧，不会产生双弧。焊接或切割时，当冷气膜被击穿遭到破坏时，绝热和绝缘作用消失，就会产生双弧现象。

### 3. 防止双弧产生的措施

（1）正确选择焊接电流和离子气种类及流量：焊接电流增大，等离子弧的弧柱直径也增大，使冷气膜的厚度减小，容易被击穿，故易产生双弧。等离子气种类不同，产生双弧的可能性也不一样，如采用 $Ar+H_2$ 的混合气体时，由于 $H_2$ 的冷却作用强，弧柱热收缩作用增大，弧柱直径缩小，冷却膜厚度增大，故不易被击穿形成双弧。同样，增大离子气流量，冷却作用增强，也可减少产生双弧的可能性。

（2）正确选择喷嘴：喷嘴结构参数对双弧形成有着决定性作用，喷嘴孔径减少，喷嘴孔道长度增大或钨极内缩量增大都易产生双弧。

（3）电极与喷嘴尽可能同心：电极与喷嘴同心度不好，往往是引起双弧的主要原因。因为电极偏心时，等离子弧在喷嘴中分布也偏心，从而使冷气膜厚度不均匀。这时，冷气膜厚度小处就容易击穿产生双弧。

（4）正确确定喷嘴离工件的距离：喷嘴离工件的距离过小易引起双弧，一般在 $5\sim12\text{mm}$ 之间为宜。

（5）加强对喷嘴和电极的冷却，保持喷嘴端面清洁，采用切向进气的焊枪等也可防止双弧形成。

> **小提示**　等离子弧切割与焊接时，电源的空载电压较高，要注意防止触电；产生的气体，如臭氧、氮化物等会影响人体健康，操作时应注意通风；使用高频振荡器引弧应防高频对人体产生危害；等离子弧会产生高强度、高频率的噪声，操作者必须戴耳塞及采取其他隔音措施。此外，弧光辐射强度大须注意防弧光辐射。

# 模块二　等离子弧切割

## 一、等离子弧切割的原理及分类

### 1. 等离子弧切割原理及特点

利用等离子弧的热能实现切割的方法称为等离子弧切割。等离子弧与氧-乙炔切割有本质上的区别，它是以高温、高速的等离子弧为热源，将被切割件局部熔化，并利用压缩的高速气流的机械冲刷力，将已熔化的金属或非金属吹走而形成狭窄切口的过程，如图 7-4 所示。

等离子弧是一种比较理想的切割热源，等离子弧切割具有以下特点。

（1）应用范围广　等离子弧可以切割各种高熔点金属及其他切割方法不能切割的金属，如不锈钢、耐热钢、钛、钼、钨、铸铁、铜、铝及其合金等，切割不锈钢、铝等厚度可达 200mm 以上。

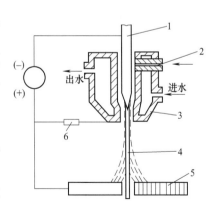

图 7-4　等离子弧切割原理示意图
1—钨极；2—进气管；3—喷嘴；4—等离子弧；5—割件；6—电阻

采用转移弧，适用于金属材料切割；采用非转移弧，既可用于非金属材料切割，如耐火砖、混凝土、花岗石、碳化硅等，也可用于金属材料切割。但由于工件不接电源，电弧挺度较差，故能切割的金属材料厚度较小。

（2）切割速度快、生产率高　在目前采用的各种切割方法中，等离子弧切割的速度比较快，生产率也比较高。例如，切 10mm 的铝板，速度可达 $200\sim300\text{m/h}$；切 12mm 厚

笔记

的不锈钢，割速可达 $100\sim130m/h$。

（3）切割质量高    等离子弧切割时，能得到比较狭窄、光洁、整齐、无粘渣、接近于垂直的切口，而且切口的变形和热影响区较小，其硬度变化也不大，切割质量好。

> **小提示**    等离子弧切割的原理与氧气的切割原理有着本质的不同。氧气切割主要是靠氧与部分金属的化合燃烧而进行切割的。等离子弧切割不是依靠氧化反应，而是靠熔化来切割工件的。因此等离子弧切割的适用范围比氧气切割要大得多，氧气切割不能切割的材料可用等离子弧切割。

### 2. 等离子弧切割分类

根据工作气体不同，等离子弧切割有氩等离子弧切割、氮等离子弧切割、空气等离子弧切割方法等，其特点及应用见表 7-1。

表 7-1    等离子弧切割方法及应用

| 等离子弧切割方法 | 工作气体 | 主要用途 | 切割厚度/mm | 所用电极 |
|---|---|---|---|---|
| 氩等离子弧切割 | $Ar+H_2,Ar+N_2,$ $Ar+N_2+H_2$ | 切割不锈钢、有色金属及其合金 | $4\sim150$ | 铈钨极 |
| 氮等离子弧切割 | $N_2,N_2+H_2$ | | $0.5\sim100$ | 铈钨极 |
| 空气等离子弧切割 | 压缩空气 | 常用于切割碳钢和低合金钢，也可切割不锈钢、铜、铝及其合金等 | $0.1\sim40$ 的碳钢和低合金钢 | 纯锆或纯铪 |

## 二、等离子弧切割设备

### 1. 等离子弧切割设备组成

等离子弧切割设备包括电源、控制箱、水路系统、气路系统及割炬等几部分，其设备组成如图 7-5 所示。

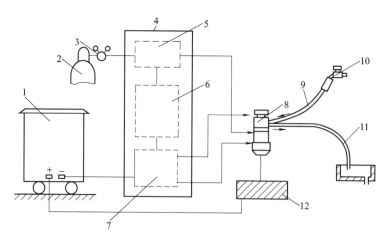

图 7-5    等离子弧切割设备组成示意图

1—电源；2—气源；3—调压表；4—控制箱；5—气路控制；6—程序控制；

7—高频发生器；8—割炬；9—进水管；10—水源；11—出水管；12—工件

（1）电源    等离子弧切割均采用具有陡降外特性的直流电源，并采用直流正接。要求具有较高的空载电压,一般空载电压在 $150\sim400\mathrm{V}$ 之间。电源类型有两种:一种是专用弧焊整流器电源;另一种可用两台以上普通弧焊发电机或弧焊整流器串联。

(2)控制箱 电气控制箱主要包括程序控制接触器、高频振荡器、电磁气阀、水压开关等。

① 等离子弧切割过程的控制 等离子弧切割过程的控制程序方框图如图 7-6 所示。

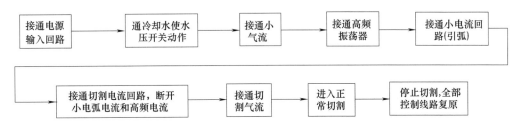

图 7-6 等离子弧切割过程的控制程序方框图

② 高频振荡器的作用 高频振荡器是用来引弧的。上述小气流是为了产生小电弧供电离气体的。在钨极与喷嘴间加上一个较低电压,当把高频加在钨极和喷嘴之间时,便引燃了电极和喷嘴间的小电弧。由于电流很小($20\sim50\mathrm{A}$),故喷嘴不致烧毁。小电弧被小气流吹出喷嘴,形成一定长度的焰流,用来在工件上对准切割位置。当在电极与工件间通过大电流(同时接通大气流)后,小电弧便转变成高能量等离子弧,此时高频电路和小电弧电路全部断开,以免烧毁喷嘴。

(3)水路系统 由于等离子弧切割的割炬在 $10000℃$ 以上的高温下工作,为保持正常切割必须通水冷却,冷却水流量应大于 $2\sim3\mathrm{L/min}$,水压为 $0.15\sim0.2\mathrm{MPa}$。水管设置不宜太长,一般自来水即可满足要求,也可采用循环水。

(4)气路系统 气路系统的气体作用是防止钨极氧化、压缩电弧和保护喷嘴不被烧毁,它由气瓶、减压器、流量器及电磁气阀组成。一般气体压力应在 $0.25\sim0.35\mathrm{MPa}$。

(5)割炬 割炬(也称割枪)是产生等离子弧的装置,也是直接进行切割的工具。等离子弧割炬如图7-7所示。主要由本体、电极组件、喷嘴和压帽等部分组成。其中喷嘴是割炬的核心部分,其结构形式和几何尺寸对等离子弧的压缩和稳定有重要影响。

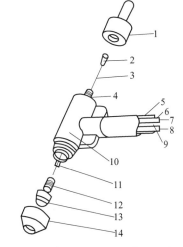

图 7-7 等离子弧割炬的构造示意图

1—割炬盖帽;2—电极夹头;3—电极;
4,12—O形环;5—工作气体进气管;
6—冷却水排水管;7—切割电缆;
8—小弧电缆;9—冷却水进水管;
10—割炬体;11—对中块;
13—水冷喷嘴;14—压帽

**2. 常用等离子切割设备**

常用的等离子弧切割机有 LG-400-1 型、LG-400-2 型和空气等离子弧切割机 LGK8-40 型等。离子弧切割机的型号可按 GB/T 10249—2010《电焊机型号编制办法》选用,L 表示等离子焊割设备,G 表示切割机,K 表示空气等离子,400 或 40 表示额定切割电流。LG-400-2 型等离子弧切割机的外部接线示意图,如图7-8所示。国产等离子弧切割机的型号及技术数据见表 7-2。

笔记

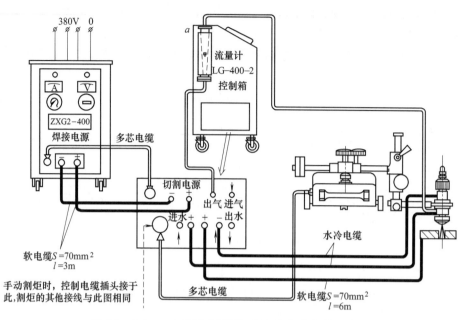

图 7-8　LG-400-2 型等离子弧切割机的外部接线示意图

表 7-2　国产等离子弧切割机的型号及技术数据

| 技术数据 | 型　号 | | | | |
|---|---|---|---|---|---|
| | LG-400-2 | LG-250 | LG-100 | LGK-90 | LGK-30 |
| 空载电压/V | 300 | 250 | 350 | 240 | 230 |
| 切割电流/A | 100～500 | 80～320 | 10～100 | 45～90 | 30 |
| 工作电压/V | 100～500 | 150 | 100～150 | 140 | 85 |
| 负载持续率/% | 60 | 60 | 60 | 60 | 45 |
| 电极直径/mm | $\phi 6$ | $\phi 5$ | $\phi 2.5$ | | |
| 备注 | 自动型 | 手工型 | 微束型 | 压缩空气型 | 压缩空气型 |

## 三、等离子弧切割工艺

### 1. 等离子弧切割的电极与工作气体

等离子弧切割的电极材料一般采用铈钨极，为减少电极强烈的氧化腐蚀，空气等离子弧切割一般采用纯锆或纯铪电极。等离子弧切割使用的工作气体是氮、氩、氢以及它们的混合气体，其中 Ar-H₂ 及 N₂-H₂ 混合气切口质量最好，但由于氮气价格低廉，故常用的是氮气，且氮气纯度不低于 99.5%。此外，在碳素钢和低合金钢切割中，常使用压缩空气作为工作气体的空气等离子弧切割。

### 2. 等离子弧切割的工艺参数

等离子弧切割的工艺参数，主要有切割电流、切割电压、气体流量、切割速度、喷嘴与割件的距离、钨极端部与喷嘴的距离等。

（1）切割电流和切割电压　当切割电流和切割电压增加时，等离子弧功率增大，可切割厚度和切割速度也增大。虽然可以通过提高电流增加切割厚度及切割速度，但单纯增加电流使弧柱变粗，切口加宽，喷嘴容易烧损，所以切割大厚度工件时，提高切割电压更为有效。可以通过调整或改变切割气体成分提高切割电压，但切割电压超过电源空载电压2/3时容易熄弧，因此，选择的电源空载电压一般应是切割电压的两倍。

（2）切割速度　在切割功率不变的前提下，提高切割速度使切口变窄，热影响区减小。因此在保证切透的前提下尽可能选择大的切割速度。

（3）气体流量　气体流量要与喷嘴孔径相适应。气体流量大，利于压缩电弧，使等离子弧的能量更为集中，提高了工作电压，有利于提高切割速度和及时吹除熔化金属。但气体流量过大，从电弧中带走过多的热量，降低了切割能力，不利于电弧稳定。

（4）喷嘴与割件的距离　喷嘴与割件的距离一般为6～8mm，切割厚度较大的工件时，可增大到10～15mm，空气等离子弧切割所需距离略小，正常切割时一般为2～5mm。

（5）钨极端部与喷嘴的距离　钨极端部与喷嘴的距离 $L_y$ 称为钨极内缩量，如图7-9所示。钨极内缩量是一个很重要的参数，它极大地影响着电弧压缩效果及电极的烧损。内缩量越大，电弧压缩效果越强。但内缩量太大时，电弧稳定性反而差。内缩

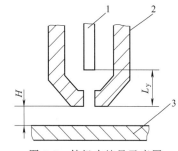

图 7-9　钨极内缩量示意图
1—电极；2—喷嘴；3—割件
$H$—喷嘴与割件距离；$L_y$—电极内缩量

量太小，不仅电弧压缩效果差，而且由于电极离喷嘴孔太近或者伸进喷孔，使喷嘴容易烧损，而不能连续稳定地工作。为提高切割效率，在不致产生"双弧"及影响电弧稳定性的前提下，尽量增大电极的内缩量，一般取8～11mm为宜。

常用金属材料等离子弧切割工艺参数见表7-3。

**表 7-3　常用金属材料等离子弧切割工艺参数**

| 材料 | 厚度/mm | 喷嘴孔径/mm | 空载电压/V | 切割电流/A | 切割电压/V | 氮气流量/(L/h) | 切割速度/(m/h) |
|---|---|---|---|---|---|---|---|
| 不锈钢 | 8 | 3 | 160 | 185 | 120 | 2100～2300 | 45～50 |
| | 20 | 3 | 160 | 220 | 120～125 | 1900～2200 | 32～40 |
| | 30 | 3 | 230 | 280 | 135～140 | 2700 | 35～40 |
| | 45 | 3.5 | 240 | 340 | 145 | 2500 | 20～25 |
| 铝及铝合金 | 12 | 2.8 | 215 | 250 | 125 | 4400 | 78 |
| | 21 | 3.0 | 230 | 300 | 130 | | 75～80 |
| | 34 | 3.2 | 340 | 350 | 140 | | 35 |
| | 80 | 3.5 | 245 | 350 | 150 | | 10 |
| 紫铜 | 5 | | | 310 | 70 | 1420 | 94 |
| | 18 | 3.2 | 180 | 340 | 84 | 1660 | 30 |
| | 38 | 3.2 | 252 | 304 | 106 | 1570 | 11.3 |
| 碳钢 | 50 | 10 | 252 | 300 | 110 | 1230 | 10 |
| | 85 | 7 | | | | 1050 | 5 |
| 铸铁 | 5 | | | 300 | 70 | 1450 | 60 |
| | 18 | | | 360 | 73 | 1510 | 25 |
| | 35 | | | 370 | 100 | 1500 | 8.4 |

## 四、空气等离子弧切割

采用压缩空气作为工作气体的等离子弧切割称空气等离子弧切割。空气等离子弧切割可切割铜、不锈钢、铝等材料，但特别适合切割厚度在30mm以下的碳钢及低合金钢。

笔记

空气等离子弧切割机外形及切割系统如图 7-10 所示。

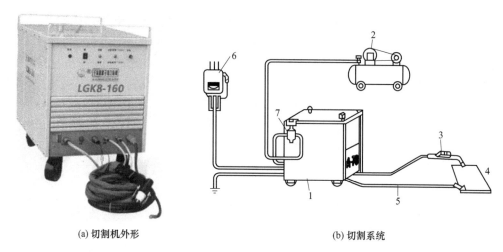

(a) 切割机外形                           (b) 切割系统

图 7-10    空气等离子弧切割机外形及切割系统示意图

1—电源；2—空气压缩机；3—割炬；4—工件；5—接工件电缆；6—电源开关；7—过滤减压网

### 1. 空气等离子弧切割的特点

（1）用压缩空气作为工作气体，来源广，价格低廉，可大大降低成本。

（2）空气等离子弧能量大，加之在切割过程中氧与被切割金属发生氧化反应而放热，切割速度快，生产率高。

（3）压缩空气中的氧极易使电极氧化烧损，使电极寿命大大缩短，故不能采用纯钨极或含氧化物的钨极。

### 2. 空气等离子弧切割方法

空气等离子弧切割方法如图 7-11 所示，有两种形式：图 7-11(a) 所示为单一空气式，其工作气体是压缩空气，由于空气氧化性强，不能采用钨电极，一般采用纯锆或纯铪做成的镶嵌式电极；图 7-11(b) 所示为复合式，增加一个内喷嘴，单独对电极通以惰性气体加以保护，以减少电极氧化烧损，但割炬结构复杂。碳钢、不锈钢空气等离子弧切割参数见表 7-4。

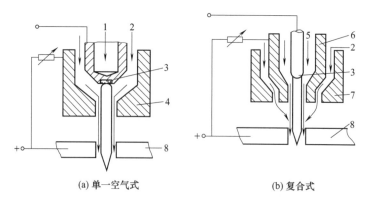

(a) 单一空气式                    (b) 复合式

图 7-11    空气等离子弧切割方法示意图

1—冷却水；2—压缩空气；3—电极；4—喷嘴；5—工作气体；

6—内喷嘴；7—外喷嘴；8—工件

笔记

表 7-4　碳钢、不锈钢空气等离子弧切割参数

| 材料 | 工件厚度/mm | 喷嘴孔径/mm | 空载电压/V | 切割电压/V | 切割电流/A | 气体流量/(L/min) | 切割速度/(cm/min) |
|---|---|---|---|---|---|---|---|
| 不锈钢 | 8 | 1 | 210 | 120 | 50 | 9 | 20 |
|  | 6 | 1 | 210 | 120 | 40 | 8 | 38 |
|  | 5 | 1 | 210 | 120 | 30 | 8 | 43 |
| 碳钢 | 8 | 1 | 210 | 120 | 45 | 9 | 24 |
|  | 6 | 1 | 210 | 120 | 40 | 8 | 42 |
|  | 5 | 1 | 210 | 120 | 30 | 8 | 56 |

# 模块三　等离子弧焊接

## 一、等离子弧焊的原理及特点

等离子弧焊接是借助水冷喷嘴对电弧的拘束作用，获得较高能量密度的等离子弧进行焊接的一种方法。它是利用特殊构造的等离子焊枪所产生的高温等离子弧，并在保护气体的保护下，来熔化金属实行焊接的，如图 7-12 所示。它几乎可以焊接电弧焊所能焊接的所有材料和多种难熔金属及特种金属材料，并具有很多优越性。在极薄金属焊接方面，它解决了氩弧焊所不能进行的材料和焊件的焊接。

等离子弧焊

图 7-12　等离子弧焊接示意图

1—钨极；2—喷嘴；3—焊缝；4—焊件；5—等离子弧

等离子弧焊与钨极氩弧焊相比有下列特点。

（1）由于等离子弧的温度高，能量密度大（即能量集中），熔透能力强，对于 8mm 或更厚的金属焊接可不开坡口，不加填充金属，可用比钨极氩弧焊高得多的焊接速度施焊。这不仅提高了焊接生产率，而且可减小熔宽，增大焊缝厚度，因而可减小热影响区宽度和焊接变形。

（2）由于等离子弧的形态近似于圆柱形，挺直性好，几乎在整个弧长上都具有高温。因此，当弧长发生波动时，熔池表面的加热面积变化不大，对焊缝成形的影响较小，容易得到均匀的焊缝成形。

（3）由于等离子弧的稳定性好，特别是用联合型等离子弧时，使用很小（大于 0.1A）的焊接电流，也能保持稳定的焊接过程。因此，可焊超薄的工件。

笔记

（4）由于钨极是内缩在喷嘴里面的，焊接时不会与工件接触。因此，不仅可减少钨极损耗，并可防止焊缝金属产生夹钨等缺陷。

## 二、等离子弧焊设备

### 1. 等离子弧焊设备组成

手工等离子弧焊设备由焊接电源、焊枪、控制系统、气路和水路系统等部分组成，如图 7-13 所示。

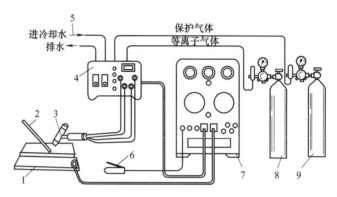

图 7-13　等离子弧焊设备示意图

1—工件；2—填充焊丝；3—焊枪；4—控制系统；5—水冷系统；6—启动
开关（常安装在焊枪上）；7—焊接电源；8,9—供气系统

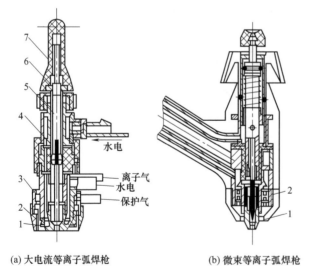

(a) 大电流等离子弧焊枪　　(b) 微束等离子弧焊枪

图 7-14　等离子弧焊枪结构

1—喷嘴；2—保护套外环；3—下枪体；4—上枪体；
5—电极夹头；6—螺帽；7—钨极

（1）焊接电源　一般采用具有陡降或垂直下降外特性的直流弧焊电源。电源空载电压根据所用等离子气而定，采用氩气作等离子气时，空载电压应为 60～85V；当采用氩气和氢气或氩气与其他双原子的混合气体作等离子气时，电源空载电压应为 110～120V。需要特别指出的是：微束等离子弧焊机最好采用垂直下降外特性的电源，以提高等离子弧的稳定性。

（2）焊枪　等离子弧焊枪是等离子弧焊设备中的关键组成部分（又称为等离子弧发生器），主要由上枪体、下枪体、喷嘴、中间绝缘体及冷却套等组成，如图 7-14 所示。其中最关键的部件为喷嘴，典型等离子弧焊枪的喷嘴结构，如图 7-15 所示。大部分等离子弧焊枪采用圆柱形压缩孔道，而收敛扩散型压缩孔道有利于电弧的稳定。

（3）控制系统　等离子弧焊设备的控制系统一般包括高频引弧电路、拖动控制电路、延时电路和程序控制电路等部分。控制系统一般应具备如下功能：可预调气体流量并实现

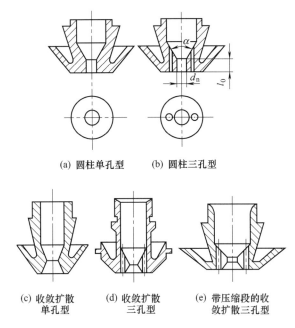

(a) 圆柱单孔型    (b) 圆柱三孔型

(c) 收敛扩散<br>单孔型    (d) 收敛扩散<br>三孔型    (e) 带压缩段的收<br>敛扩散三孔型

图 7-15　等离子弧焊枪的喷嘴结构

离子气流的衰减；焊前能进行对中调试；提前送气，滞后停气；可靠的引弧及转换；实现起弧电流递增，熄弧电流递减；无冷却水时不能开机；发生故障及时停机。

（4）气路系统　与氩弧焊或 $CO_2$ 气体保护电弧焊相比，等离子弧焊机的供气系统比较复杂。典型的气路系统如图 7-16 所示。为避免保护气对离子气的干扰，保护气和离子气最好由独立气路分开供给。

🖊 笔记

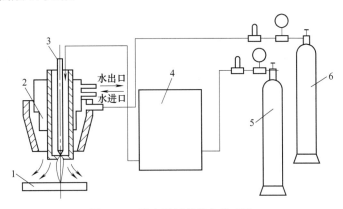

图 7-16　等离子弧焊的气路系统
1—焊件；2—焊枪；3—电极；4—控制箱；5—离子气瓶；6—保护气瓶

（5）水路系统　由于等离子弧的温度在 $10000℃$ 以上，为了防止烧坏喷嘴并增加对电弧的压缩作用，必须对电极及喷嘴进行有效的水冷却。冷却水的流量不小于 $3L/min$，水压不小于 $0.15\sim0.2MPa$。水路中应设有水压开关，在水压达不到要求时，切断供电回路。

### 2. 等离子弧焊设备常见故障及处理

等离子弧焊设备（机）常见故障分析及处理方法，见表 7-5。

表 7-5  等离子弧焊机常见故障分析及处理方法

| 故障特征 | 产生原因 | 排除方法 |
|---|---|---|
| 引不起非转移弧 | (1)高频不正常<br>(2)非转移弧线路断开<br>(3)继电器触头接触不良<br>(4)无离子气 | (1)检查并修复<br>(2)接好非转移弧线路<br>(3)检修或更换继电器<br>(4)检查离子气系统,接通离子气 |
| 引不起转移弧 | (1)主电路电缆接头与焊件接触不良<br>(2)非转移弧与焊件电路不同 | (1)使主电路电缆接头与焊件接触良好<br>(2)检查及修复 |
| 气路漏气 | (1)气瓶阀漏气<br>(2)气路接口及气管漏气 | (1)送供气部门维修<br>(2)找出漏气部位,拧紧及换气管 |
| 水路漏水 | (1)水路接口漏水<br>(2)水管破裂<br>(3)焊枪烧损 | (1)拧紧水路接口<br>(2)换新水管<br>(3)修复或更换 |

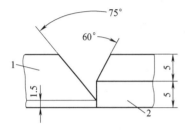

图 7-17  10mm 不锈钢板不同
焊接方法坡口对比
1—钨极氩弧焊；2—等离子弧焊

# 三、等离子弧焊工艺

## 1. 接头形式和坡口

等离子弧焊的接头形式主要是对接接头，还有角接接头和 T 形接头。板厚小于表 7-6 所列的焊件，可不开坡口，采用穿透型焊法一次焊透；对于板厚较厚的焊件，需要开坡口（V 形、Y 形等）多层焊，为使第一层采用穿透型焊法，坡口钝边可留至 5mm，坡口角度也可减少，如图 7-17 所示。

表 7-6  等离子弧焊一次焊透的焊件厚度                mm

| 材 料 | 不锈钢 | 钛及其合金 | 镍及其合金 | 低碳钢 |
|---|---|---|---|---|
| 厚度范围 | ≤8 | ≤12 | ≤6 | ≤8 |

## 2. 等离子弧焊极性、电极及工作气体

等离子弧焊一般采用陡降外特性电源，一般采用直流正接，镁、铝薄件时可采用直流反接电源，镁、铝厚件采用交流电源。等离子弧焊的电极材料一般采用铈钨极或钍钨极。等离子弧焊的工作气体分为离子气和保护气，均为氩、氮或其与氢的混合气体。大电流等离子弧焊时，离子气和保护气成分应相同；小电流焊接时，离子气一律用氩气，保护气可用氩气也可以选用其他成分气体，如 $Ar+H_2$ 等。

## 3. 等离子弧焊接方法

（1）穿透型等离子弧焊

① 穿透型等离子弧焊原理  电弧在熔池前穿透工件形成小孔，随着热源移动在小孔后形成焊道的焊接方法叫穿透型焊接法。它是利用等离子弧的高温及能量集中的特点，迅速将焊件的焊缝处金属加热到熔化状态，在焊件底部穿透形成一个小孔，即所谓的"小孔效应"（小孔面积保持在 $7\sim8mm^2$ 以下），熔化金属在表面张力的作用下，不会从小孔中滴落下去。随着等离子弧向前移动，熔池底部继续保持小孔，熔化金属围绕着小孔向后流动，并冷却结晶，而熔池前缘的焊件金属不断地被熔化，这个过程不断进行，最后形成正反面都有波纹的焊缝。穿透型等离子弧焊接过程如图 7-18 所示。

穿透法焊接采用的焊接电流较大（100～300A），适宜于焊 3～8mm 的不锈钢、12mm 以下钛合金、2～6mm 低碳钢或低合金钢及铜、镍的对接焊。它的主要优点是厚板

可在不开坡口和背面不用衬垫时进行单面焊接双面成形（单道焊）。

② 穿透型等离子弧焊工艺参数　穿透型等离子弧焊的焊接工艺参数主要有焊接电流、离子气流量、焊接速度和喷嘴端面到焊件表面距离等。

a. 离子气流量　等离子气流量是保证小孔效应的重要参数。等离子气流量增加，离子冲击力增加，穿透能力提高。但等离子气流量过大，会使小孔直径过大而不能形成焊缝。等离子气流量过小，则焊不透。

b. 焊接电流　焊接电流应根据焊件厚度来选择，适当提高焊接电流，可提高穿透能力。但是电流过大则"小孔"直径过大；使熔池下坠不能形成焊缝；电流过小则不产生小孔效应。

c. 焊接速度　焊接速度增加，焊件热输入量减小，小孔直径减小，所以焊接速度不宜太快。如果焊接速度太

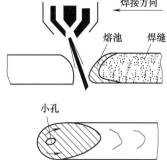
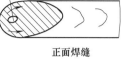

图 7-18　穿透型等离子弧焊接过程

快，则不能形成小孔，故不能实现穿孔焊接。但此时如能适当增大焊接电流或离子气流量，则可重新获得稳定的穿孔焊接过程。

要实现稳定的穿孔过程，除正确选择焊接电流、离子气流量和焊接速度外，还必须使这三个参数很好地匹配，其匹配规律是：在焊接电流一定时，若增加离子气流量，则应相应增加焊接速度。在离子气流量一定时，若要增加焊接速度，则应相应增大焊接电流。当焊接速度一定时，若增加离子气流量，则应相应减小焊接电流。

d. 喷嘴端面到焊件表面距离　喷嘴端面到焊件表面的距离一般保持在 3～5mm 范围内，能保证获得满意的焊缝成形和保护效果。距离过大会使熔透能力降低；距离过小将影响到焊接过程对熔池的观察，并易造成喷嘴上飞溅物的沾污，且易诱发双弧。

e. 喷嘴孔径　喷嘴孔径直接决定对等离子弧的压缩程度，是选择其他参数的前提。在焊接生产过程中，当工件厚度增大时，焊接电流也应增大，但一定孔径的喷嘴其许用电流是有限制的，见表 7-7。因此，一般应按工件厚度和所需电流值确定喷嘴孔径。

表 7-7　喷嘴孔径与许用电流

| 喷嘴孔径/mm | 1.0 | 2.0 | 2.5 | 3.0 | 3.5 | 4 | 4.5 |
|---|---|---|---|---|---|---|---|
| 许用电流/A | ≤30 | 40～150 | 140～180 | 180～250 | 250～350 | 350～400 | 450～500 |

常用金属穿透型等离子弧焊焊接工艺参考值见表 7-8。

表 7-8　穿透型等离子弧焊焊接工艺参考值

| 材料 | 厚度/mm | 电流/A | 电压/V | 焊速/(cm/min) | 气体成分 | 坡口形式 | 气体流量/(L/min) 离子气 | 气体流量/(L/min) 保护气 | 备注 |
|---|---|---|---|---|---|---|---|---|---|
| 碳钢 | 3.2 | 185 | 28 | 30 | Ar | I | 6.1 | 28 | |
| 低合金钢 | 4.2 | 200 | 29 | 25 | Ar | I | 5.7 | 28 | |
| | 6.4 | 275 | 33 | 36 | | | 7.1 | | |
| 不锈钢 | 2.4 | 115 | 30 | 61 | Ar95%＋H₂5% | I | 2.8 | 17 | 穿透 |
| | 3.2 | 145 | 32 | 76 | | | 4.7 | 17 | |
| | 4.8 | 165 | 36 | 41 | | | 6.1 | 21 | |
| | 6.4 | 240 | 38 | 36 | | | 8.5 | 24 | |

📝 笔记

续表

| 材料 | 厚度/mm | 电流/A | 电压/V | 焊速/(cm/min) | 气体成分 | 坡口形式 | 气体流量/(L/min) 离子气 | 气体流量/(L/min) 保护气 | 备注 |
|---|---|---|---|---|---|---|---|---|---|
| 钛合金 | 3.2 | 185 | 21 | 51 | Ar | I | 3.8 | | 穿透 |
| | 4.8 | 175 | 25 | 33 | Ar | | 8.5 | 28 | |
| | 9.9 | 225 | 38 | 25 | Ar25%+He75% | I,V | 15.1 | | |
| | 12.7 | 270 | 36 | 25 | Ar50%+He50% | | 12.7 | | |
| | 15.1 | 250 | 39 | 18 | Ar50%+He50% | | 14.2 | | |
| 铜和黄铜 | 2.4 | 180 | 28 | 25 | Ar | I | 4.7 | 28 | 熔透 |
| | 3.2 | 300 | 33 | 25 | He | | 3.8 | 5 | |
| | 6.4 | 670 | 46 | 51 | He | | 2.4 | 28 | |
| | 2.0(Zn30%) | 140 | 25 | 51 | Ar | | 3.8 | 28 | 穿透 |
| | 3.2(Zn30%) | 200 | 27 | 41 | Ar | | 4.7 | 28 | |

（2）熔透型等离子弧焊　焊接过程中只熔透焊件，但不产生小孔效应的等离子弧焊接法，称为熔透型焊接法，简称熔透法。它采用较小的焊接电流（30～100A）和较低的离子气流量，主要用于薄板（0.5～2.5mm）焊接及厚板多层焊盖面等。

（3）微束等离子弧焊

① 微束等离子弧焊原理　利用小电流（通常小于30A）进行焊接的等离子弧焊叫微束等离子弧焊。微束等离子弧焊的焊接电流很小（0.2～30A），主要用来焊接厚度在0.01～2mm的薄板及金属丝网。微束等离子弧焊接是采用联合型弧，两个电弧分别由两个电源供电。主电源加在钨极和焊件间产生等离子弧（主弧）。另一个电源加在钨极与喷嘴间产生的小电弧称维持电弧，它在整个焊接过程中连续燃烧，其作用是维持气体电离，以便在某种原因使等离子弧中断时，依靠维持电弧可立即使等离子弧复燃。

② 微束等离子弧焊工艺特点

a. 接头形式　微束等离子弧焊主要用于焊接薄件或薄件与厚件的连接件。一般不开坡口，对于板厚0.2mm的对接接头，通常都采用卷边的接头形式。

b. 夹具和成形垫板　微束等离子弧焊接为了保证精确的装配和获得高质量的焊缝，必须使用装配夹具或装配-焊接联合夹具。夹具要用非磁性材料（黄铜、不锈钢）制造，防止焊接时电弧产生偏吹。

为了保证焊缝背面的良好成形，焊道背面要放上紫铜垫板（常和装配-焊接夹具结合在一起）。一般垫板上的成形槽宽度可为2～3mm，槽深可为0.2～0.5mm。当焊件板厚小于0.3mm时，可以使用无槽的光垫板。

c. 增强保护效果　一般的微束等离子弧焊枪都带有保护气罩装置（喷嘴）。但在有些情况下，如受焊缝的形式和位置所限，或焊件的结构和尺寸所限，焊枪的保护气罩对焊缝的保护并不完全有效，这时在焊接夹具上应加设特殊的保护装置，增强保护效果。如向管（或容器）内部充保护气，保护背面焊道；在焊缝两侧附近加保护气挡板，将散失的保护气折回，改善保护条件。

d. 定位焊　不使用焊接夹具的焊件，焊缝较长时，要每隔3～5mm设置一个定位焊点。定位焊使用的工艺参数可与焊接时相同或略小一些。使用夹具的焊件焊接，焊前不用定位焊。

不锈钢的微束等离子弧焊焊接工艺见表7-9。

表 7-9　不锈钢的微束等离子弧焊焊接工艺

| 板厚/mm | 电流/A | 电压/V | 焊速/(cm/min) | 离子气 Ar/(L/min) | 保护气/(L/min) | 喷嘴孔径/mm | 备注 |
|---|---|---|---|---|---|---|---|
| 0.025 | 0.3 | — | 12.7 | 0.2 | 8 | 0.75 | |
| 0.075 | 1.6 | — | 15.2 | 0.2 | 8($Ar+H_2$1%) | 0.75 | |
| 0.125 | 1.6 | — | 37.5 | 0.28 | 7($Ar+H_2$0.5%) | 0.75 | 卷边焊 |
| 0.175 | 3.2 | — | 77.5 | 0.28 | 9.5($Ar+H_2$4%) | 0.75 | |
| 0.25 | 5 | 30 | 32.0 | 0.5 | 7Ar | 0.6 | |
| 0.2 | 4.3 | 25 | — | 0.4 | 5 | 0.8 | |
| 0.2 | 4 | 26 | — | 0.4 | 6 | 0.8 | |
| 0.1 | 3.3 | 24 | 37.0 | 0.15 | 4Ar | 0.6 | |
| 0.25 | 6.5 | 24 | 27.0 | 0.6 | 6 | 0.8 | 对接焊(背后加铜垫) |
| 1.0 | 2.7 | 25 | 27.5 | 0.6 | 11 | 1.2 | |
| 0.25 | 6 | — | 20.0 | 0.28 | 9.5($Ar+H_2$1%) | 0.75 | |
| 0.75 | 10 | — | 12.5 | 0.28 | 9.5($Ar+H_2$1%) | 0.75 | |
| 1.2 | 13 | — | 15.0 | 0.42 | 7($Ar+H_2$8%) | 0.8 | |

## 四、等离子弧堆焊和喷涂

### 1. 等离子弧堆焊

等离子弧堆焊是利用等离子弧作热源将堆焊材料熔敷在基体金属表面上，从而获得与母材相同或不同成分、性能堆焊层的工艺方法。等离子弧堆焊可使金属表面获得与其基体金属呈冶金结合的堆焊层，用以提高工件的耐磨性、耐蚀性、耐高温性能，或用以弥补已磨损工件的尺寸、被腐蚀工件表面的蚀坑、麻点，达到修旧利废的目的。目前在石油、冶金、造船、军工、化工、矿山机械、阀门等行业得到广泛应用，并取得了巨大的经济效益。

按照堆焊材料的不同形态，等离子弧堆焊主要有热丝等离子弧堆焊和粉末等离子弧堆焊两种，其中以粉末堆焊应用较多。

（1）粉末等离子弧堆焊　粉末等离子弧堆焊是将合金粉末装入送粉器中，堆焊时用氩气将合金粉末送入堆焊枪体的喷嘴中，利用等离子弧的热能将其熔敷到工件表面形成堆焊层的方法。其主要优点：合金粉末既容易制得，其成分又容易调整，生产率高（熔敷率高），堆焊层的质量好（稀释率低），便于实现堆焊过程自动化等。目前应用较广泛，特别适合在轴承、阀门、工具、推土机零件、蜗轮叶片等的制造和修复工作中堆焊硬质耐磨合金。

粉末等离子弧堆焊一般多采用混合型等离子弧，需要两台垂直陡降或下降特性的直流电源独立供电，如图 7-19 所示。非转移弧作为辅助热源使合金粉末预先在弧柱中加热熔化。转移弧是等离子弧堆焊的主要热源，其作用一是加热焊件，在工件表面形成熔池，二是熔化合金粉末。通过调节转移弧的电流，可以控制熔池的温度和热量，从而达到控制堆焊层质量的目的。堆焊时所用的焊枪与焊接时所用的焊枪不同，除有离子气和保护气两条气路外，还有第三条送粉气路。由于堆焊时母材熔深不能大，以利于减小堆焊层的稀释率，故堆焊时一般采用柔性弧，即采用较小的离子气流量和较小的孔道比。

（2）热丝等离子弧堆焊　通常采用转移弧，用直流正极性堆焊，离子气和保护气均为氩气。这种方法的特点是，除依靠等离子弧加热熔化母材和填充焊丝并形成熔池外，填充焊丝中还通以交流电流以提高熔敷率和降低稀释率。采用交流电流既可节省用电成本，又

笔记

可避免其磁场的影响。由于事先对焊丝进行了预热，进入电弧区后只需很少的热量便能使焊丝熔化进行堆焊。因此送丝速度可以提高，熔敷速度大大增加。这就大大提高了堆焊的生产率。热丝等离子弧堆焊适用于可拔成丝的不锈钢、镍合金、铜合金材料的堆焊。

### 2. 等离子弧喷涂

等离子弧喷涂是利用等离子弧的高温、高速焰流，将粉末喷涂材料加热和加速后再喷射、沉积到工件表面上形成特殊涂层的一种热喷涂方法。等离子弧喷涂方法有丝极喷涂和粉末喷涂两种，粉末等离子弧喷涂是其中应用最广泛的方法。

图7-20为粉末等离子弧喷涂原理示意图。工作气体从喷嘴与钨电极间的缝隙中通过。当电源接通后，在喷嘴与钨电极端部之间产生高频电火花，将等离子电弧引燃。连续送入的工作气体穿过电弧后，成为由喷嘴喷出的高温等离子焰流。喷涂粉末悬浮在送粉气流内，被送入等离子焰流，迅速达到熔融状态。在等离子焰流作用下，高温粉粒具有很大动能，撞击到工件表面时产生极大的塑性变形，填充到工件预制的粗糙表面上，然后凝固并与工件结合。随后的粉粒喷射到先喷的粉粒上面，填充其间隙中而形成完整的涂层。喷涂层与工件表面并不发生冶金作用，而是机械结合。在喷涂过程中，工件不与电源相接，因此工件表面不会形成熔池，并可以保持较低的温度（200℃以下），不会发生变形或改变原来的淬火组织。利用等离子喷涂可在工件表面喷涂一层特殊材料，使工件表面获得耐磨、耐腐蚀、耐高温和抗氧化等性能，主要用于异种材料零件的制造和旧零件的修复。

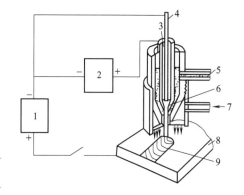

图7-19  粉末等离子弧堆焊示意图

1—转移弧电源；2—非转移弧电源；3—等离子气；
4—钨极；5—合金粉末及送粉气；6—喷嘴孔；
7—保护气；8—焊件；9—堆焊层

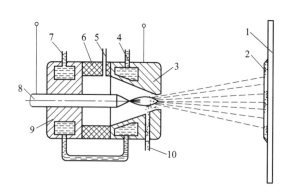

图7-20  粉末等离子弧喷涂原理示意图

1—工件；2—喷涂层；3—前枪体；4—冷却水出口；
5—等离子气进口；6—绝缘套；7—冷却水进口；
8—钨电极；9—后枪体；10—送粉口

粉末等离子弧喷涂在很多地方与粉末等离子弧堆焊相似。但喷涂时一般采用非转移型等离子弧，即利用等离子焰将合金粉末熔化并从喷嘴孔中喷出，形成雾状颗粒，撞击工件表面后颗粒与清洁而粗糙的工件表面结合形成涂层。因此，该涂层与工件的结合一般是机械结合，工件表面基本上不熔化。但也有例外，例如喷涂钼、铌、镍铝合金和镍钛合金粉末时，涂层与工件间会出现冶金结合现象。

由于喷涂时使用非转移型等离子弧，工件不接电源，因此，可对金属和非金属工件进行喷涂；另外，还可喷涂金属涂层和非金属涂层（如碳化物、氧化物、氮化物、硼化物）等，且有涂层质量好、生产率高、工件不变形、工件金相组织不变化等优点。粉末等离子弧喷涂的缺点是：涂层与工件表面呈机械结合，结合强度不高；涂层的使用性能取决于喷涂的粉末材料。另外，等离子弧喷涂工艺也较等离子弧堆焊复杂，工件喷涂前要经过清理、粗化、预热等表面预处理工序；工件喷涂后，涂层还要经过热处理、浸渗、精整等喷后处理工序才能满足使用要求。

# 模块四　焊接工程实例

### 实例一　等离子弧切割

12Cr18Ni9 不锈钢板等离子弧切割，割件及技术要求如图 7-21 所示。

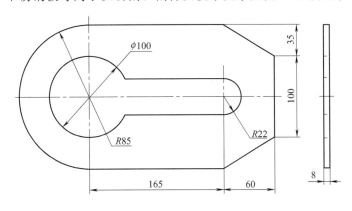

**技术要求**
1.切口表面平整,凸凹不大于0.5;
2.母材12Cr18Ni9。

图 7-21　等离子弧切割割件及技术要求

### 1. 切割前准备

（1）等离子弧切割机：LGK8-80 型空气等离子弧切割机。

（2）QFH261 型空气过滤减压器。

（3）等离子弧割炬。

（4）直接水冷镶嵌电极，直径为 5.5mm。

（5）工件：12Cr18Ni9 不锈钢板，规格为 350mm×200mm×12mm 若干块。按图划出切割线，并在割线上打样冲眼。

### 2. 切割工艺参数

不锈钢等离子弧切割工艺参数，见表 7-10。

表 7-10　不锈钢等离子弧切割工艺参数

| 板厚 /mm | 钨极内缩量 /mm | 喷嘴至割件距离/mm | 喷嘴孔径 /mm | 切割电压 /V | 切割电流 /A | 空气压力 /MPa | 空气流量 /(L/min) | 切割速度 /(mm/min) |
|---|---|---|---|---|---|---|---|---|
| 8 | 10 | 6～8 | 1.0 | 120 | 50 | 0.45 | 10 | 200 |

### 3. 等离子弧切割操作

（1）启动高频引弧，引弧后高频自动被切断，其白色焰流（非转移弧）接触被割割件。

（2）按动切割按钮，转移弧电流接通并自动接通切割气流和切断非转移弧电流。

（3）首先试割，调整好气体流量和切割电流，确保无误后进行工件的切割。

（4）先切割焊件内孔及直线段，然后切割焊件外轮廓线。待电弧穿透割件，保持割嘴与割件 6～8mm 的距离，控制好切割速度并匀速进行切割。

（5）切割完毕，切断电源电路，关闭水路和气路。

（6）清理现场，检查割件质量。

**实例二　微束等离子弧焊接**

06Cr19Ni10 不锈钢板微束等离子弧焊接，焊件及技术要求如图 7-22 所示。

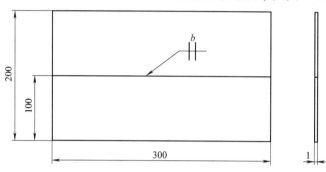

**技术要求**

1. 单面焊双面成形,间隙自定;

2. 母材06Cr19Ni10。

图 7-22　等离子弧焊接焊件及技术要求

### 1. 焊前准备

（1）焊机：LH-30 型微束等离子弧焊机。

（2）氩气瓶及 QD-1 型单级式减压器和 LZB 型转子流量计两套，分别用于离子气瓶和保护气瓶的输出设置。

（3）微束等离子弧焊枪，喷嘴孔径 1.2mm。

（4）铈钨极，直径为 1.0mm。

（5）焊件：06Cr19Ni10 不锈钢板，长×宽×厚为 200mm×100mm×1.0mm，若干块。

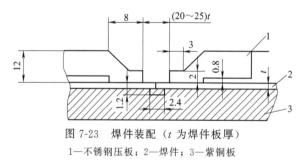

图 7-23　焊件装配（t 为焊件板厚）

1—不锈钢压板；2—焊件；3—紫铜板

（6）不锈钢焊丝 H06Cr21Ni10，直径为 1.0mm。

（7）装配：采用 I 形坡口，不留间隙对接，每隔 3～5mm 设置一个定位焊点，并控制根部间隙不超过板厚的 1/10，不出现错边。焊前将油污清理干净的焊件置于铜垫板上夹紧，焊件装配如图 7-23 所示。

### 2. 焊接工艺参数

微束等离子弧焊的焊接工艺参数，见表 7-11。

表 7-11　焊接工艺参数

| 焊接电流/A | 焊接电压/V | 焊接速度/(cm/min) | 离子气体 Ar 流量/(L/min) | 保护气体 Ar 流量/(L/min) | 喷嘴孔径/mm |
|---|---|---|---|---|---|
| 2.6～2.8 | 25 | 27.0 | 0.6 | 11 | 1.2 |

### 3. 焊接操作

（1）引弧　首先打开气路和水路开关，接通焊接电源。

手工操纵等离子弧焊枪，与焊件的夹角为 $75°\sim85°$，按动启动按钮，接通高频振荡装置及电极与喷嘴的电源回路，非转移弧引燃。

接着焊枪对准焊件，建立转移弧。保持喷嘴与焊件的距离为 $3\sim5mm$，即可进行等离子弧的焊接。此时维弧（非转移弧）电路的高频电路自动断开，维持电弧消失。

（2）焊接 焊枪与焊件成 $70°\sim85°$ 的夹角，焊丝与焊件的夹角为 $10°\sim15°$，采用左向焊法，焊枪应保持均匀的直线形移动（与钨极氩弧焊相似）。

起焊时，转移弧在起焊处稍停片刻，用焊丝触及焊接部位，当有熔化迹象时，立即填加焊丝，焊丝的填加和焊枪的动作要协调，焊枪平稳向前移动，并保持 $3\sim5mm$ 的弧长。

在焊接过程中注意观察熔池的大小，当发现熔池增大，变浅时，则熔池温度增高，应迅速减小焊枪与焊件间的夹角，并加快焊接速度；当发现熔池小，焊缝窄而高时，应稍微拉长些电弧，增大焊枪与焊件的夹角，减慢焊丝填充量，减小焊接速度直至正常为止。当发现有烧穿的危险时，应立即熄弧，待温度降低后再继续焊接。

中途停顿或焊丝用完熄弧时，焊枪均要在原处停留几秒，使保护气继续保护高温的焊缝，以免氧化。再进行焊接时，要重新将接头处的熔敷金属熔化，形成新的熔池后，再填加焊丝，保证接头平整、光滑。

（3）收弧 当焊至焊缝终端时，利用焊接电流衰减装置收弧，并适当加入一定量的焊丝填满弧坑，避免产生弧坑缺陷。

# 模块五 1+X 考证题库

## 一、填空题

1. 对自由电弧的弧柱进行强迫压缩作用称为_____效应，产生此种效应有_____、_____和_____三种形式。

2. 根据电极的不同接法，等离子弧可以分为_____、_____和_____三种。

3. 等离子弧焊接有_____、_____和_____三种方法。

4. 熔透型等离子弧焊主要用于_____焊接及_____的多层焊盖面。

5. 采用 30A 以下的焊接电流进行的等离子弧焊，称为_____。一般用来焊接厚度为_____的薄板及_____。

6. 等离子弧焊一般采用的电极材料是_____，焊接不锈钢、合金钢、钛合金等采用直流_____接，焊接铝、镁合金时采用直流_____接。

7. 等离子弧切割一般采用的电极材料为_____，若为空气等离子切割采用_____或_____电极。

8. 等离子弧切割设备的气路系统，其作用是防止_____、_____和_____，一般气体压力应在_____MPa。

9. 等离子弧切割时，一般喷嘴距工件的距离为_____mm，空气等离子弧切割一般为_____。

10. 等离子弧焊产生双弧的原因是弧柱与喷嘴孔壁之间的冷气膜_____所造成。

## 二、判断题（正确的画"√"，错误的画"×"）

1. 等离子弧是压缩电弧。 （ ）

2. 等离子弧的温度之所以高，是因为使用了较大的焊接电流。 （ ）

3. 等离子弧和普通自由电弧本质上是完全不同的两种电弧，表现为前者弧柱温度高，而后者弧柱温度低。 （ ）

4. 转移型弧可以直接加热焊件，常用于中等厚度以上焊件的焊接。 （  ）

5. 等离子弧焊时，利用"小孔效应"可以有效获得单面焊双面成形的效果。 （  ）

6. 微束等离子弧焊通常采用转移型弧。 （  ）

7. 等离子弧焊时的双弧现象，可以大大地提高等离子弧燃烧的稳定性。 （  ）

8. 为了保持焊接工艺参数的稳定，等离子弧焊应采用具有陡降外特性的直流电源。 （  ）

9. 非转移型等离子弧主要用于喷涂、焊接、切割较宽的金属和非金属材料。 （  ）

10. "小孔效应"只有微束等离子弧焊才得到应用。 （  ）

### 三、问答题

1. 双弧产生的原因是什么？防止双弧产生的措施有哪些？

2. 穿透型等离子弧焊的焊接工艺参数主要有哪些？

3. 等离子弧切割设备由哪几部分组成？各有何作用？

4. 简述等离子弧切割原理及特点。

# 焊 接 榜 样

## 焊接院士：徐滨士

　　徐滨士，中国工程院院士，维修工程、表面工程和再制造工程专家。生于黑龙江省哈尔滨市，原籍山东招远。1954年毕业于哈尔滨工业大学。现任装备再制造技术国防科技重点实验室名誉主任，波兰科学院外籍院士，全军装备维修表面工程研究中心主任。长期从事维修工程、表面工程和再制造工程研究，是我国表面工程学科和再制造工程学科的倡导者和开拓者之一。在国内率先将等离子喷涂技术用于解决车辆薄壁磨损零件修复的重大难题；研制的电刷镀设备、各种镀液及纳米电刷镀技术，为现场修复大型设备及关键零件提供先进技术。开发的高效能超音速等离子喷涂技术，为制备高温热障涂层提供了关键技术。开发研究新型履带板换代材料并推广应用。研究纳米自修复添加剂新技术，解决了重载荷、极端苛刻环境下的润滑、抗磨、防腐等重大难题。先后获得国家科技进步一等奖1项、二等奖4项，国家自然科学二等奖1项，国家技术发明二等奖2项，省部级科技进步一等奖10项、二等奖9项。荣获何梁何利基金技术科学奖、光华科技工程奖、国际热处理与表面工程联合会"最高学术成就奖"、中国机械工程学会科技成就奖、中国焊接学会"终身成就奖"、中国表面工程学会和摩擦学学会"最高成就奖"等荣誉称号。出版专著20余部，制定国家标准10余项，发表学术论文千余篇，获国家发明专利60余项。

 笔 记

# 第八单元

# 电阻焊

电阻焊是压焊中应用最广的一种焊接方法。它与熔焊不同，熔焊是利用外加热源使连接处熔化，凝固结晶形成焊缝的，而电阻焊则是利用本身的电阻热及大量塑性变形能量而形成焊缝或接头的。电阻焊现已在航空、汽车、自行车、地铁车辆、建筑行业、量具、刃具及无线电器件等工业生产中得到了广泛的应用。

## 模块一　认识电阻焊

电阻焊

笔记

### 一、电阻焊基本原理及特点

#### 1. 电阻焊基本原理

电阻焊是焊件组合后通过电极施加压力，利用电流通过接头的接触面及邻近区域产生的电阻热进行焊接的方法。电阻焊时，产生电阻热的电阻有工件之间的接触电阻，电极与工件的接触电阻和工件本身电阻三部分，点焊时电阻分布如图 8-1 所示。

产生电阻热的电阻用公式表示为

$$R = 2R_{ew} + R_c + 2R_w$$

式中　$R_{ew}$——电极与工件接触电阻；

　　　$R_c$——工件之间的接触电阻；

　　　$R_w$——工件本身电阻。

我们知道绝对平整、光滑和洁净无瑕的表面是不存在的，即任何表面都是凹凸不平的。当两个焊件相互压紧时，它们不可能在整个平面相接触，而只是在个别凸出点接触，电流就只能沿这些实际接触点通过，使电流流过的截面积减少，从而形成接触电阻。由于接触面总是小于焊件的截面积，并且焊件表面还可能有导电性较差的氧化膜或污物，故接触电阻总是大于工件本身电阻。

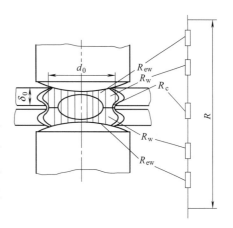

图 8-1　点焊时电阻分布示意图

$R_{ew}$—电极与工件接触电阻；$R_w$——工件本身电阻；$R_c$——工件之间的接触电阻

电极与工件的接触较好，故它们之间接触电阻较小，一般可忽略不计。

由此可见，在电阻焊焊接过程中，焊件间接触面上产生的电阻热，是电阻焊的主要热源。

接触电阻的大小与电极压力、材料性质、焊件表面状况以及温度有关。任何能够增大实际接触面积的因素，都会减小接触电阻，如增加电极压力，降低材料硬度，增加焊件温度等。焊件表面存在着氧化膜和其他脏物时，则会显著增加接触电阻。

### 2. 电阻焊特点

电阻焊与其他焊接方法相比有以下特点。

（1）由于是内部热源，热量集中，加热时间短，在焊点形成过程中始终被塑性环包围，故电阻焊冶金过程简单，热影响区小，变形小，易于获得质量较好的焊接接头。

（2）电阻焊焊接速度快，特别对点焊来说，甚至 1s 可焊接 4～5 个焊点，故生产率高。

（3）除消耗电能外，电阻焊不需消耗焊条、焊丝、乙炔、焊剂等，可节省材料，因此成本较低。

（4）操作简便，易于实现机械化、自动化。

（5）改善劳动条件，电阻焊所产生的烟尘、有害气体少。

（6）由于焊接在短时间内完成，需要用大电流及高电极压力，因此焊机容量大，设备成本较高、维修较困难。而且常用的大功率单相交流焊机不利于电网的正常运行。

（7）电阻焊机大多工作固定，不如焊条电弧焊等灵活、方便。

（8）点、缝焊的搭接接头不仅增加了构件的重量，而且因为在两板间熔核周围形成尖角，致使接头的抗拉强度和疲劳强度降低。

（9）目前尚缺乏简单而又可靠的无损检验方法，只能靠工艺试样和工件的破坏性试验来检查，以及靠各种监控技术来保证。

点焊

## 二、电阻焊的分类及应用

电阻焊的分类方法很多，一般可根据接头形式和工艺方法、电流以及电源能量种类来划分，具体分类方法如图 8-2 所示。

目前常用的电阻焊方法主要是点焊、缝焊、对焊和凸焊。如图 8-3 所示。

### 1. 点焊

点焊时，将焊件搭接装配后，压紧在两圆柱形电极间，并通以很大的电流，利用两焊件接触电阻较大，产生大量热量，迅速将焊件接触处加热到熔化状态，形成似透镜状的液态熔池（焊核），当液态金属达到一定数量后断电，在压力的作用下，冷却凝固形成焊点。

点焊时，按对焊件供电的方向，可分为单向点焊和双向点焊；按一次形成的焊点数，可分为单点、双点、多点点焊；按加压传动机构，可分为气压式、液压式、电动凸轮式、复合式、脚踏式等；按安装方式，可分为手提式、悬挂式、固定式等。常用点焊方法如图 8-4 所示。

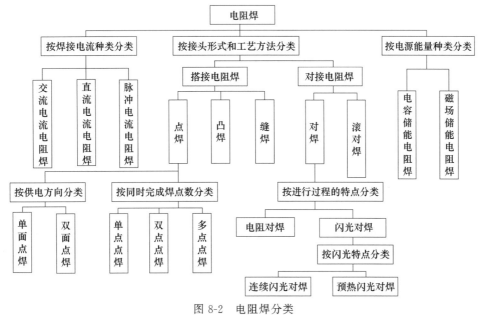

图 8-2　电阻焊分类

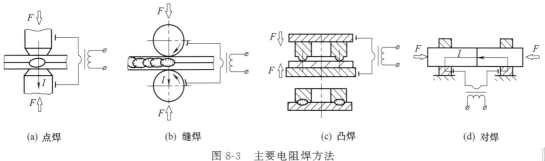

(a) 点焊　　(b) 缝焊　　(c) 凸焊　　(d) 对焊

图 8-3　主要电阻焊方法

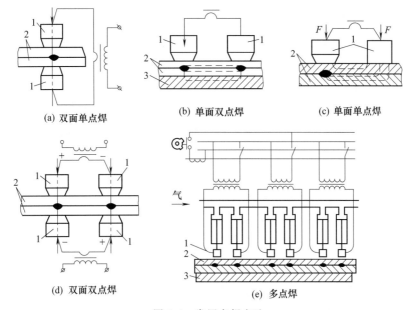

(a) 双面单点焊　　(b) 单面双点焊　　(c) 单面单点焊

(d) 双面双点焊　　(e) 多点焊

图 8-4　常用点焊方法

1—电极；2—焊件；3—铜垫板

点焊是一种高速、经济的连接方法。由于点焊接头采用搭接形式，所以它主要适用于采用搭接接头，接头不要求气密、焊接厚度小于 3mm 的冲压、轧制的薄板构件。这种方法目前广泛应用于汽车驾驶室、金属车厢复板、家具等低碳钢产品的焊接。在航空航天工业中，多用于连接飞机、喷气发动机、导弹、火箭等由合金钢、不锈钢、铝合金及钛合金等材料制成的部件。

### 2. 缝焊

缝焊

缝焊与点焊相似，也是搭接形式。在缝焊时，以旋转的滚盘代替点焊时的圆柱形电极。焊件在旋转盘的带动下向前移动，电流断续或连续地由滚盘流过焊件时，即形成缝焊焊缝。因此，缝焊的焊缝实质上是由许多彼此相重叠的焊点组成。

缝焊由于它的焊点重叠，故分流很大，因此焊件不能太厚，一般不超过 2mm。缝焊广泛应用于油桶、罐头罐、暖气片、飞机和汽车油箱以及喷气发动机、火箭、导弹中密封容器的薄板焊接。

### 3. 对焊

对焊是将工件装配成对接接头，使其端面紧密接触，利用电阻热加热至塑性状态，然后迅速施加顶锻力从而完成焊接的方法。对焊均为对接接头，按加压和通电方式分为电阻对焊和闪光对焊。

（1）电阻对焊　电阻对焊时，将焊件置于钳口（即电极）中夹紧，并使两端面压紧，然后通电加热，当零件端面及附近金属加热到一定温度（塑性状态）时，突然增大压力进行顶锻，使两个零件在固态下形成牢固的对接接头。

电阻对焊的接头较光滑，无毛刺，焊接过程较简单，但其力学性能较低，因此仅用于小断面（小于 $250mm^2$）金属型材的焊接，如管道、拉杆、小链环等。由于接头中易产生氧化物杂质，对某些合金钢及有色金属常在氩、氦等保护气氛中进行。

（2）闪光对焊　闪光对焊是对焊的主要形式，在生产中应用中十分广泛。闪光对焊时，将焊件置于钳口中夹紧后，先接通电源，然后移动可动夹头，使焊件缓慢靠拢接触，因端面个别点的接触而形成火花，加热到一定程度（端面有熔化层，并沿长度有一定塑性区）后，突然加速送进焊件，并进行顶锻，这时熔化金属被全部挤出结合面之外，而靠大量塑性变形形成牢固接头。

用这种方法所焊得的接头因加热区窄，端而加热均匀，接头质量较高，生产率也高，故常用于重要的受力对接件。闪光对焊的可焊材料很广，所有钢及有色金属几乎都可以闪光对焊，通常对焊件的横截面积小则几百平方毫米，大则达数万平方毫米。

### 4. 凸焊

凸焊是点焊的一种变形，是在一工件的贴合面上预先加工出一个或多个凸点，使其与另一工件表面相接触并通电加热，然后压塌，使这些接触点形成焊点的电阻焊方法。凸焊时，一次可在接头处形成一个或多个熔核。凸焊的种类很多，除了板件凸焊外，还有螺帽、螺钉类零件凸焊，线材交叉凸焊，管子凸焊和板材 T 形凸焊等。

凸焊主要用于焊接低碳钢和低合金钢的冲压件。板件凸焊最适宜的厚度为 0.5～4mm。焊接更薄件时，凸点设计要求严格，需要随动性极好的焊机，因此厚度小于 0.25mm 的板件更宜于采用点焊。

笔记

# 模块二　电阻焊设备

## 一、电阻焊电源及电极

### 1. 电阻焊电源

电阻焊常采用工频变压器作为电源，电阻焊变压器的外特性采用下降的外特性，与常用变压器及弧焊变压器相比，电阻焊变压器具有以下特点。

（1）电流大、电压低　电阻焊是以电阻热为热源的，为了使工件加热到足够的温度，必须施加很大的焊接电流。常用的电流为 2～40kA，在铝合金点焊或钢轨对焊时甚至可达 150～200kA。由于焊件焊接回路电阻通常只有若干微欧（$\mu\Omega$），所以电源电压低，固定式焊机通常在 10V 以内，悬挂式点焊机因焊接回路很长，焊机电压才可达 24V 左右。

（2）功率大、可调节　由于焊接电流很大，虽然电压不高，焊机仍可达到比较大的功率，一般电阻焊电源的容量均可达几十千伏安（kV·A），大功率电源甚至高达 1000kV·A 以上，并且为了适应各种不同焊件的需要，还要求焊机的功率应方便调节。

（3）断续工作状态、无空载运行　电阻焊通常是在焊件装配好之后才接通电源的，电源一旦接通，变压器便在负载状态下运行，一般无空载运行的情况发生。其他工序如装卸、夹紧等，一般不需接通电源，因此变压器处于断续工作的状态。

### 2. 电阻焊电极

电极用于导电与加压，并决定主要散热量，所以电极材料、形状、工作端面尺寸和冷却条件对焊接质量及生产率都有很大影响。电极材料主要是加入 Cr、Cd、Be、Al、Zn、Mg 等合金元素的铜合金来加工制作的。电阻焊电极材料的名称、性能及主要用途，见表 8-1。

表 8-1　电阻焊电极材料的名称、性能及主要用途

| 名称 | 成分(质量分数)/% | $\sigma_b$/MPa | 电导率(以铜为100%) | 再结晶温度/℃ | 硬度 HBW | 主　要　用　途 |
|---|---|---|---|---|---|---|
| 冷硬纯铜 | Cu99.9 | 260～360 | 98 | 200 | 750～1000 | 导电性好、硬度低、温度升高易软化，用于较软的轻合金的点、缝焊 |
| 镉青铜 | Cd0.9～1.2 Cu余量 | 400 | ～90 | 260 | 1000～1200 | 机械强度高、导电导热好、加热时硬度下降不多，广泛用于黑色和有色金属的点、缝焊 |
| 铬铜 | Cr0.5 Cu余量 | 500 | ～85 | 260 | 1300 | 强度、硬度高，加热时仍能保持较高的硬度，适合于焊接钢和耐热合金，由于导电、电热性差，焊接轻合金时焊点表面易过热 |
| 铬锌青铜 | Cr0.4～0.8 Zn0.3～0.6 Cu余量 | 400～500 | 70～80 | 260 | 1100～1400 | |
| 铬锆铜 | Cr0.25～0.45 Zr0.08～0.18 Si0.02～0.04 Mg0.03～0.05 Cu余量 | | ≥80 | 700℃退火 1h, HRB≥82 | ≥1500 | 钢件的焊接 |

笔记

（1）对电极材料的要求

① 为了延长使用寿命，改善焊件表面的受热状态，电极应具有高导电率和高热导率。

② 为了使电极具有良好的抗变形和抗磨损能力，电极具有足够的高温强度和硬度。

③ 电极的加工要方便、便于更换，且成本要低。

④ 电极材料与焊件金属形成合金化的倾向小，物理性能稳定，不易黏附。

（2）电极结构　点焊电极由四部分组成：端部、主体、尾部和冷却水孔。标准电极（即直电极）有五种形式，见图 8-5。平面电极常用于结构钢的焊接，焊接轻合金和厚度大于 2～3mm 的焊件常采用球面电极。为了满足特殊形状工件点焊的要求，有时需要设计特殊形状的电极（弯电极）。图 8-6（a）为普通弯电极；图 8-6（b）为尾部和主体上刻有水槽的弯电极，目的是使冷却水流到电极的外表面，以加强电极的冷却，这种电极常用于不锈钢和高温合金的点焊；图 8-6（c）为增大横断面的电极，目的是加强电极端面向水冷部分的散热。

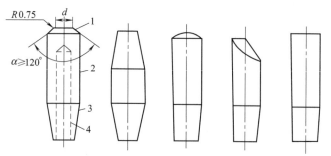

(a) 锥形电极　(b) 夹头电极　(c) 球形电极　(d) 偏心电极　(e) 平面电极

图 8-5　点焊标准电极形式

1—端部；2—主体；3—尾部；4—冷却水孔

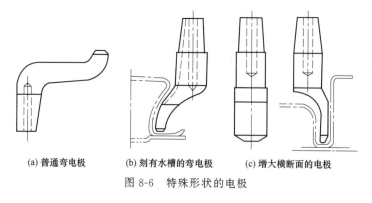

(a) 普通弯电极　(b) 刻有水槽的弯电极　(c) 增大横断面的电极

图 8-6　特殊形状的电极

缝焊电极也称为滚盘，它的工作面有平面和球面两种，滚盘直径通常在 300mm 以内。凸焊时常使用平面、球面或曲面电极。对焊电极需要根据不同的焊件尺寸来选择电极形状。

## 二、点焊机及对焊机

### 1. 点焊机

固定式点焊机的结构及外形如图 8-7 所示。它是由机座、加压机构、焊接回路、电极、传动机构和开关及调节装置所组成。其中主要部分是加压机构、焊接回路和控制装置。

（1）加压机构　电阻焊在焊接中须要对工件进行加压，所以加压机构是点焊机中的重要组成部分。因各种产品要求不同，点焊机上有多种形式的加压机构。小型薄零件多用弹

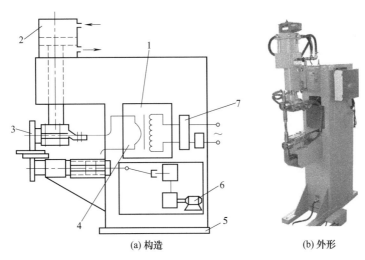

图 8-7　固定式点焊机

1—电源；2—加压机构；3—电极；4—焊接回路；5—机架；6—传动与减速机构；7—开关与调节装置

簧、杠杆式加压机构；无气源车间，则用电动机、凸轮加压机构；而更多地采用气压式和气、液压式加压机构。

（2）焊接回路　焊接回路是指除焊件之外参与焊接电流导通的全部零件所组成的导电通路。它是由变压路、电极夹、电极、机臂、导电盖板、母线和导电铜排等所组成。

（3）控制装置　控制装置是由开关和同步控制两部分组成。在点焊中开关的作用是电流的通断，同步控制的作用是调节焊接电流的大小，精确控制焊接程序，且当网路电压有波动时，能自动进行补偿等。

常用点焊机型号及技术数据见表 8-2。DN2 系列点焊机常见的故障分析及处理方法见表 8-3。

 笔 记

表 8-2　常用点焊机型号及技术数据

| 型号 | 额定容量/kV·A | 电源电压/V | 电极臂伸出长度/mm | 生产率/(点/h) | 可焊厚度/mm | 可焊材料（除低碳钢外） | 特征 | 说明 |
|---|---|---|---|---|---|---|---|---|
| DN-10 | 10 | 380 | 300 | 720 | (0.3+0.3)~(2.0+2.0) | 有色金属及合金 | 固定脚踏式 | |
| DN-80 | 80 | 380 | 800±50 1000±50 | — | 3+3 | 合金钢、部分有色金属 | 气压式 | |
| DN2-16 | 16 | 380 | 170 | 900 | 2.0+2.0 | — | 气动式 | 双面、单点 |
| DN3-63 | 63 | 380 | 170 | 700 | 2.0+2.0 | — | 气动式 | 悬挂式、双面 |

表 8-3　DN2 系列点焊机常见的故障分析及处理方法

| 故障特征 | 产生原因 | 处理方法 |
|---|---|---|
| 焊接无电流 | (1)焊接程序循环停止<br>(2)继电器触点不良；电阻断路<br>(3)无引燃脉冲或幅值很小<br>(4)气温低,引燃管不工作<br>(5)焊接变压器初级或次级开路 | (1)检查时间调节器电路<br>(2)清理触点或更换电阻<br>(3)检查直流电源及有关电压数值；检查回路波形及相位调节<br>(4)外部加热<br>(5)检查和清洁回路 |

续表

| 故障特征 | 产生原因 | 处理方法 |
|---|---|---|
| 焊件发生烧穿 | (1)预热时间过短<br>(2)电极下降速度太慢<br><br>(3)焊接压力未加上<br>(4)上下电极不对中心<br>(5)焊件表面有污尘或内有夹渣物<br>(6)引燃管冷却不良,而引起温度增高失控<br>(7)引燃管承受反峰值降低、逆弧<br>(8)单相导电引起大电流<br>(9)主动力电路或焊接变压器接地 | (1)调节预压时间,使其大于电极下降时间<br>(2)检查电极润滑情况,气阀是否正常,气罐压力是否正常<br>(3)检查电极间距是否太大,气路压力是否正常<br>(4)校正电极<br>(5)清理焊件<br>(6)畅通冷却水<br>(7)更换引燃管<br>(8)检查引燃管引燃电路,引燃是否短路<br>(9)测量绝缘电阻,检查故障点 |
| 引燃管失控、自动内弧 | (1)引燃不良<br>(2)闸流管损坏<br>(3)闸流管控制栅无偏压 | (1)更换引燃管<br>(2)更换闸流管<br>(3)测量检查栅偏压 |
| 焊接时二次通电 | (1)继电器触点间的间隙调节不佳<br>(2)时间调节器、继电器触点接触不良<br>(3)闸流管不良 | (1)重新调节间隙<br>(2)清洁并调节触点<br>(3)更换闸流管 |
| 焊接时电极不下降 | (1)脚踏开关损坏<br>(2)时间调节器中的继电器触点不良<br>(3)电磁气阀卡死或线圈开路<br>(4)压缩空气压力调节过低<br>(5)气罐机械卡死 | (1)修理脚踏开关<br>(2)清洁继电器触点<br>(3)修理或重绕线圈<br>(4)调高气压<br>(5)拆修气罐机械 |

**2. 对焊机**

对焊机的结构如图8-8所示。它是由机架、焊接变压器、活动电极和固定电极、送给机构、夹紧机构等部分组成。

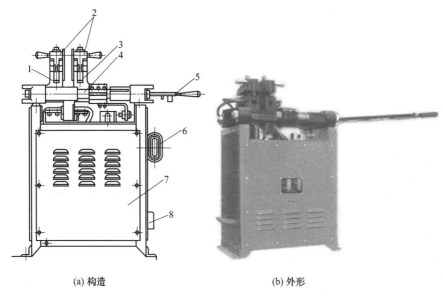

(a) 构造　　　　　　　　(b) 外形

图8-8　对焊机

1—固定夹具；2—夹紧机构与电极；3—活动夹具；4—导轨；
5—送给机构；6—调节闸刀；7—机架；8—电源进线

（1）机架　一般由型材焊接而成，机架内装有焊接变压器，气、水路和控制系统。机架上安装夹紧和送给机构，并要承受较大的顶锻力，因此要求应有足够的强度和刚度。

（2）焊接回路　对焊机的焊接回路一般包括电极、导电平板、二次软线及变压器二次线圈。焊接回路是由刚性和柔性的导线元件相互串联（有时并联）构成的导电回路。

（3）电极与夹紧机构　电极位于夹紧机构之中。焊件置于上、下电极之间，通过手柄转动螺杆压紧。夹紧机构由两个夹具构成，一个是固定的，称为固定夹具；另一个是可移动的，称为动夹具。固定夹具直接安装在机架上，可左右移动。目前常用的夹具结构形式有：手动偏心轮夹紧、手动螺旋夹紧、气压式夹紧、气-液压式夹紧和液压式夹紧。

（4）送给机构　其作用是使焊件同夹具一起沿导轨移动，并提供必要的顶锻力，动作应平稳无冲击。目前常用的送进机构有：手动杠杆式，多用于100kW以下的中小功率焊机中；弹簧式送进机构，多用于压力小于750～1000N的电阻对焊机上；电动凸轮式送进机构，多用于中、大功率自动对焊机上。

常用对焊机型号及技术数据见表8-4。

表8-4　常用对焊机型号及技术数据

| 型　号 | 额定容量 /kV·A | 电源电压 /V | 次级空载电压 /V | 最大焊接截面 （低碳钢）/mm² | 说　明 |
|---|---|---|---|---|---|
| UN2-16 | 16 | 220/380 | 1.76～3.52 | 300 | 可焊低、中碳钢、合金钢及有色金属 |
| UN2-63 | 63 | 380 | 4.5～7.6 | 1000 | 电阻对焊或闪光对焊，可焊低、中碳钢、合金钢及有色金属 |
| UNY-63 | 80 | 380 | 3.8～7.6 | 150 | 连续闪光对焊，可焊棒材、管材、工具及异形截面 |

### 3. 缝焊机和凸焊机

缝焊、凸焊与点焊相似，仅是电极不同，凸焊多采用平面电极，而缝焊则是以旋转的滚盘代替点焊时的圆柱形电极。常用缝焊机型号及技术数据见表8-5，常用凸焊机型号及技术数据见表8-6。

 笔记

表8-5　常用缝焊机型号及技术数据

| 型号 | 额定容量 /kV·A | 电源电压 /V | 电极压力 /N | 电极臂伸出 长度/mm | 可焊低碳钢 厚度/mm | 焊接速度 /(m/min) | 说　明 |
|---|---|---|---|---|---|---|---|
| FN-25-1 | 5 | 220/380 | 1960 | 400 | 1.0+1.0 | 0.86～3.43 | 横向缝焊机，电动式 |
| FN-25-2 | | | | | | | 纵向缝焊机，电动式 |
| FN-63 | 63 | 380 | 6000 | 690 | 1.2+1.2 | 4 | 纵横两用缝焊机 |
| FN-160-8 | 160 | 380 | 8000 | 1000 | 2+2 | 0.6～3 | 横向缝焊机，断续脉冲焊 |
| FZ-16-1 | 16 | 380 | 2400 | 385 | 1.0+1.0 | 0.6～4 | 纵向缝焊机，自动焊接 |

表8-6　常用凸焊机型号及技术数据

| 型　号 | 额定容量 /kV·A | 电源电压 /V | 次级空载电压/V | 电极臂伸出 长度/mm | 电极压力 /N | 可焊厚度 /mm | 生产率 /(点/min) |
|---|---|---|---|---|---|---|---|
| TZ-40 | 40 | 380 | 3.22～6.44 | 650 | 7640 | 低碳钢3+3，铝0.8+0.8 | — |

续表

| 型 号 | 额定容量<br>/kV·A | 电源电压<br>/V | 次级空载<br>电压/V | 电极臂伸出<br>长度/mm | 电极压力<br>/N | 可焊厚度<br>/mm | 生产率<br>/(点/min) |
|---|---|---|---|---|---|---|---|
| TZ-63 | 63 | 380 | 3.65～7.3 | — | 6600 | 低碳钢5.0+<br>5.0 | 65 |
| TZ-125 | 125 | 380 | 4.42～8.85 | — | 14000 | 低碳钢6.0+<br>6.0 | 65 |
| TZ-250 | 250 | 380 | 5.42～10.84 | — | 32000 | 低碳钢8.0+<br>8.0 | 65 |

# 模块三　常用电阻焊方法

## 一、点焊工艺

### 1. 点焊焊接循环

点焊的焊接循环有四个基本阶段，如图8-9所示。

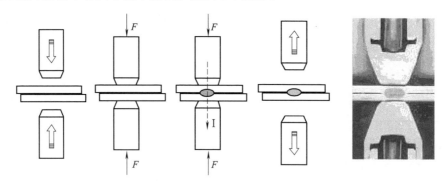

图8-9　点焊的焊接循环

（1）**预压阶段**　电极下降到电流接通阶段，确保电极压紧工件，使工件间有适当压力。

（2）**焊接阶段**　焊接电流通过工件，产热形成熔核。

（3）**结晶阶段**　切断焊接电流，电极压力继续维持至熔核冷却结晶，此阶段也称锻压阶段。

（4）**休止阶段**　电极开始提起到电极再次开始下降，开始下一个焊接循环。

为了改善焊接接头的性能，有时需要将下列各项中的一个或多个加于基本循环：

① 加大预压力以消除厚工件之间的间隙，使之紧密贴合；

② 用预热脉冲提高金属的塑性，使工件易于紧密贴合、防止飞溅；凸焊时这样做可以使多个凸点在通电焊接前与平板均匀接触，以保证各点加热的一致；

③ 加大锻压力以压实熔核，防止产生裂纹或缩孔；

④ 用回火或缓冷脉冲消除合金钢的淬火组织，提高接头的力学性能，或在不加大锻压力的条件下，防止裂纹和缩孔。

### 2. 点焊接头形式

点焊接头形式为搭接和卷边接头，如图8-10所示。接头设计时，必须考虑边距、搭接宽度、焊点间距、装配间隙等。

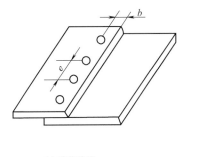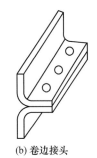

(a) 搭接接头　　　　　　　　　　(b) 卷边接头

图 8-10　点焊接头形式

e—焊点间距；b—边距

（1）边距与搭接宽度　边距是焊点到焊件边缘的距离。边距的最小值取决于被焊金属的种类、焊件厚度和焊接参数。搭接宽度一般为边距的两倍。

（2）焊点间距　焊点间距是为避免点焊产生的分流而影响焊点质量所规定数值。所谓分流是指点焊时不经过焊接区，未参加形成焊点的那一部分电流。分流使焊接区的电流降低，有可能形成未焊透或使核心形状畸变等。焊点间距过大，则接头强度不足；焊点间距过小又有很大的分流，所以应控制焊点间距。不同厚度材料点焊搭接宽度和焊点间距最小值见表 8-7。

表 8-7　点焊搭接宽度及焊点间距最小值　　　　　　　　　　　　mm

| 材料厚度 | 结　构　钢 | | 不　锈　钢 | | 铝　合　金 | |
|---|---|---|---|---|---|---|
| | 搭接宽度 | 焊点间距 | 搭接宽度 | 焊点间距 | 搭接宽度 | 焊点间距 |
| 0.3+0.3 | 6 | 10 | 6 | 7 | | |
| 0.5+0.5 | 8 | 11 | 7 | 8 | 12 | 15 |
| 0.8+0.8 | 9 | 12 | 9 | 9 | 12 | 15 |
| 1.0+1.0 | 12 | 14 | 10 | 10 | 14 | 15 |
| 1.2+1.2 | 12 | 14 | 10 | 12 | 14 | 15 |
| 1.5+1.5 | 14 | 15 | 12 | 12 | 18 | 20 |
| 2.0+2.0 | 18 | 17 | 12 | 14 | 20 | 25 |
| 2.5+2.5 | 18 | 20 | 14 | 16 | 24 | 25 |
| 3.0+3.0 | 20 | 24 | 18 | 18 | 26 | 30 |
| 4.0+4.0 | 22 | 26 | 20 | 22 | 30 | 35 |

（3）装配间隙　接头的装配间隙尽可能小，因为靠压力消除间隙将消耗一部分压力，使实际的压力降低。一般为 0.1～1mm。

生产中还会遇到圆棒与圆棒及圆棒与板材的点焊，其点焊的接头形式如图 8-11 所示。

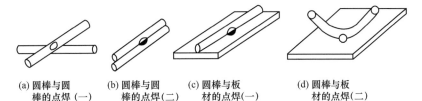

(a) 圆棒与圆　　(b) 圆棒与圆　　(c) 圆棒与板　　(d) 圆棒与板
棒的点焊（一）　棒的点焊（二）　材的点焊（一）　材的点焊（二）

图 8-11　圆棒与圆棒及圆棒与板材的点焊

### 3. 点焊结构形式

点焊接头结构形式的设计应考虑以下因素。

笔记

（1）伸入焊机回路内的铁磁体工件或夹具的断面应尽可能小，且在焊接过程中不能剧烈的变化，否则会增加回路阻抗，使焊接电流减小。

（2）尽可能采用具有强烈水冷的通用电极进行点焊。

（3）可采用任意顺序来进行点焊各焊点，易于防止变形。

（4）焊点离焊件边缘的距离不应太小。

（5）焊点不应布置在难以进行形变的位置。

可进行点焊的典型结构如图 8-12 所示。

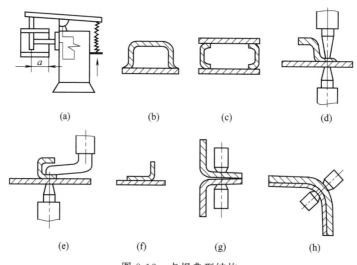

图 8-12    点焊典型结构

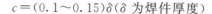

图 8-13    焊点尺寸

$d$—熔核直径；$\delta$—焊件厚度；

$h$—熔深；$c$—压痕深度

### 4. 焊点尺寸

焊点尺寸包括熔核直径、熔深和压痕深度，如图 8-13 所示。

熔核直径与电极端面直径和焊件厚度有关，熔核直径与电极端面直径的关系为 $d=(0.9\sim1.4)d_{极}$，同时应满足下式：

$$d=2\delta+3（\delta \text{ 为焊件厚度}）$$

压痕深度 $c$ 是指焊件表面至压痕底部的距离，应满足下式：

$$c=(0.1\sim0.15)\delta（\delta \text{ 为焊件厚度}）$$

### 5. 熔核偏移及其防止

（1）熔核偏移    熔核偏移是不等厚度、不同材料点焊时，熔核不对称于交界面而向厚板或导电、导热性差的一边偏移的现象。其结果造成导电、导热性好的工件焊透率小，焊点强度降低。熔焊偏移是由两工件产热和散热条件不相同引起的。厚度不等时，厚件一边电阻大、交界面离电极远，故产热多而散热少，致使熔核偏向厚件；材料不同时，导电、导热性差的材料产热易而散热难，故熔核也偏向这种材料，如图 8-14 所示，图中 $\rho_1$、$\rho_2$ 为电阻率。

（2）防止熔核偏移的方法    防止熔核偏移的原则是：增加薄板或导电、导热好的工件的产热，还要加强厚板或导电、导热差的工件的散热。常用的方法有以下几种。

① 采用强规范    强规范电流大，通电时间短，加大了工件间接触电阻产热的影响，

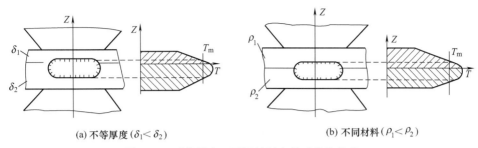

(a) 不等厚度 ($\delta_1 < \delta_2$)　　　　　　(b) 不同材料 ($\rho_1 < \rho_2$)

图 8-14　不等厚度、不同材料点焊时熔核偏移

降低电极散热的影响，有利于克服熔核偏移。例如用电容储能焊机（一般大电流和极短的通电时间）能够点焊厚度比达 20：1 的焊件。

② 采用不同接触表面直径的电极　在薄件或导热、导电好的工件一侧，采用较小直径的电极，以增加该面的电流密度，同时减小其电极的散热影响。

③ 采用不同的电极材料　在薄件或导电好的材料一面选用导热差的铜合金，以减少这一侧的热损失。

④ 采用工艺垫片　在薄件或导电、导热好的工件一侧，垫一块由导电、导热差的金属支撑的垫片（厚度 0.2～0.3mm）以减少这一侧的散热。

### 6. 焊前表面清理

点焊工件的表面必须清理，去除表面的油污、氧化膜。冷轧钢板的工件，表面无锈，只需去油；对铝及铝合金等金属表面，必须用机械或化学清理方法去除氧化膜，并且必须在清理后规定的时间内进行焊接。

### 7. 点焊工艺参数

点焊工艺参数主要包括焊接电流、焊接通电时间、电极压力、电极工作端面的形状与尺寸等。

（1）焊接电流　焊接电流是决定产热大小的关键因素，将直接影响熔核直径与焊透率，必然影响到焊点的强度。电流太小，则能量过小，无法形成熔核或熔核过小。电流太大，则能量过大，容易引起飞溅的产生。

 笔记

（2）焊接通电时间　焊接通电时间对产热与散热均产生一定的影响，在焊接通电时间内，焊接区产出的热量除部分散失外，将逐步积累，用来加热焊接区，使熔核扩大到所要求的尺寸。如焊接通电时间太短，则难以形成熔核或熔核过小。要想获得所要求的熔核，应使焊接通电时间有一个合适的范围，并与焊接电流相配合。焊接时间一般以周波计算，一周波为 0.02s。

（3）电极压力　电极压力大小将影响到焊接区的加热程度和塑性变形程度。随着电极压力的增大，则接触电阻减小，使电流密度降低，从而减慢加热速度，导致焊点熔核直径减小。如在增大电极压力的同时，适当延长焊接时间或增大焊接电流，可使焊点熔核增加，从而提高焊点的强度。

（4）电极工作端面的形状与尺寸　根据焊件结构形式、焊件厚度及表面质量要求等的不同，应使用不同形状的电极。

低碳钢点焊工艺参数见表 8-8。

## 二、对焊工艺

### 1. 焊件准备

闪光对焊的焊件准备包括：端面几何形状、毛坯端头的加工和表面清理。

表 8-8　低碳钢点焊工艺参数

| 板厚<br>/mm | 电极端部直径<br>/mm | 电极压力<br>/kN | 焊接时间<br>/周波 | 熔核直径<br>/mm | 焊接电流<br>/kA |
|---|---|---|---|---|---|
| 0.3 | 3.2 | 0.75 | 8 | 3.6 | 34.5 |
| 0.5 | 4.8 | 0.90 | 9 | 4.0 | 5.0 |
| 0.8 | 4.8 | 1.25 | 13 | 4.8 | 6.5 |
| 1.0 | 6.4 | 1.50 | 17 | 5.4 | 7.2 |
| 1.2 | 6.4 | 1.75 | 19 | 5.8 | 7.7 |
| 1.5 | 6.4 | 2.40 | 25 | 6.7 | 9.0 |
| 2 | 8.0 | 3.00 | 30 | 7.6 | 10.3 |

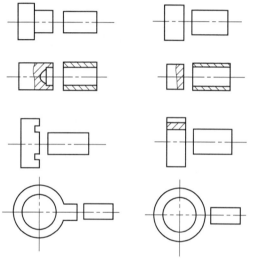

(a) 合理　　　　　　(b) 不合理

图 8-15　闪光对焊的接头形式

闪光对焊时，两工件对接面的几何形状和尺寸应基本一致（见图 8-15）。否则将不能保证两工件的加热和塑性变形一致，从而将会影响接头质量。在生产中，圆形工件直径的差别不应超过 15%，方形工件和管形工件不应超过 10%。在闪光对焊大断面工件时，最好将一个工件的端部倒角，使电流密度增大，以便于激发闪光。对焊毛坯端头的加工可以在剪床、冲床、车床上进行，也可以用等离子弧或气体火焰切割，然后清除端面。

闪光对焊时，因端部金属在闪光时被烧掉，故对端面清理要求不甚严格，但对夹钳和工件接触面要严格清理。

**2. 闪光对焊过程**

闪光对焊是对焊的主要形式，在生产中应用广泛。闪光对焊可分为连续闪光对焊和预热闪光对焊。连续闪光对焊过程由两个主要阶段组成：闪光阶段和顶锻阶段。预热闪光对焊只是在闪光阶段前增加了预热阶段。

（1）闪光阶段　在焊件两端面接触时，许多小触点通过大的电流密度而熔化形成液态金属过梁。在高温下，过梁不断爆破，由于蒸气压力和电磁力的作用，液态金属微粒不断从接口中喷射出来，形成火花束流——闪光。闪光过程中，工件端面被加热，温度升高，闪光过程结束前，必须使工件整个端面形成一层液态金属层，使一定深度的金属达到塑性变形温度。

（2）顶锻阶段　闪光阶段结束时，立即对工件施加足够的顶锻压力，过梁爆破被停止，进入顶锻阶段。在压力作用下，接头表面液态金属和氧化物被清除，使洁净的塑性金属紧密接触，并产生塑性变形，以促进再结晶进行，形成共同晶粒，获得牢固优质接头。

**3. 闪光对焊工艺参数**

闪光对焊的主要工艺参数有：伸出长度、闪光电流、闪光留量、闪光速度、顶锻留量、顶锻速度、顶锻压力、顶锻电流、夹钳夹持力等。

（1）伸出长度　伸出长度影响沿工件轴向的温度分布和接头的塑性变形。一般情况下，棒材和厚壁管材伸出长度为 $(0.7\sim1.0)d$，$d$ 为圆棒料的直径或方棒料的边长。对

笔记

于薄板（$\delta=1\sim4$mm），为了顶锻时不失稳，一般取（$4\sim5$)$\delta$，如图 8-16 所示。

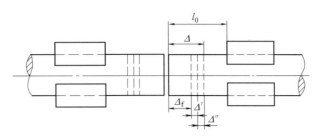

图 8-16　闪光对焊伸出长度和闪光对焊留量的分配示意图
$\Delta$—焊件上总留量；$\Delta_f$—闪光对焊留量；
$\Delta'$—有电顶锻留量；$\Delta''$—无电顶锻留量；$l_0$—伸出长度

（2）闪光电流和顶锻电流　闪光电流取决于工件的断面积和闪光所需要的电流密度，电流密度的大小又与被焊金属的物理性能、闪光速度、工件断面的面积和形状以及端面的加热状态有关。在闪光过程中，随着闪光速度的逐渐提高和接触电阻 $R_c$ 的逐渐减小，电流密度将增大。顶锻时，$R_c$ 迅速消失，电流将急剧增大到顶锻电流。

（3）闪光留量　选择闪光留量时，应满足在闪光结束时整个工件端面有一熔化金属层，同时在一定深度上达到塑性变形温度。如过闪光留量过小，则不能满足上述要求，会影响焊接质量。闪光留量过大，又会浪费金属材料，降低生产率，如图 8-16 所示。

（4）闪光速度　足够大的闪光速度才能保证闪光的强烈和稳定，但闪光速度过大会使加热区过窄，增加塑性变形的困难。同时，由于需要的焊接电流增加，会增大过梁爆破后的火口深度，因此将会降低接头质量。

（5）顶锻留量　顶锻留量影响液态金属的排除和塑性变形的大小。顶锻留量过小时，液态金属残留在接口中，易形成疏松、缩孔、裂纹等缺陷；顶锻留量过大时，也会因晶纹弯曲严重，降低接头的冲击韧度。顶锻留量根据工件断面积选取，随着断面积的增大而增大。

顶锻时，为防止接口氧化，在端面接口闭合前不马上切断电流，因此顶锻留量应包括两部分——有电流顶锻留量和无电流顶锻留量，前者为后者的 0.5～1 倍。

（6）顶锻速度　为避免接口区因金属冷却而造成液态金属排除及塑性金属变形的困难，以及防止端面金属氧化，顶锻速度越快越好。

（7）顶锻压力　顶锻压力通常以单位面积的压力，即顶锻压强来表示。顶锻压强的大小应保证能挤出接口内的液态金属，并在接头处产生一定的塑性变形。顶锻压强过大，则变形不足，接头强度下降；顶锻压强过小，则变形量过大，晶纹弯曲严重，又会降低接头冲击韧度。

顶锻压强的大小取决于金属性能、温度分布特点、顶锻留量和速度、工件端面形状等因素。高温强度大的金属要求大的顶锻压强。增大温度梯度就要提高顶锻压强。由于高的闪光速度会导致温度梯度增大，因此焊接导热性好的金属（铜、铝合金）时，需要大的顶锻压强（150～400MPa）。

（8）夹钳夹持力　夹钳夹持力的大小必须保证在顶锻时不打滑，通常夹钳夹持力为顶锻压力的 1.5～4.0 倍。

此外，对于预热闪光对焊还应考虑预热温度和预热时间。预热温度根据工件断面和材料性能选择，焊接低碳钢时，一般不超过 700～900℃，预热时间根据预热温度来确定。

笔记

表 8-9 为低碳钢棒材闪光对焊的工艺参数。

表 8-9    低碳钢棒材闪光对焊的工艺参数

| 直径/mm | 顶锻压力/MPa | 伸出长度/mm | 闪光留量/mm | 顶锻留量/mm | 闪光时间/s |
| --- | --- | --- | --- | --- | --- |
| 5 | 60 | 4.5 | 3 | 1 | 1.5 |
| 6 | 60 | 5.5 | 3.5 | 1.3 | 1.9 |
| 8 | 60 | 6.5 | 4 | 1.5 | 2.25 |
| 10 | 60 | 8.5 | 5 | 2 | 3.25 |
| 12 | 60 | 11 | 6.5 | 2.5 | 4.25 |
| 14 | 70 | 12 | 7 | 2.8 | 5.00 |
| 16 | 70 | 14 | 8 | 3 | 6.75 |
| 18 | 70 | 15 | 9 | 3.3 | 7.5 |
| 20 | 70 | 17 | 10 | 3.6 | 9.0 |
| 25 | 80 | 21 | 12.5 | 4.0 | 13.00 |
| 30 | 80 | 25 | 15 | 4.6 | 20.00 |
| 40 | 80 | 33 | 20 | 6.0 | 45 |

# 模块四    焊接工程实例

Q235 薄钢板电阻点焊，焊件及技术要求如图 8-17 所示。

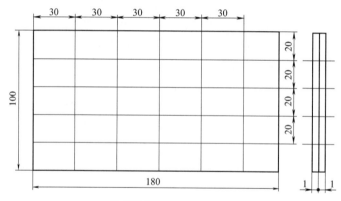

技术要求
1. 在直线交点上电阻点焊,焊点熔合良好;
2. 母材Q235钢。

图 8-17    薄钢板电阻点焊焊件及技术要求

### 1. 焊前准备

（1）焊件    Q235 钢板，长×宽×厚为 180mm×100mm×1.0mm，两块。

（2）点焊机    DN2 型电阻点焊机。

（3）焊件表面清理    用砂布清理焊件表面的油污、氧化膜，并在短时间内进行焊接。

### 2. 点焊工艺参数

电阻点焊工艺参数，见表 8-10。

表 8-10    电阻点焊工艺参数

| 板厚/mm | 焊接通电时间/s | 焊接电流/kA | 电极压力/kN |
| --- | --- | --- | --- |
| 1.0 | 0.2～0.4 | 6～8 | 1.5 |

### 3. 启动焊机

（1）合上电源开关；慢慢打开冷却水阀，并检查排水管是否有水流出；接着打开气源开关，按焊件要求参数调节气压；检查电极的相互位置，调节上、下电极，使接触表面对齐同心并贴合良好。

（2）根据焊接要求，通过焊接变压器和控制系统调整各开关及旋钮，调节焊接电流、预压时间、焊接时间、锻压时间、休止时间等工艺参数。

（3）按启动按钮，接通控制系统，约 5min 指示灯亮，表示准备工作结束，可以开动焊机进行焊接。

### 4. 焊接操作

操作姿势：操作者成站立姿势，面向电极，右脚向前跨半步踏在脚踏开关上，左手持焊件，右手搬动开关或手动三通阀。操作姿势如图 8-18 所示。

图 8-18　点焊操作姿势示意图

（1）预压　首先将焊件放置在下电极端头处，踩下脚踏开关，电磁气阀通电动作，上电极下降压紧焊件，经过一定的时间预压。

（2）焊接　触发电路启动工作，按已调好的焊接电流对焊件进行通电加热，经过一定的时间，触发电路断电，焊接阶段结束。

（3）锻压　在焊件焊点的冷凝过程中，经过一定时间的锻压后，电磁气阀随之断开，上电极开始上升，锻压结束。

（4）休止　经过一定的休止时间，若抬起脚踏开关，则一个焊点焊接过程结束，为下一个焊点焊接做好准备。

（5）停止操作　焊接停止时，应先切断电源开关，然后经过 10min 后再关闭冷却水。

## 模块五　1＋X 考证题库

### 一、填空题

1. 常用的电阻焊方法主要有_____、_____、_____和_____。

2. 电阻焊是焊件组合后通过电极施加_____，利用电流通过接头的_____及邻近区域产生的_____进行焊接的方法。

3. 电阻焊产生电阻热的电阻有_____、_____和_____三部分，其中_____产生的电阻热是主要热源。

4. 点焊按对工件供电的方向可分为_____和_____。按一次形成的焊点数，可分为

_____、_____、_____。

5. 对焊按加压和通电方式不同可分为_____和_____。

6. 点焊时的工艺参数有_____、_____、_____、_____等。

7. 点焊时不经过焊接区，未参加形成_____的那一部分电流称为_____，点距愈小，分流_____。

8. 点焊时，熔核不对称于交界面而向厚板或导电、导热性差的一侧偏移的现象叫_____。厚度不等时，熔核易偏向_____，材料不同时，熔核易偏向导电、导热性_____的材料一侧。

9. 电阻焊电极的作用是_____和_____，电极材料主要由_____制作。

10. 点焊时，焊件表面常用的清理方法有_____和_____两种。

## 二、判断题（正确的画"√"，错误的画"×"）

1. 凸焊本质上就是点焊。                                      （    ）

2. 点焊时，焊接电流切断后就不能再对焊件施加压力。            （    ）

3. 不同厚度的金属材料不能用点焊焊在一起。                    （    ）

4. 不同性质的金属材料可以采用点焊焊在一起。                  （    ）

5. 点焊电极均采用不锈钢制造。                                （    ）

6. 缝焊适合于厚件的搭接焊。                                  （    ）

7. 电阻对焊最适合于焊接大截面焊件。                          （    ）

8. 闪光对焊时，由于闪光的结果，使接缝处的氧化物比电阻对焊多。（    ）

9. 闪光对焊时，对焊件端面的准备要比电阻对焊严得多。          （    ）

10. 闪光对焊主要是利用闪光产生的热量来加热焊件的一种方法。    （    ）

## 三、问答题

1. 何谓接触电阻？影响接触电阻的因素有哪些？

2. 防止点焊熔核偏移的措施有哪些？

3. 点焊焊接循环由几个基本阶段组成？有何特点？

笔记

# 焊接榜样

**大国工匠：高凤林（中国航天科技集团首都航天机械有限公司焊接高级技师）**

高凤林参与过一系列航天重大工程，焊接过的火箭发动机占我国火箭发动机总数的近四成。攻克了长征五号的技术难题，为北斗导航、嫦娥探月、载人航天等国家重点工程的顺利实施以及长征五号新一代运载火箭研制作出了突出贡献。

所获荣誉：国家科学技术进步二等奖、全国劳动模范、全国五一劳动奖章、全国道德模范、最美职工。

# 第九单元

## 其他焊接、切割方法与工艺

焊接方法的种类很多，除了焊接生产中常用的焊条电弧焊、埋弧焊、气体保护电弧焊、等离子弧焊与切割、电阻焊外，还有一些适合于特殊焊接结构的焊接方法，如电渣焊、钎焊等。同时，还涌现了一些新的焊接方法与技术，如高能束焊、焊接机器人、CMT 焊等，这些方法与技术对保证产品质量，提高劳动生产率起到了十分重要的作用。

## 模块一　认识钎焊

### 一、钎焊原理及特点

#### 1. 钎焊原理

钎焊是采用比焊件熔点低的金属材料作钎料，将焊件和钎料加热到高于钎料熔点，低于焊件熔点的温度，利用液态钎料润湿母材，填充接头间隙并与母材相互扩散实现连接的方法，其过程如图 9-1 所示。

笔 记

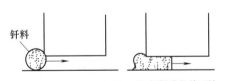 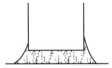

(a) 在接头处安置钎料，并对焊　(b) 钎料熔化并开始　(c) 钎料填满整个钎缝间隙，
件和钎料进行加热　　　　　流入钎缝间隙　　　　凝固后形成钎焊接头

图 9-1　钎焊过程示意图

要获得牢固的钎接接头，首先必须使熔化的钎料能很好地流入并填满接头间隙，其次钎料与焊件金属相互作用形成金属结合。

（1）液态钎料的填隙原理　要使熔化的钎料能很好地流入并填满间隙，就必须具备润湿作用和毛细作用两个条件。

① 润湿作用　钎焊时，液态钎料对焊件浸润和附着的作用称为润湿作用。液态钎料对焊件的润湿作用越强，焊件金属对液态钎料的吸附力就越大，液态钎料也就越易在焊件上铺展，液态钎料就易顺利地填满缝隙。一般来说钎料与焊件金属能相互形成固溶体或者化合物时润湿作用较好。图 9-2 为液态钎料对焊件的润湿情况。

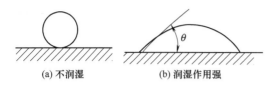

(a) 不润湿　　(b) 润湿作用强

图 9-2　液态钎料对焊件的润湿情况

必须注意的是，当钎料和钎焊工件表面存在氧化膜时，润湿作用较差，因此焊前必须做好清理工作。

② 毛细作用　通常钎焊间隙很小，如同毛细管。钎焊时，钎料依靠毛细作用在钎焊间隙内流动。熔化钎料在接头间隙中的毛细作用越强，熔化钎料的填缝作用也就越好。一般来说熔化钎料对固态焊件润湿作用好的，毛细作用也强。间隙大小对毛细作用影响也较大，间隙越小，毛细作用越强，填缝也充分。但是间隙过小，钎焊时焊件金属受热膨胀，反而使填缝困难。

(2) 钎料与焊件金属的相互作用　液态钎料在填缝过程中，还会与焊件金属发生相互物理化学作用。一是固态焊件溶解于液态钎料；二是液态钎料向焊件扩散，这两个作用对钎焊接头的性能影响很大。当溶解与扩散的结果使它们形成固溶体时，则接头的强度与塑性都高。如果溶解与扩散的结果使它们形成化合物时则接头的塑性就会降低。

### 2. 钎焊的分类及特点

(1) 钎焊的分类

① 按钎料熔点不同，钎焊可分为软钎焊和硬钎焊。当所采用的钎料的熔点（或液相线）低于 450℃ 时，称为软钎焊；当其温度高于 450℃ 时，称为硬钎焊。

② 按照热源种类和加热方式不同，钎焊可分为火焰钎焊、炉中钎焊、感应钎焊、电阻钎焊、电弧钎焊、激光钎焊、气相钎焊、烙铁钎焊等。最简单、最常用的是火焰钎焊和烙铁钎焊，火焰钎焊示意图如图 9-3 所示。常用钎焊方法的优缺点及适用范围见表 9-1。

火焰钎焊

📝 笔记

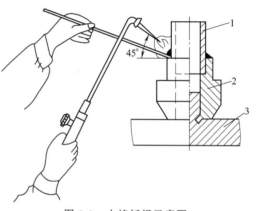

图 9-3　火焰钎焊示意图
1—导管；2—套接接头；3—工作平台

表 9-1　常用钎焊方法的优缺点及适用范围

| 钎焊方法 | 优点 | 缺点 | 用途 |
|---|---|---|---|
| 烙铁钎焊 | 设备简单，灵活性好，适用微细件钎焊 | 需使用钎剂 | 只能用于软钎焊，且只能钎焊小件 |
| 火焰钎焊 | 设备简单，灵活性好 | 控制温度困难，操作技术要求较高 | 钎焊小件 |
| 感应钎焊 | 加热快，钎焊质量好 | 温度不能精确控制，焊件形状受限制 | 批量钎焊小件 |
| 电阻钎焊 | 加热快，生产率高，成本较低 | 控制温度困难，焊件形状、尺寸受限制 | 钎焊小件 |
| 炉中钎焊 | 能精确控制温度，加热均匀，变形小，钎焊质量好 | 设备费用高，钎料和焊件不易含较多易挥发元素 | 大、小件批量生产，多焊缝焊件的钎焊 |

(2) 钎焊特点　钎焊与熔焊方法比较，具有如下的特点。

① 钎焊时加热温度低于焊件金属的熔点，所以钎焊时，钎料熔化，焊件不熔化，焊

件金属的组织和性能变化较少。钎焊后，焊件的应力与变形较少，可以用于焊接尺寸精度要求较高的焊件。

② 某些钎焊，它可以一次焊几条、几十条钎缝甚至更多，所以生产率高，如自行车车架的焊接。它还可以焊接其他方法无法焊接的结构形状复杂的工件。

③ 钎焊不仅可以焊接同种金属，也适宜焊接异种金属，甚至可以焊接金属与非金属，例如原子能反应堆中的金属与石墨的钎焊，因此应用范围很广。

④ 钎焊接头的强度和耐热能力较基本金属低；装配要求比熔焊高；以搭接接头为主，使结构重量增加。

## 二、钎料与钎剂

### 1. 钎料

钎焊时用作形成钎缝的填充金属，称为钎料。

（1）对钎料的基本要求

① 钎料应具有合适的熔点。钎料的熔点至少应比焊件的熔点低几十摄氏度。

② 钎料应具有良好的润湿性，能充分填满钎焊间隙。

③ 钎料与焊件金属应能充分发生溶解、扩散作用，保证它们之间形成牢固的结合。

④ 所获得的钎焊接头应能满足产品的技术要求，如力学性能、物理化学性能。

⑤ 钎料应具有稳定和均匀成分，尽量减少钎焊过程中的偏析现象和易挥发元素的损耗，从而使接头性能稳定。

⑥ 考虑钎料的经济性，尽量不用或少用稀有金属和贵金属。

（2）钎料的分类　按钎料的熔点不同，钎料可以分为软钎料（熔点低于450℃）和硬钎料（熔点高于450℃）两大类。按组成钎料的主要元素，把钎料分成各种金属基的钎料。软钎料包括锡基、铅基、铋基、铟基、锌基、镉基等，其中锡铅钎料是应用最广的一类软钎料。硬钎料包括铝基、银基、铜基、镁基、锰基、镍基、金基、钯基、钼基、钛基等，其中银基钎料是应用最广的一类硬钎料。

（3）钎料的型号及牌号

相关国家标准对钎焊的型号作了规定，如 GB/T 10046—2018《银钎料》、GB/T 10859—2008《镍基钎料》、GB/T 6418—2008《铜基钎料》、GB/T 13815—2008《铝基钎料》、GB/T 3131—2001《锡铅钎料》等。

① 钎料型号由两部分组成。

② 型号中第一部分用一个大写英文字母表示钎料的类型："S"表示软钎料；"B"表示硬钎料。

③ 钎料型号中的第二部分由主要合金组分的化学元素符号组成。

a. 在这部分中第一个化学元素符号表示钎料的基本组成，其他化学元素符号按其质量分数顺序排列，当几种元素具有相同质量分数时，按其原子序数顺序排列。

b. 质量分数小于1％的元素在型号中不必标出，如某元素是钎料的关键组分一定要标出时，将其元素符号用括号标出。

c. 软钎料每个化学元素符号后都要标出其公称质量分数。硬钎料仅第一个化学元素符号后标出。

例如：一种含锡60％、铅39％、锑0.4％的软钎料，型号表示为SSn60Pb40Sb；二元共晶钎料含银72％、铜28％，型号表示为BAg72Cu。

笔记

钎料的牌号有两种表示法。一种是原机械电子工业部的编号方法：以 HL 表示钎料，第一位数字表示钎料化学成分组成类型，第二、三位数字，表示同一类型钎料的不同编号，如 HL302；在原机械电子工业部之前的"一机部"则是用汉字"料"加上三位数表示钎料的，三位数字的含义同前，如料 103，此种钎料化学成分组成类型见表 9-2。另一种是原冶金部的编号方法：以 H1 表示钎料，其次用两个元素符号表示钎料的主要元素，最后用一个或数个数字标出除第一个主要元素外钎料主要合金元素含量，如 H1SnPb10。

表 9-2  钎料化学成分组成类型

| 钎料牌号 | 化学组成类型 | 钎料牌号 | 化学组成类型 |
| --- | --- | --- | --- |
| HL1(料 1××) | 铜锌合金 | HL5(料 5××) | 锌及镉合金 |
| HL2(料 2××) | 铜磷合金 | HL6(料 6××) | 锡铅合金 |
| HL3(料 3××) | 银合金 | HL7(料 7××) | 镍基合金 |
| HL4(料 4××) | 铝合金 | | |

## 2. 钎剂

钎剂是钎焊时使用的熔剂。它的作用是清除钎料和焊件表面的氧化物，并保护焊件和液态钎料在钎焊过程中免于氧化，改善液态对焊件的润湿性。

（1）钎剂分类　从不同角度出发，可将钎剂分为多种类型。如按使用温度不同，可分为软钎剂和硬钎剂；按用途不同，可分为普通钎剂和专用钎剂。此外，考虑到作用状态的特征不同，还可分出一类气体钎剂。钎剂的分类如图 9-4 所示。

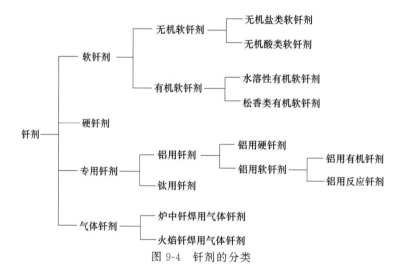

图 9-4  钎剂的分类

① 软钎剂　在 450℃以下钎焊用的钎剂称为软钎剂，软钎剂可分为无机软钎剂和有机软钎剂，如氯化锌水溶液就是最常用的无机软钎剂。

② 硬钎剂　在 450℃以上钎焊用的钎剂称为硬钎剂，常用的硬钎剂主要是以硼砂、硼酸及它们的混合物为基体，以某些碱金属或碱土金属的氟化物、氟硼酸盐等为添加剂的高熔点溶剂，如 QJ102、QJ103 等。

③ 专用钎剂　专用钎剂是为那些氧化膜难以去除的金属材料钎焊而设计的，如铝用钎剂、钛用钎剂等。

④ 气体钎剂　气体钎剂是炉中钎焊和火焰钎焊过程中起钎剂作用的气体，常用的气体是三氟化硼、硼酸甲酯等。它的最大优点是焊前不需预涂钎剂，焊后无钎剂残渣不需清理。常用气体钎剂的种类和用途见表 9-3。

表 9-3 常用气体钎剂的种类和用途

| 气体种类 | 适用方法 | 钎焊温度/℃ | 用 途 |
|---|---|---|---|
| 三氟化硼 | 炉中钎焊 | 1050～1150 | 不锈钢、耐热合金 |
| 三氯化硼 | 炉中钎焊 | 300～1000 | 铜及其合金、铝及其合金、碳钢及不锈钢 |
| 三氯化磷 | 炉中钎焊 | 300～1000 | 铜及其合金、铝及其合金、碳钢及不锈钢 |
| 硼酸甲酯 | 火焰钎焊 | ＞900 | 碳钢、铜及其合金 |

（2）钎剂牌号　钎剂牌号的编制方法：QJ 表示钎剂；QJ 后的第一位数字表示钎剂的用途类型，如"1"为铜基和银基钎料用的钎剂，"2"为铝及铝合金钎料用钎剂；QJ 后的第二、第三位数字表示同一类钎剂的不同牌号。

各种金属材料火焰钎焊的钎料和钎剂的选用，见表 9-4。

表 9-4 各种金属材料火焰钎焊的钎料和钎剂的选用

| 钎焊金属 | 钎料 | 钎焊熔剂 |
|---|---|---|
| 碳钢 | 铜锌钎料 B-Cu54Zn<br>银钎料 B-Ag45CuZn | 硼砂或硼砂 60％＋硼酸 40％或 QJ102 等 |
| 不锈钢 | 铜锌钎料 B-Cu54Zn<br>银钎料 B-Ag50CuZnCdNi | 硼砂或硼砂 60％＋硼酸 40％或 QJ102 等 |
| 铸铁 | 铜锌钎料 B-Cu54Zn<br>银钎料 B-Ag50CuZnCdNi | 硼砂或硼砂 60％＋硼酸 40％或 QJ102 等 |
| 硬质合金 | 铜锌钎料 B-Cu54Zn<br>银钎料 B-Ag50CuZnCdNi | 硼砂或硼砂 60％＋硼酸 40％或 QJ102 等 |
| 铜及铜合金 | 铜磷钎料 B-Cu80AgP<br>铜锌钎料 B-Cu54Zn<br>银钎料 B-Ag45CuZn | 铜磷钎料钎焊纯铜时不用熔剂，钎焊铜合金时用硼砂或硼砂 60％＋硼酸 40％或 QJ103 等 |
| 铝及铝合金 | 铝钎料 B-Al67CuSi | QJ201 |

## 三、钎焊工艺

### 1. 钎焊接头形式

钎焊时钎缝的强度比母材低，若采用对接接头，则接头的强度比母材差，T 形接头、角接接头情况相类似。所以，钎焊大多采用增加搭接面积来提高承载能力的搭接接头或局部搭接化的对接接头，一般搭接长度为板厚的 3～4 倍，但不超过 15mm。常用钎焊接头形式如图 9-5 所示。

### 2. 焊前准备

焊接前应使用机械方法或化学方法，除去焊件表面氧化膜。为防止液态钎料随意流动，常在焊件非焊表面涂阻流剂。

### 3. 装配间隙及钎料放置

钎焊间隙应当适中，间隙过小，钎料流入困难，在钎缝内形成夹渣或未钎透，导致接头强度下降；间隙过大，毛细作用减弱，钎料不能填满间隙使钎缝强度降低，同时钎缝过大也使钎料消耗过多。各种材料钎焊时，钎焊接头间隙见表 9-5。钎料可在钎焊过程中送给，也可在钎焊前预先放置。大多数钎焊方法钎料都是预先放置在

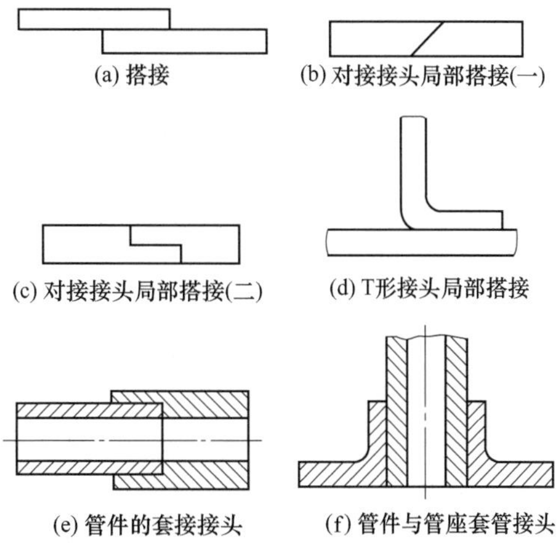

(a) 搭接　　　　　(b) 对接接头局部搭接(一)

(c) 对接接头局部搭接(二)　　　(d) T 形接头局部搭接

(e) 管件的套接接头　　　(f) 管件与管座套管接头

图 9-5 常用钎焊接头形式

笔记

接头上的，使其熔化后在重力与毛细作用下易填满钎缝。

表 9-5　各种材料钎焊接头间隙

| 钎焊金属 | 钎料 | 间隙/mm | 钎焊金属 | 钎料 | 间隙/mm |
|---|---|---|---|---|---|
| 碳钢 | 铜 | 0.01～0.05 | 不锈钢 | 铜 | 0.01～0.05 |
|  | 铜锌 | 0.05～0.20 |  | 银基 | 0.05～0.20 |
|  | 银基 | 0.03～0.15 |  | 锰基 | 0.01～0.05 |
|  | 锡铅 | 0.05～0.20 |  | 镍基 | 0.02～0.10 |
| 铜及铜合金 | 铜锌 | 0.05～0.20 |  | 锡铅 | 0.05～0.20 |
|  | 铜磷 | 0.03～0.15 | 铝及铝合金 | 铝基 | 0.10～0.25 |
|  | 银基 | 0.05～0.20 |  | 锌基 | 0.10～0.30 |

#### 4. 钎焊工艺参数

钎焊工艺参数主要是钎焊温度和保温时间。钎焊温度一般高于钎料熔点 25～60℃；钎料与基本金属作用强的保温时间取短些，间隙大的、焊件尺寸大的保温时间则取长些。

#### 5. 焊后清理

钎剂残渣大多数对钎焊接头起腐蚀作用，同时也妨碍对钎缝的检查，所以焊后必须及时清除，一般应在钎焊后 8h 内进行。

对于含松香的不溶于水的钎剂，可用异丙醇、酒精、汽油、三氯乙烯等熔剂去清除；对于有机酸和盐类组成的溶于水的钎剂，可将焊件放在热水中冲洗。

对于硼砂、硼酸组成的硬钎剂，钎焊后成玻璃状，很难溶于水去除，一般用机械方法清除。生产中常将焊件投入热水中，借助焊件及钎缝与残渣的膨胀系数差来去除残渣。另外也可采用在 70～90℃ 的 2%～3% 的重铬酸钾溶液中进行较长时间的浸洗来去除。

#### 6. 钎焊注意事项

（1）钎焊过程中接触的化学溶液较多，应严格遵守使用和保管有关化学溶液的规定。

（2）钎焊过程中要防止锌、镉等蒸气及氟化氢的毒害。凡使用含锌、镉等钎料及氟化物钎剂进行钎焊时，应在通风流畅的条件下进行，操作时要戴防护口罩。

（3）凡钎焊工作区域空间高度低于 5m 时或在妨碍对流通风的场合进行钎焊时，必须安装通风装置，以防有毒物质的积聚。

# 模块二　认识电渣焊

## 一、电渣焊的原理及特点

### 1. 电渣焊的原理

电渣焊是利用电流通过液体熔渣所产生的电阻热进行焊接的方法。其原理如图 9-6 所示。

焊接开始时，先在电极和引弧板之间引燃电弧，电弧熔化焊剂形成渣池。当渣池达到一定深度后，电弧熄灭，这一过程称为引弧造渣阶段。随后进入正常焊接阶段，这时电流经过电极并通过渣池传到焊件。由于渣池中的液态熔渣电阻较大，通过电流时就产生大量的电阻热，将渣池加热到很高温度（1700～2000℃）。使电极及焊件熔化，并下沉到底部形成金属熔池，而密度较熔化金属小的熔渣始终浮于金属熔池上部起保护作用。随着焊接过程的连续进行，熔池金属的温度逐渐降低，在冷却滑块的作用下，强迫凝固形成焊缝。

最后是引出阶段,即在焊件上部装有引出板,以便将渣池和收尾部分的焊缝引出焊件,以保证焊缝质量。

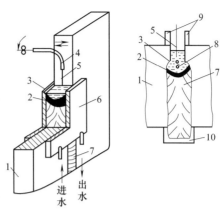

#### 2. 电渣焊的特点

(1)生产率高 对于大厚度的焊件,可以一次焊好,且不必开坡口。还可以一次焊接焊缝截面变化大的焊件。因此电渣焊要比电弧焊的生产效率高得多。

(2)经济效果好 电渣焊的焊缝准备工作简单,大厚度焊件不需要进行坡口加工,即可进行焊接,因而可以节约大量金属和加工时间。此外,由于在加热过程中,几乎全部电能都经渣池转换成热能,因此电能的损耗量小。

图 9-6 电渣焊焊接过程示意图
1—焊件;2—金属熔池;3—渣池;4—导电嘴;
5—焊丝;6—冷却滑块;7—焊缝;
8—金属熔滴;9—引出板;10—引弧板

电渣焊

(3)宜在垂直位置焊接 当焊缝中心线处于垂直位置时,电渣焊形成熔池及焊缝成形条件最好,一般适合于垂直位置焊缝的焊接。

(4)焊缝缺陷少 电渣焊时,渣池在整个焊接过程中总是覆盖在焊缝上面,一定深度的渣池使液态金属得到良好的保护,以避免空气的有害作用,并对焊件进行预热,使冷却速度缓慢有利用于熔池中气体、杂质有充分的时间析出,所以焊缝不易产生气孔、夹渣及裂纹等缺陷。

(5)焊接接头晶粒粗大 这是电渣的主要缺点。由于电渣热过程的特点,造成焊缝和热影响区的晶粒大,使焊接接头的塑性和冲击韧性降低,但是通过焊后热处理,能够细化晶粒,满足对力学性能的要求。

## 二、电渣焊的分类及应用

📝 笔记

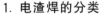

#### 1. 电渣焊的分类

电渣焊根据所用的电极形状不同可分为:丝极电渣焊、板极电渣焊和熔嘴电渣焊(包括管极电渣焊)。

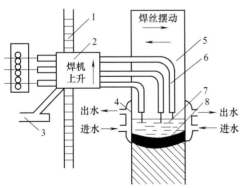

图 9-7 丝极电渣焊示意图
1—导轨;2—焊机机头;3—控制台;4—冷却滑块;
5—焊件;6—导电嘴;7—渣池;8—熔池

(1)丝极电渣焊 用焊丝作为熔化电极的电渣焊,根据焊件的厚度不同可以用一根焊丝或多根焊丝焊接。焊丝还可作横向摆动,此方法一般适用于40mm以上厚度焊件及较长焊缝的焊接,如图9-7所示。

(2)板极电渣焊 用金属板条作为电极的电渣焊,如图9-8所示。其特点是设备简单,不需要电极横向摆动,可利用边料作电极。此法要求板极长度为焊缝长度的3~4倍,由于板极太长而造成操作不方便,因而使焊缝长度受到限制。故多用于大断面而长度小于1.5m的短焊缝及堆焊等。

(3)熔嘴电渣焊 熔嘴电渣焊如图9-9所示,其电极为固定在接头间隙中的熔嘴(由钢板钢管点焊而成）和焊丝构成。熔嘴起着导电、填充金属和送丝的导向作用。熔嘴电渣焊的特点是设备简单，可焊接大断面的长焊缝和变断面的焊缝，目前可焊焊件厚度达2m，焊缝长度达10m以上。当被焊工件较薄时，熔嘴可简化为涂有涂料的一根或两根管子，因此也可称为管极电渣焊，它是熔嘴电渣焊的特例。

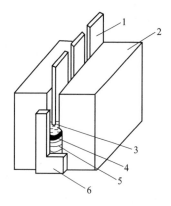

图 9-8　板极电渣焊示意图

1—板极；2—工件；3—渣池；4—金属熔池；
5—焊缝；6—水冷成形块

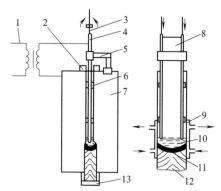

图 9-9　熔嘴电渣焊示意图

1—电源；2—引出板；3—焊丝；4—熔嘴钢管；
5—熔嘴夹持架；6—绝缘块；7—工件；
8—熔嘴铜块；9—水冷成形滑块；10—渣池；
11—金属熔池；12—焊缝；13—引弧板

### 2. 电渣焊的适用范围

电渣焊适用于大厚度的焊件。焊件越厚、焊缝越长，采用电渣焊越合理。推荐采用电渣焊的焊件厚度及焊缝长度见表 9-6。

表 9-6　推荐采用电渣焊的焊件厚度及焊缝长度

| 焊件厚度/mm | 30~50 | 50~80 | 80~100 | 100~150 |
|---|---|---|---|---|
| 焊缝长度/mm | >1000 | >800 | >600 | >400 |

## 三、电渣焊工艺及设备

### 1. 电渣焊焊接材料

（1）电渣焊焊剂　目前常用的电渣焊焊剂有 HJ360、HJ170，HJ360 是中锰高硅中氟焊剂，常用于焊接大型低碳钢和某些低合金结构。HJ170 固态时具有导电性，用于电渣焊开始时形成渣池。除上述两种专用焊剂外，焊剂 431 也广泛用于电渣焊焊接。

（2）电渣焊的电极材料　电渣焊时，由于渣池的温度较低，熔渣与金属冶金反应较弱，焊剂的消耗量又少，故难以通过焊剂向焊缝渗合金，主要靠电极直接向焊缝渗合金。

电渣焊的电极有焊丝、熔嘴、板极等。生产中多采用低合金结构钢焊丝或材料作为电极，常用焊丝有 H08MnA、H08Mn2SiA、H10Mn2 等，板极和熔嘴板的材料通常为 Q295（09Mn2）等，熔嘴管为 20 号无缝钢管。

### 2. 电渣焊焊接工艺参数

电渣焊的工艺参数较多，但对于焊缝成形影响比较大的主要是焊接电流、焊接电压、装配间隙、渣池深度。

焊接电流、焊接电压增大，渣池热量增多，故焊缝宽度增大。但焊接电流过大，焊丝熔化加快，使渣池上升速度增加，反而会使焊缝宽度减小。焊接电压过大会破坏电渣过程的稳定性。

装配间隙增大，渣池上升速度减慢，焊件受热增大，故焊缝宽度加大。但间隙过大会降低焊接生产率和提高成本。装配间隙过小，会给操作带来困难。

渣池深度增加，电极预热部分加长，熔化速度便增加，此时还由于电流分流的增加，降低了渣池温度，使焊件边缘的受热量减小，故焊缝宽度减小。但渣池过浅，易于产生电弧，而破坏电渣过程。

上述参数不仅对焊缝宽度有影响，而且对熔池形状也有明显的影响。如果要得到焊缝宽度大，焊缝厚度小的焊缝，可以增加焊接电压或减小电流，虽然减少渣池深度或增大间隙也可达到同样目的，但允许变化范围较小，一般不采用。

### 3. 电渣焊设备

电渣焊一般采用专用设备，生产中较为常用的是 HS-1000 型电渣焊机。它适用于丝极和板极电渣焊。可焊接 60～500mm 厚的对接立焊缝；60～250mm 厚的 T 形接头、角接接头焊缝；配合焊接滚轮架，可焊接直径在 3000mm 以下、壁厚小于 450mm 的环缝；以及用板极焊接 800mm 以内的对接焊缝。

HS-1000 型电渣焊机，可按需要分别使用一至三根焊丝或板极进行焊接。它主要由自动焊机头、导轨、焊丝盘、控制箱等组成，并配有焊接不同焊缝形式的附加零件，焊接电源采用 BP1-3×1000 型焊接变压器。HS-1000 型电渣焊机如图 9-10 所示。

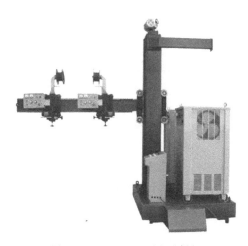

图 9-10 HS-1000 型电渣焊机

📝 笔记

## 模块三 认识碳弧气刨

### 一、碳弧气刨原理及特点

碳弧气刨是使用石墨棒与刨件间产生电弧将金属熔化，并用压缩空气将其吹掉，实现在金属表面上加工沟槽的方法，如图 9-11 所示。

碳弧气刨的特点如下。

（1）碳弧气刨比采用风铲可提高生产率 10 倍，在仰位或竖位进出时更具有优越性。

（2）与风铲比较，噪声较小，并减轻了劳动强度，易实现机械化。

（3）在对封底焊进行碳弧气刨挑焊根时，易发现细小缺陷，并可克服风铲由于位置狭窄而无法使用的缺点。

（4）碳弧气刨也有一些缺点，如产生烟雾，

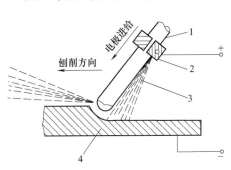

图 9-11 碳弧气刨示意图

1—电极；2—刨钳；3—压缩空气流；4—刨件

噪声较大，粉尘污染，弧光辐射等。

碳弧气刨广泛应用于清理焊根，清除焊缝缺陷，开焊接坡口（特别是 U 形坡口），清理铸件的毛边、浇冒口及缺陷，还可用于无法用氧-乙炔切割的各种金属材料切割等。图 9-12 所示为碳弧气刨的主要应用实例。

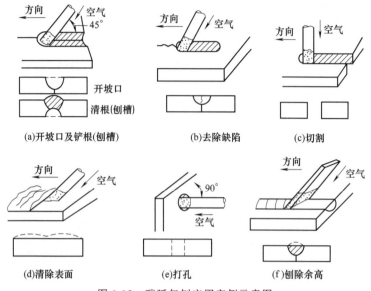

(a)开坡口及铲根(刨槽)　　(b)去除缺陷　　(c)切割

(d)清除表面　　(e)打孔　　(f)刨除余高

图 9-12　碳弧气刨应用实例示意图

## 二、碳弧气刨设备

碳弧气刨设备由电源、碳弧气刨枪、碳棒、电缆气管和空气压缩机组成，如图 9-13 所示。

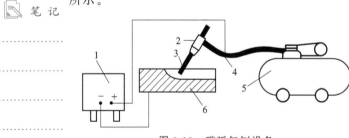

图 9-13　碳弧气刨设备
1—电源；2—碳弧气刨枪；3—碳棒；
4—电缆气管；5—空气压缩机；6—工件

碳弧气刨一般采用具有陡降外特性的直流电源，由于使用电流较大，且连续工作时间较长，因此，应选用功率较大的弧焊整流器和弧焊发电机，如 ZXG-500、AX-500 等。

碳弧气刨的工具是碳弧气刨枪，它有侧面送风式气刨枪和圆周送风式气刨枪两种。图 9-14 所示为侧面送风式碳弧气刨枪，它的特点是送风孔开在钳口附近的一侧，工作时压缩空气从这里喷出，气流恰好对准碳棒的后侧，将熔化的铁水吹走，从而达到刨槽或切割的目的。

碳弧气刨的电极材料一般都采用镀铜实心碳棒。对碳棒的要求是耐温高、导电性良好、组织致密、成本低等。碳棒断面形状有圆形和扁形，一般多采用圆形，刨宽槽或平面时，可采用扁形碳棒。

## 三、碳弧气刨工艺

碳弧气刨的工艺参数主要有电源极性、碳棒直径与刨削电流、刨削速度、压缩空气压

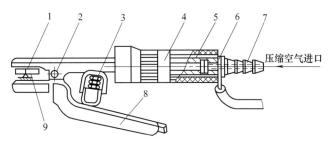

图 9-14　侧面送风式碳弧气刨枪构造示意图
1—碳棒；2—小轴；3—弹簧；4—手柄；5—通风道；6—导线接头；
7—空气管接头；8—活动钳口手柄；9—侧面送风孔

力、碳棒伸出长度、碳棒倾角、电弧长度等。

### 1. 电源极性

碳弧气刨一般都采用直流反极性，但铸铁和铜及铜合金采用直流正极性，这样刨削过程稳定，刨槽光滑。

### 2. 碳棒直径与刨削电流

碳棒直径根据被刨削金属的厚度来选择，如表 9-7 所示。被刨削的金属越厚，碳棒直径越大。刨削电流与碳棒直径成正比关系，一般可根据下面经验公式选择刨削电流：

$$I=(30\sim50)d \quad 或 \quad I=150+3d^2$$

式中　$I$——刨削电流，A；

　　　$d$——碳棒直径，mm。

碳棒直径还与刨槽宽度有关，刨槽越宽，碳棒直径应增大，一般碳棒直径应比刨槽的宽度小 2～4mm 左右。

表 9-7　钢板厚度与碳棒直径的关系　　　　　　　　　　　　mm

| 钢板厚度 | 碳棒直径 | 钢板厚度 | 碳棒直径 |
|---|---|---|---|
| 3 | 一般不刨 | 8～12 | 6～8 |
| 4～6 | 4 | 12～15 | 8～10 |
| 6～8 | 5～6 | 15 以上 | 10 |

### 3. 刨削速度

刨削速度对刨槽尺寸和表面质量都有一定的影响。刨削速度太快会造成碳棒与金属相碰，使碳粘在刨槽的顶端，形成所谓"夹碳"的缺陷。刨削速度增大，刨削深度减小，一般刨削速度为 0.5～1.2m/min 较合适。

### 4. 压缩空气压力

压缩空气压力高，能迅速地吹走液体金属，使碳弧气刨顺利进行，一般压缩空气压力为 0.4～0.6MPa。且刨削电流增大时，压缩空气的压力也应相应增加。电流与压缩空气的压力之间的关系见表 9-8。

表 9-8　不同的刨削电流所对应的压缩空气压力

| 电流/A | 压缩空气压力/MPa | 电流/A | 压缩空气压力/MPa |
|---|---|---|---|
| 140～190 | 0.35～0.40 | 340～470 | 0.50～0.55 |
| 190～270 | 0.40～0.50 | 470～550 | 0.50～0.60 |
| 270～340 | 0.50～0.55 | | |

笔记

### 5. 电弧长度

电弧过长，引起操作不稳定，甚至熄弧。因此操作时要求尽量保持短弧，这样可以提高生产率，还可以提高碳棒的利用率，但电弧太短，又容易引起"夹碳"缺陷，因此，碳弧气刨电弧的长度一般在1～2mm为宜。

图 9-15　碳棒倾角

### 6. 碳棒倾角

碳棒与刨件沿刨槽方向的夹角称为碳棒倾角。倾角的大小影响刨槽的深度，倾角增大槽深增加，碳棒的倾角一般为25°～45°，如图9-15所示。

### 7. 碳棒伸出长度

碳棒从导电嘴到电弧端的长度为伸出长度。碳棒伸出长度越长，就会使压缩空气吹到熔池的风力不足，不能顺利地将熔化金属吹走，同时，伸出长度越长，碳棒的电阻增加，烧损也越快。但伸出长度太短会引起操作不方便，一般碳棒伸出长度为80～100mm为宜，当烧损至20～30mm时，则需要及时调整。

### 8. 碳弧气刨操作

碳弧气刨操作特点是准、平、正。

所谓"准"，就是槽的深浅要掌握准，刨槽的准线要看得准。操作时，眼睛要盯住准线。同时还要顾及刨槽的深浅。碳弧气刨时，由于压缩空气与工件的摩擦作用发出嘶嘶的响声。当弧长变化时，响声也随之变化。因此，可借响声的变化来判断和控制弧长的变化。若保持均匀而清脆的嘶嘶声，表示电弧稳定，能获得光滑而均匀的刨槽。

所谓"平"，就是手把要端得平稳，如果手把稍有上、下波动，刨削表面就会出现明显的凹凸不平。同时，还要求移动速度十分平稳，不能忽快忽慢。

所谓"正"，就是指碳棒夹持要端正。同时，还要求碳棒在移动过程中，除了与工件之间有一合适的倾角外，碳棒的中心线要与刨槽的中心线重合，否则刨槽形状不对称。

✎ 笔记

# 模块四　认识摩擦焊与螺柱焊

## 一、摩擦焊

摩擦焊是利用工件表面相互摩擦所产生的热，使端部达到热塑性状态，然后迅速顶锻，完成焊接的一种压焊方法。自1957年以来，摩擦焊在国内外得到了迅速的发展，特别是1991年搅拌摩擦焊的出现，使摩擦焊的发展达到一个崭新阶段，现在航空航天、石油钻探、切削工具、汽车拖拉机和工程机械等工业部门得到了应用。

### 1. 摩擦焊的原理

摩擦焊的原理示意图如图9-16

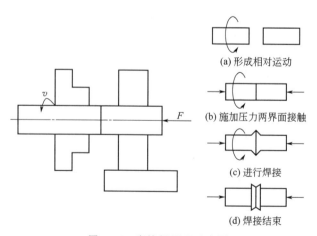

(a) 形成相对运动

(b) 施加压力两界面接触

(c) 进行焊接

(d) 焊接结束

图 9-16　摩擦焊原理示意图

所示。在压力作用下，待焊界面通过相对运动进行摩擦，机械能转变为热能。对于给定的材料，在足够的摩擦压力和足够的相对运动速度条件下，被焊材料的温度不断上升。随着摩擦过程的进行，工件产生一定的塑性变形量，在适当时刻停止工件间的相对运动，同时施加较大的顶锻力并维持一定的时间，即可实现材料间的固相连接。

从焊接过程可以看出，摩擦焊接头是在被焊金属熔点以下形成的，所以摩擦焊属于固相焊接。摩擦焊过程的特点是工件高速相对运动，加压摩擦，直至红热状态后工件旋转停止的瞬间，加压顶锻。整个焊接过程在几秒至几十秒之内完成。因此，具有相当高的焊接效率。摩擦焊过程中无需加任何填充金属，也不需焊剂和保护气体，因此摩擦焊也是一种低耗材的焊接方法。

### 2. 摩擦焊的分类

摩擦焊根据工件相对运动形式和工艺特点来分，主要有连续驱动摩擦焊、惯性摩擦焊和搅拌摩擦焊。

（1）连续驱动摩擦焊 焊接时，两待焊工件分别固定在旋转夹具（通常轴向固定）和移动夹具内。工件被夹紧后，移动夹具持工件向旋转端移动，旋转端工件开始旋转，待两边工件接触后开始摩擦加热，当达到一定摩擦时间或摩擦缩短量（又称摩擦变形量）时停止旋转，开始顶锻并维持一定时间以便接头牢固连接，最后夹具松开、退出，取出工件，焊接过程结束。

（2）惯性摩擦焊 惯性摩擦焊时，工件的旋转端被夹持在飞轮里，焊接过程开始时，首先将飞轮和工件的旋转端加速到一定的转速，然后飞轮与主电动机脱开，同时，工件的移动端向前移动，工件接触后，开始摩擦加热。在摩擦加热过程中，飞轮受摩擦扭矩的制动作用，转速逐渐降低，当转速为零时，焊接过程结束。

（3）搅拌摩擦焊 搅拌摩擦焊（FSW）是一种新型的固相连接技术，由英国焊接研究所于1991年发明。搅拌摩擦焊最初应用于铝合金，随着研究的深入，搅拌摩擦焊适用材料的范围正在逐渐扩展。除了铝合金以外，还可以用于镁、铜、钛、钢等金属及其合金的焊接。搅拌摩擦焊是一种公认的最具潜力和应用前景的先进连接方法。

### 3. 摩擦焊的特点

（1）摩擦焊的优点

① 接头质量高。摩擦焊属固态焊接，正常情况下，接合面不发生熔化，焊合区金属为锻造不产生与熔化和凝固相关的焊接缺陷；压力与扭矩的力学冶金效应使得晶粒细化、组织致密、夹杂物弥散分布。

② 适合异种材质的连接。对于通常认为不可组合的金属材料诸如铝-钢、铝-铜、钛-铜等都可进行焊接。一般来说，凡是可以进行锻造的金属材料都可以进行摩擦焊接。

③ 生产效率高。发动机排气门双头自动摩擦焊机的生产率可达 $800 \sim 1200$ 件/h。

④ 尺寸精度高。用摩擦焊生产的柴油发动机预燃烧室，全长误差为 $\pm 0.1mm$，专用机可保证焊后的长度公差为 $\pm 0.2mm$，偏心度为 $0.2mm$。

⑤ 设备易于机械化、自动化，操作简单。

⑥ 环境清洁。工作时不产生烟雾、弧光以及有害气体等。

⑦ 生产费用低。与闪光焊相比，电能节约 $5 \sim 10$ 倍；焊前工件不需特殊加工清理；不需填充材料和保护气体等。因此加工成本与电弧焊比较，可以降低30%左右。

（2）摩擦焊的缺点与局限性

① 对非圆形截面焊接较困难，所需设备复杂；对盘状薄零件和薄壁管件，由于不易

夹固，施焊也很困难。

② 焊机的一次性投资较大，大批量生产时才能降低生产成本。

### 4. 搅拌摩擦焊

搅拌摩擦焊的原理如图 9-17 所示，一个带有轴肩和搅拌针的特殊形状的搅拌工具旋转着插入被焊工件，通过搅拌工具与工件的摩擦产生热量，把工件加热到塑性状态，然后搅拌工具带动塑化材料沿着焊缝运动，在搅拌工具高速旋转摩擦和挤压作用下形成固相连接的接头。

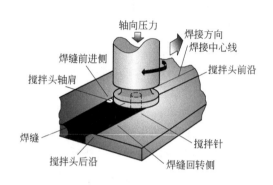

图 9-17　搅拌摩擦焊的原理

搅拌摩擦焊过程通常分为四步，如图 9-18 所示。

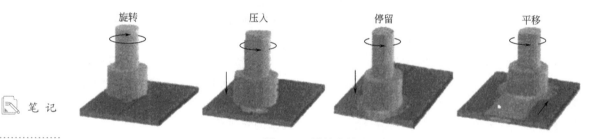

图 9-18　搅拌摩擦焊过程

① 主轴带动搅拌头以一定速度旋转；

② 搅拌头在旋转的同时沿工件法线方向开始进给，并逐渐压入工件；

③ 搅拌头压入指定位置后停留一段时间，对焊接局部区域进行加热；

④ 等周围材料充分塑化后，搅拌头开始沿焊接方向移动。

搅拌摩擦焊能完成对接、搭接等多种形式连接。

## 二、螺柱焊

将螺柱一端与板件（或管件）表面接触，通电引弧，待接触面熔化后，给螺柱一定压力完成焊接的方法称为螺柱焊，如图 9-19 所示。

图 9-19　螺柱焊

螺柱焊在安装螺柱或类似的紧固件方面可取代铆接、钻孔螺丝紧固、焊条电弧焊、电阻焊或钎焊。可焊接低碳钢、低合金钢、铜、铝及其合金材质制作的螺柱、焊钉（栓钉）、销钉以及各种异型钉，广泛应用于钢结构高层建筑、仪表、机车、航空、石油、高速公路、造船、汽车、锅炉、电控柜等行业。

### 1. 螺柱焊的特点

螺柱焊与普通电弧焊相比，或与同样能把螺柱与平板作 T 形连接的其他工艺方法相比，螺柱焊具有以下特点：

（1）焊接时间短（通常小于 1s），不需要填充金属，生产率高；热输入小，焊缝金属和热影响区窄，焊接变形极小。

（2）只需单面焊，熔深浅，焊接过程不会对焊件背面造成损害。安装紧固件时，不必钻孔、攻螺纹和铆接，使紧固件之间的间距达到最小，增加了防漏的可靠性。

（3）对焊件表面清理要求不很高，焊后也无须清理。

（4）与螺纹拧入的螺柱相比所需母材厚度小，因而节省材料，还可减少连接部件所需的机械加工工序，成本低。

（5）螺柱焊可焊接小螺柱、薄母材和异种金属，也可把螺柱焊到有金属涂层的母材上且有利于保证焊接质量。

（6）易于全位置焊接。

（7）螺柱的形状和尺寸受焊枪夹持和电源容量限制；螺柱的底端尺寸受母材厚度的限制。

（8）焊接易淬硬金属时，由于焊接冷却速度快，易在焊缝和热影响区形成淬硬组织，接头延性较差。

### 2. 螺柱焊的分类

螺柱焊根据所用电源和接头形成过程的不同通常可分为电弧螺柱焊（也称标准螺柱焊）、电容储能螺柱焊和短周期螺柱焊三种基本形式。它们的主要区别在于供电电源和燃弧时间长短的不同。电弧螺柱焊由弧焊电源供电，燃弧时间约 0.1～1s；电容储能螺柱焊由电容储能电源供电，燃弧时间非常短，约 1～15ms。短周期螺柱焊是电弧螺柱焊的一种特殊形式，焊接时间只有电弧螺柱焊的十分之一到几十分之一，在焊接过程中与电容储能螺柱焊一样，不用采取像普通电弧螺柱焊所用的陶瓷环、焊剂及保护气体等保护措施。

### 3. 电弧螺柱焊

电弧螺柱焊是电弧焊方法的一种特殊应用。焊接时先将螺柱放入焊枪夹头，在螺柱与焊件间引燃电弧，使螺柱端面和相应的焊件表面被加热到熔化状态，达到适宜的温度时，将螺柱挤压到熔池中去，使两者融合形成焊缝。电弧螺柱焊采用保护气体或预加在螺柱引弧端的焊剂保护，但大多情况（结构钢）用陶瓷保护圈来保护熔融金属。

（1）电弧螺柱焊过程　电弧螺柱焊的焊接过程如图 9-20 所示。

① 将焊枪置于焊件上 [图 9-20(a)]。

② 施加预压力使焊枪内的弹簧压缩，直到螺柱与保护套圈紧贴焊件表面 [图 9-20(b)]。

③ 扣压焊枪上的扳机开关，接通焊接回路使枪体内的电磁线圈励磁，螺柱被自动提升，在螺柱与焊件之间引弧 [图 9-20(c)]。

④ 螺柱处于提升位置，电弧扩展到整个螺柱端面，并使端面少量熔化，电弧热同时

使螺柱下方的焊件表面熔化并形成熔池［图 9-20(d)］。

⑤ 电弧按预定时间熄灭，电磁线圈去磁，靠弹簧压力快速地将螺柱熔化端压入熔池，焊接回路断开［图 9-20(e)］。

⑥ 稍停后，将焊枪从焊好的螺柱上抽起，打碎并除去保护套圈［图 9-20(f)］。

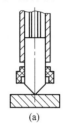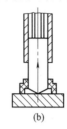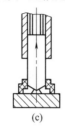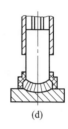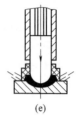

(a)　　　　(b)　　　　(c)　　　　(d)　　　　(e)　　　　(f)

图 9-20　电弧螺柱焊焊接过程
(箭头表示螺柱运动方向)

（2）电弧螺柱焊的设备　电弧螺柱焊的设备由焊接电源、焊接时间控制器和焊枪等组成。

电弧螺柱焊枪是螺柱焊设备的执行机构，有手持式和固定式两种。手持式焊枪应用较普遍，固定式焊枪是为某特定产品而专门设计的，被固定在支架上，在一定工位上完成焊接。两种焊枪的工作原理相同。

专用焊机常把电源与时间控制器做成一体。对焊接电源要求用直流电源来获得稳定电弧，还要有较高的空载电压，具有陡降的外特性，并且能在短时间内输出大电流并迅速达到设定值。图 9-21 所示为电弧螺柱焊设备。

(a)焊接电源　　　　　　　(b)焊枪

图 9-21　电弧螺柱焊设备

（3）电弧螺柱焊的焊接参数　输入足够的能量是保证获得优质电弧螺柱焊接接头的基本条件。而这个能量又与螺柱的横截面积的大小、焊接电流、电弧电压及燃弧时间有关。焊接电弧电压取决于电弧长度或螺柱焊枪调定的提升高度，一旦调好，电弧电压就基本不变。因此输入能量只由焊接电流和焊接时间决定。生产中一般是根据所焊螺柱横截面尺寸来选择焊接电流和焊接时间，螺柱直径越大，焊接电流越大，焊接时间越长。此外焊接参数也与螺柱材质有关，如铝合金电弧螺柱焊用 Ar 气保护时，和钢螺柱焊相比，要求用较大的电弧电压、较长的焊接时间和较低的焊接电流。

## 模块五　认识高能束焊

高能束焊是利用高能密度的束流作为焊接热源的焊接方法，如电子束焊和激光焊等。

### 一、真空电子束焊

电子束焊是利用加速和聚焦的电子束轰击置于真空或非真空中的焊件所产生的热能进行焊接的方法。真空电子束焊是电子束焊的一种，是目前发展较成熟的一种先进工艺。现已在核、航空、航天、仪表、工具制造等工业上获得了广泛应用。

#### 1. 真空电子束焊原理

电子束是从电子枪中产生的，如图 9-22 所示。电子枪的阴极通电加热到高温而发射出大量电子，电子在加速电压的作用下达到 0.3～0.7 倍的光速，经电子枪静电透镜和电磁透镜的作用，汇聚成一束能量（动能）极大的电子束。这种电子束以极高的速度撞击焊件的表面，电子的动能转变为热能，使金属迅速熔化和蒸发。强烈的金属气流将熔化的金属排开，使电子束继续撞击深处的固态金属，很快在被焊焊件上"钻"出一个锁形小孔（匙孔），如图 9-23 所示。小孔被周围的液态金属包围，随着电子束与焊件的相对移动，液态金属沿小孔周围流向熔池后部逐渐冷却、凝固形成焊缝。

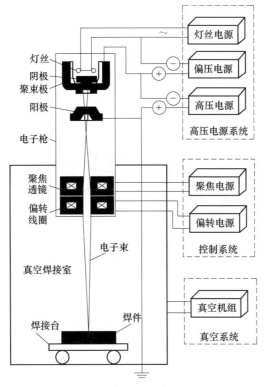

电子束焊

笔记

图 9-22  真空电子束焊原理

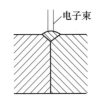 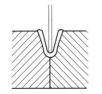  

(a)接头局部熔化、蒸发    (b)金属蒸气排开液体金属，    (c)电子束穿透工件，    (d)焊缝凝固成形
　　　　　　　　　　　　电子束"钻入"母材，形成"匙孔"　　"匙孔"由液态金属包围

图 9-23  电子束焊缝成形的原理

**2. 真空电子束焊的特点及应用**

真空电子束焊与其他焊接方法相比,具有如下优点:

(1) 电子束功率密度很高,约为电弧焊的 5000～10000 倍,所以焊接速度快,又因焊接时的电子束电流很小,焊接的热影响区和变形极小。

(2) 电子束穿透能力强,焊缝深宽比大,深宽比可达 50：1,而焊条电弧焊的深宽比约为 1：1.5,埋弧焊约为 1：1.3。所以电子束焊接时可以不开坡口,实现单道大厚度焊接,比电弧焊节省材料和能量消耗数十倍。

(3) 真空环境下焊接,不仅可防止熔化金属受到氢、氧、氮气体的污染,而且有利于焊缝金属的除气和净化。

(4) 真空电子束焊能焊接用其他焊接工艺难以或根本不能焊接的形状复杂的焊件,能焊接特种金属、难熔金属和某些非金属材料,也适用于异种金属以及金属与非金属间的焊接及热处理后的零件与缺陷的修补。

真空电子束焊的主要缺点是设备复杂,成本高,使用维护较困难,对接头装配质量要求严格及需要防护 X 射线等。

## 二、激光焊接与切割

激光是一种新能源,是比等离子弧更为集中的热源。激光可以用来焊接、切割、打孔或其他加工。激光焊接是以聚焦的激光束作为能源轰击焊件所产生的热量进行焊接的方法,激光切割是利用聚焦后的激光束作为热源的热切割方法。激光焊接与切割如图 9-24 所示。

图 9-24　激光焊接与切割

**1. 激光焊接**

(1) 激光焊接的原理　激光与普通光不同,它具有能量密度高(可达 $10^5 \sim 10^{13}$ W/$cm^2$)、单色性好与方向性强的特点。激光焊就是利用激光器产生的单色性、方向性非常高的激光束,经过光学聚焦后,把其聚焦到直径 $10\mu m$ 的焦点上,能量密度达到 $10^6$ W/$cm^2$ 以上,通过光能转变为热能,从而熔化金属进行焊接。

(2) 激光焊接的特点及应用

① 能准确聚焦为很小的光束(直径 $10\mu m$),焊缝极为窄小,变形极小,热影响区极窄。

② 功率密度高,加热集中,可获得熔宽比大的焊缝(目前已达 12：1),不开坡口单道焊接钢板的厚度已达 50mm。

③ 焊接过程非常快，焊件不易氧化。另外，不论是在真空、保护气体或空气中焊接，效果几乎是相同的，亦能在任何空间进行焊接。

④ 激光焊的不足之处是，设备的一次性投资大，设备较复杂，对高反射率的金属直接进行焊接较困难。

由于激光焊接具有上述特点，所以它被用于仪器、微型电子工业中的超小型元件及航天技术中的特殊材料的焊接。可以焊接同种或异种材料，其中包括铅、铜、银、不锈钢、镍、锆、铌及难熔金属钽、钼、钨等。

**2. 激光切割**

（1）激光切割原理 激光切割是利用经聚焦的高功率密度激光束照射工件，使被照射的材料迅速熔化、气化、烧蚀或达到燃点，同时借助与光束同轴的高速气流吹除熔融物质，从而实现将工件割开。激光切割属于热切割方法之一。

（2）激光切割的特点 激光切割与其他切割相比，具有以下特点：

① 激光切割质量好。表 9-9 是对厚 6.2mm 的低碳钢板采用激光切割、气切割及等离子切割切缝的宽度和形状以及其他情况的比较。

表 9-9 激光切割与其他切割方法的比较

| 切割方法 | 切缝宽度/mm | 热影响区宽度/mm | 切缝形态 | 切缝速度 | 设备费 |
|---|---|---|---|---|---|
| 激光切割 | 0.2~0.3 | 0.04~0.06 | 平行 | 快 | 高 |
| 气切割 | 0.9~1.2 | 0.6~1.2 | 比较平行 | 慢 | 低 |
| 等离子切割 | 3.0~4.0 | 0.5~1.0 | 楔形且倾斜 | 快 | 中高 |

激光切割的切缝几何形状好，切口两边平行，切缝几乎与表面垂直，底面完全不黏附熔渣，切缝窄，热影响区小，有些零件切后不需加工即可直接使用。

② 切割材料的种类多。通常气割只限于低碳钢及低合金钢。在等离子切割中，使用非转移弧虽能切割金属和非金属，但容易损伤喷嘴；常用的是转移弧，故只能切割金属。激光能切割金属、非金属、金属基和非金属基复合材料、皮革、木材及纤维等。

③ 切割效率高。激光的光斑极小，切缝狭窄，比其他切割方法节省材料。另外，激光切割机上一般配有数控工作台，只需改变一下数控程序，就可适应不同的需要。

④ 非接触式加工。激光切割是非接触式加工，不存在工具磨损的问题，也不存在更换"刀具"的问题。

⑤ 噪声低，污染小。

⑥ 激光切割的不足之处是设备费用高，一次性投资大，目前，主要用于中小厚度的板材和管材。

（3）激光切割工艺 根据切割材料的机理，激光切割分为：激光气化切割、激光熔化切割、激光氧气切割以及激光划片与控制断裂。

① 激光气化切割：当激光束照射时，金属材料被迅速加热气化，并以蒸发的形式由切割区逸散掉。

② 激光熔化切割：材料被迅速加热到熔点，借助喷射惰性气体，如氩、氦、氮等，将熔融材料从切缝中吹掉。

③ 激光氧气切割：金属材料被迅速加热到熔点以上，以纯氧或压缩空气作辅助气体，此时熔融金属与氧激烈反应，放出大量热的同时，又加热了下一层金属，金属继续被氧化，并借助气体压力将氧化物从切缝中吹掉。

④ 激光划片与控制断裂：划片是用激光在一些脆性材料表面刻上小槽，再施加一定

 笔 记

外力使材料沿槽口断开。控制断裂是利用激光刻槽时所产生的陡峭的温度分布，在脆性材料里产生局部热应力，使材料沿刻槽断开。

一般来说，激光气化切割多用于极薄金属材料以及纸、布、木材、塑料、橡胶等的切割。激光熔化切割用于不锈钢、钛、铝及其合金等。激光氧化切割主要用于碳钢、钛钢以及热处理钢等易氧化的金属材料。

（4）激光切割设备  激光切割设备主要由激光器、导光系统、CNC控制的运动系统等组成，此外还有抽吸系统以保证有效地去除烟气和粉尘。激光切割时割炬与工件间的相对移动有三种情况：

① 割炬不动，工件通过工作台做运动，这主要用于尺寸比较小的工件。

② 工件不动，割炬移动。

③ 割炬和工作作台同时移动。

激光切割时，对割炬的特殊要求是：割炬能喷射出足够的气流；气体喷射的方向和反射镜的光轴是同轴的；切割时金属的蒸气和金属的飞溅不损伤反射镜；焦距便于调节。

# 模块六  认识焊接机器人

## 一、焊接机器人

工业机器人作为现代制造技术发展重要标志之一和新兴技术产业，已为世人所认同，并正对现代高技术产业各领域以至人们的生活产生了重要影响。焊接机器人是应用最广泛的一类工业机器人，在各国机器人应用比例中已占总数的 40%～50%。机器人焊接是焊接自动化的革命性进步。焊接机器人现在汽车工业、通用机械、工程机械、金属结构、轨道交通、电器制造等许多行业都有应用。焊接机器人如图 9-25 所示。

笔记

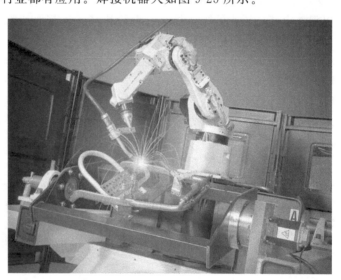

图 9-25  焊接机器人

焊接机器人是 20 世纪 60 年代后期迅速发起来的，目前在工业发达的国家已进入实际应用阶段。它可以应用在电弧焊、电阻焊、切割技术范围及类似工艺方法中，如用焊接机器人电弧焊来取代有毒、有尘、高温作业的焊条电弧焊等。经常应用的范围还包括：结构钢和铬镍钢的 $CO_2$ 气体保护电弧焊、活性气体保护电弧焊；铝及特殊合金的熔化极惰性气体保护电弧焊；铬镍钢和铝的加焊丝和不加焊丝的钨极惰性气体保护电弧焊；埋弧焊；激光焊接与切割。

　　焊接机器人不但适用于中、大批量产品的自动化生产，也能在小批量自动化生产中发挥作用。目前世界上焊接机器人已达到百万台以上。我国从 20 世纪 80 年代起研制，1985年成功生产出华宇型弧焊机器人，1989 年国产机器人已在汽车焊接生产线应用，标志我国焊接机器人进入实用阶段。我国现有焊接机器人中，其中弧焊机器人约占 49％，点焊机器人约占 47％，其他机器人约占 4％。

　　就目前的示教再现型焊接机器人而言，焊接机器人完成一项焊接任务，只需人给它做一次示教，它即可精确地再现示教的每一步操作，如要机器人去做另一项工作，无须改变任何硬件，只要对它再做一次示教即可。因此，在一条焊接机器人生产线上，可同时自动生产若干种焊件。

## 二、焊接机器人的特点

　　目前工业机器人已从第二代向第三代智能机器人发展。它是综合人工智能而建立起来的电子机械自动装置，它具有感知和识别周围环境的能力，能根据具体情况确定行动轨迹。因此，应用焊接机器人，将会带来许多优点。

　　(1) 焊接质量的稳定和提高易于实现，保证其均一性。

　　(2) 提高生产率，在一天内可 24h 连续生产。

　　(3) 改善焊工劳动条件，可在有害环境下长期工作。

　　(4) 降低对工人操作技术难度的要求。

　　(5) 缩短产品改型换代的准备周期，减少相应的设备投资。

　　(6) 可实现小批量产品焊接自动化。

　　(7) 为焊接柔性生产线提供基础。

笔记

## 三、焊接机器人的构造

　　一台完整的弧焊机器人，它包括机器人的机械手、控制系统、焊接装置和焊件夹持装置，如图 9-26 所示。焊接装置包括焊枪、焊接电源及送丝机构。夹持装置用于夹持焊件，上面装有旋转工作台，便于调整焊件位置。机械手是正置全关节式的，其特点是机构紧凑、灵活性好、占地面积小、工作空间大。它与焊枪固定，带动焊枪运动。

　　弧焊机器人通常有五个以上自由度，具有六个自由度的机器人可以保证焊枪的任意空间轨迹和姿势。点至点方式移动速度可达 60m/min 以上，其轨迹重复精度可达 ±0.2mm。它可以通过示教和再现方式或通过编程进行工作。这种焊接机器人具有直线的及环形内插法摆动的功能，用以满足焊接工艺要求。

　　控制系统的作用不但要控制机器人机械手的运动，还要控制外围设备的动作、开启、切断以及安全防护。

　　控制系统与所有设备的通信信号有数字信号和模拟信号两种。控制柜与外围设备用模拟信号联系，有焊接电源、送丝机构和操作器（包括夹具、变位器等）。数字信号负担各设备的启动、停止、安全以及状态检测。

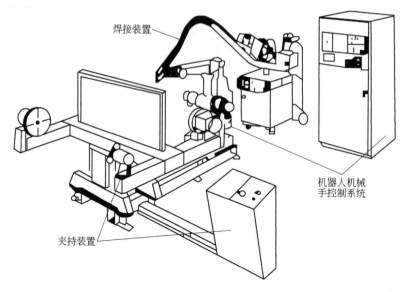

图 9-26　弧焊机器人构造

## 四、焊接机器人的操作

弧焊机器人普遍采用示教方式工作，即通过示教盒的操作键引导到其始点，然后用按键确定位置、运动方式（直线或圆弧）、摆动方式、焊枪姿态以及各种焊接参数。同时还可通过示教盒确定周围设备的运动速度等。焊接工艺操作包括引弧、施焊、熄弧、填满弧坑，都通过示教盒给定。示教完毕后，机器人控制系统进入程序编辑状态，焊接程序生成后即可进行实际焊接。

 笔记

# 模块七　认识 CMT 焊

近年来，工业迅猛发展，对轻量化、节能、减排、降耗和环保等要求越来越高。许多薄壁件产品纷纷问世，如汽车、高速火车、集装箱和家用电器等。如果仍使用传统焊接方法焊接薄壁产品，那是十分困难的，主要问题有易烧穿、变形大、焊缝成形差和难以高速焊接等。为此在现代科技进步基础上，产生了数字控制的逆变焊接设备，在降低热输入和降低飞溅的基础上，提高了焊接过程的稳定性。在焊接薄板时可以得到焊透而不焊漏、变形小、成形美观的焊缝，效率高。CMT 焊就是典型的先进的低热输入焊接法。

CMT 焊是冷金属过渡气体保护焊（cold metal transfer）的简称。它是奥地利 Fronius 公司 2002 年推出的新的焊接工艺，热输入极低，可以焊接薄至 0.3mm 的板材，可实现钢与铝的异种金属焊接。

## 一、CMT 焊法的基本原理

CMT 焊法是在 MIG/MAG 焊短路过渡基础上开发的。传统的短路过渡过程是：焊丝连续等速送进，当焊丝熔化形成熔滴，熔滴与熔池短路，短路的小桥爆断，短路时伴有大电流（即大的热输入）和飞溅。而 CMT 法采用推拉送丝方式，当熔滴与熔池一发生短路，焊机的数字信号处理器监测到短路信号。该信号一方面反馈给送丝机，送丝机继续送进，并准备回抽焊丝；另一方面反馈给焊接电源，这时数字化电源输出电流几乎为零。这就保证了熔滴与熔池的可靠短路，而不发生瞬时短路。短路之后在短路液体小桥中只通过很小的电流，同时焊丝转入回抽运动，在机械拉力与表面张力作用下，使熔滴分离，消除了飞溅产生的因素。之后迅速再引燃电弧，快速提升电流，用以加热焊丝和母材，焊丝转为送进，随着焊丝熔化、形成熔滴、长大直至再次短路，完成一次循环。总之，CMT法在短路阶段对母材热输入很小，呈冷态；而燃弧阶段的电弧热量是加热焊丝与母材的主要热量，呈热态。随着短路与燃弧的交替，母材与焊丝也是冷热交替循环往复，大幅降低了热输入。

## 二、CMT 焊法的特点

（1）送丝过程与熔滴过渡过程相结合。传统熔化极气体保护焊送丝系统与熔滴过渡过程是相对独立的。而 CMT 法焊丝的送进与回抽动作影响熔滴过渡过程。也就是熔滴过渡过程是由送丝运动变化来控制的。焊丝的送进与回抽频率可达到 70 次/s。焊接系统的闭环控制包含焊丝的运动控制。

（2）焊接热输入低。CMT 焊法短路时电弧熄灭电源输出电流几乎为 0，产热极少。而燃弧电流限制在较低的数值，所以 CMT 焊法是热输入最低的一种焊接方法。不用垫板就可以焊接 0.3mm 的超薄板，焊接变形极小。

（3）熔滴过渡无飞溅。焊丝的机械式回抽运动推动了熔滴过渡，克服了传统短路过渡方式因电爆炸而引起的飞溅。另外该法还抑制了瞬时短路及其飞溅，主要措施为在燃弧后期燃弧电流很低，对焊丝端头的熔滴产生整形作用，有利于平稳短路，同时短路电流极低，不仅不能产生对熔滴的排斥作用，而且还有利于熔滴金属的润湿。

（4）弧长控制精确，电弧控制更稳定。传统 MIG/MAG 焊弧长是通过弧压反馈方式控制，容易受到焊接速度改变和工件表面平整度的影响。而 CMT 焊法则不然，电弧长度控制是机械方式，它采用闭环控制和监测焊丝回抽长度（即电弧长度），在导电嘴离工件的距离或焊接速度改变情况下，电弧长度是一致的。

（5）由于焊接电流与弧长基本稳定，因此能得到均匀一致的焊缝成形，焊缝的熔深一致，焊缝质量重复精度高。

（6）具有良好的搭桥能力，对装配间隙要求低。

（7）焊接速度快。1mm 铝板对接焊可达到 2.5m/min，CMT 钎焊镀锌板可达到 1.5m/min。

## 三、CMT 焊设备

CMT 焊设备由焊接电源、送丝机、缓冲器、机器人、机器人控制器和焊枪等组成，如图 9-27 所示。与传统的 MIG/MAG 焊接设备相比，CMT 焊设备的最大差异在送丝机构上。CMT 焊的焊丝端头以 70Hz 的频率高速进行，往复运动，依靠传统的送丝机构难以完成这样的任务，必须采用数字控制的送丝机构。CMT 焊的送丝机构一般有两套数字化送丝机和一套送丝缓冲器组成。其中后送丝机只是负责将焊丝向前送出；前送丝机是使焊丝高频推拉运动的关键。传统齿轮传动由于运动惯性达不到这样的要求，因此采用无齿轮设计，依靠新型拉丝系统来保证连续的接触压力。

另一个关键环节就是送丝缓冲器，它减弱了前、后送丝机构之间的矛盾，保证了送丝过程的平顺。

📝 笔记

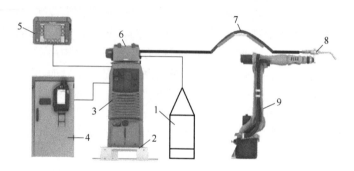

图 9-27    CMT 焊设备组成

1—焊丝筒（盘）；2—冷却水箱；3—焊接电源；4—机器人控制器；
5—遥控器；6—送丝机；7—缓冲器；8—焊枪；9—焊接机器人

### 四、CMT 焊法的应用

（1）适于焊接薄板和超薄板，板厚大约在 0.3～3mm。

（2）可以进行电镀锌板或热镀锌板的无飞溅 CMT 钎焊。

（3）钢与铝的异种金属焊接。

（4）可以焊接碳钢、不锈钢、铝及铝合金。

# 模块八    焊接工程实例

**实例一    钎焊**

管接头火焰钎焊，钎焊件及技术要求如图 9-28 所示。

**1. 焊前准备**

（1）设备及工具    同气焊所用设备及工具。

（2）焊炬    H01-6 型，2 号焊嘴。

（3）辅助工具    护目镜、透针、扳手及钢丝刷。

（4）防护用品    工作服、皮手套、胶鞋、口罩等。

（5）焊件    低碳钢管件接头一组。

（6）钎料和钎剂    丝状钎料 BCu62Zn，直径 2mm。钎剂为硼酸 75%、硼砂 25% 的混合物。

（7）装配定位    采用装配夹具装配，间隙 0.05～0.1mm，用轻微的碳化焰沿管件接头周围均匀分布定位钎焊 2～3 点定位。

**2. 钎焊焊接**

（1）采用中性焰或轻微的碳化焰进行钎焊。

（2）钎焊时，火焰焰心距离钎焊件表面约 15～20mm，用火焰的外焰对接头进行加热。在加热管接头过程中，要将焊炬沿接头的搭接部分作上下摆动，使整个焊件加热均匀。当接头表面呈现橘红色时，用钎料蘸上钎剂，沿钎接处涂抹，钎剂即开始融化流动，并填满间隙，随即加入钎料。

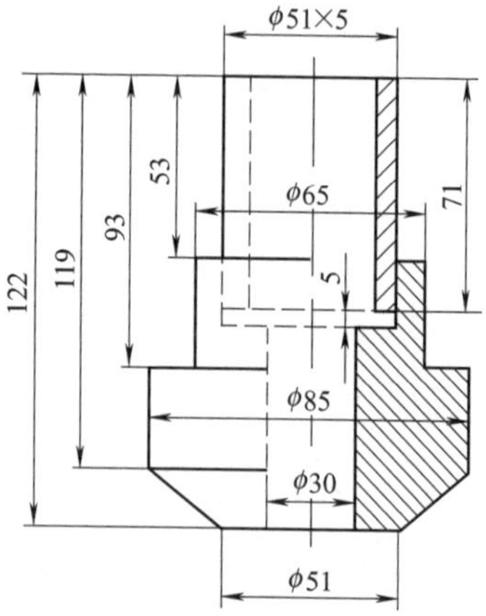

技术要求

1. 钎缝致密，圆根均匀；
2. 母材20钢，Q235钢。

图 9-28    管接头火焰钎焊
焊件及技术要求

（3）钎焊温度为 950～1000℃，若加热温度不足，则液态钎料流动性差，间隙中的钎剂不能及时排出，从而形成钎缝中的钎剂夹渣。若加热温度太高，超出钎焊温度太多，则钎料中的锌蒸发剧烈，引起钎缝中产生气孔。因此，钎焊操作中均匀加热，并控制钎焊温度对于保证钎焊质量是很重要的。

（4）钎料加入后，用外焰前后移动加热焊件搭接部分（火焰不能直接指向钎缝），如图 9-29 所示，使钎料均匀地渗入钎焊间隙。如发现钎料不能形成饱满的圆根时，可以再加些钎料到钎缝处，使火焰继续沿管件圆周均匀加热，以便钎料均匀铺开，直到整个钎缝形成有饱满的圆根为止。最后还要再用火焰沿钎缝加热两遍，这样做有利于钎缝中气体的排出。然后慢慢将火焰移开。

### 3. 焊后清理

钎焊后，残留的钎剂及钎焊过程中的反应生成物（即熔渣）绝大部分都对钎焊接头有腐蚀作用。因此，必须及时彻底清除，一般应在钎焊后 8h 内进行清理。

对于硼砂、硼酸组成的硬钎剂，钎焊后成玻璃状，很难溶于水去除，一般用吹砂机等机械方法清除或将焊件投入热水中，借助焊件及钎缝与残渣的膨胀系数差来去除残渣。另外也可采用在 70～90℃ 的 2%～3% 的重铬酸钾溶液中进行较长时间的浸洗来去除。

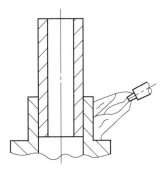

图 9-29 火焰加热时的指向位置

### 实例二 碳弧气刨

Q235 钢板碳弧气刨，刨件及技术要求如图 9-30 所示。

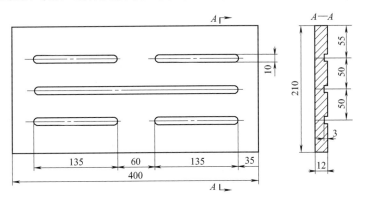

**技术要求**

1. 刨槽平直，宽窄、深浅均匀；
2. 母材 Q235。

图 9-30 碳弧气刨刨件及技术要求

### 1. 刨前准备

（1）直流电弧焊机：AX1-500 型或 ZX5-500 型。

（2）碳棒：镀铜实心碳棒，直径 8mm，长度 355mm。

（3）刨槽用工件：Q235 钢板，规格 400mm×210mm×12mm。

（4）电焊面罩、碳弧气刨枪及刨削用的辅助工具等。

（5）刨前清理：用钢丝刷等工具将工件表面的油、锈彻底清除干净，以保证碳弧气刨时导电良好。

### 2. 气刨操作

（1）确定气刨工艺参数　碳弧气刨工艺参数，见表 9-10。

表 9-10　碳弧气刨工艺参数

| 钢板厚度/mm | 碳棒直径/mm | 压缩空气压力/MPa | 刨削电流/A | 刨削速度/(mm/min) |
|---|---|---|---|---|
| 12 | 8 | 0.5 | 300～350 | 0.6～1.0 |

（2）引弧　先在待气刨的工件上沿 400mm 方向间隔 50mm 划一条刨削轨迹线。然后夹好碳棒，调节碳棒伸出长度在 80～100mm 范围内，调节好压缩空气的出口和压力，使风口正好对准碳棒的后侧。调整工作台高度，适于站立姿势操作。开始引弧，引弧的操作与焊条电弧焊的引弧方法类似。

（3）气刨过程　引弧以后，控制电弧长度为 1～2mm。碳棒与工件之间的倾角根据要求的槽深而定，刨深槽时，倾角可大些。碳棒移动过程中，既不能作横向摆动，也不能作前后往复摆动。因为摆动时不容易保持操作平稳，刨出的槽也不整齐光洁。刨削一段长度后，碳棒因损耗而变短，需停弧调整碳棒的伸出长度。此时，不应停止送风，以便维持碳棒继续冷却。这样，既可避免重新引弧时出现夹碳，也可以减少碳棒损耗。

（4）收弧　收弧时的主要问题是防止熔化的铁水留在刨槽里。因为，熔化的铁水中含碳和氧的量都高，而且，碳弧气刨的熄弧处往往也是以后焊接时的收弧处。而一般收弧处容易出现裂纹和气孔。因此，如果不把这些铁水吹净，焊接时就更容易引起弧坑缺陷。因此，碳弧气刨收弧时要先断弧，过几秒之后，再把气门关闭。

（5）清渣　碳弧气刨完毕后，应用扁头或尖头手锤及时将熔渣清除干净，以便于下一步焊接工作的进行。

# 模块九　1+X 考证题库

📝 笔记

## 一、填空题

1. 钎焊根据钎料熔点不同可分为 ＿＿＿＿＿＿＿ 和 ＿＿＿＿＿＿＿ 两大类，其熔点分别为 ＿＿＿＿＿＿＿ 和 ＿＿＿＿＿＿＿。

2. 常用的钎焊方法有 ＿＿＿＿＿＿＿、＿＿＿＿＿＿＿、＿＿＿＿＿＿＿、＿＿＿＿＿＿＿、＿＿＿＿＿＿＿ 等。

3. 钎焊的工艺参数主要是 ＿＿＿＿＿＿＿ 和 ＿＿＿＿＿＿＿。

4. 电渣焊根据所用的电极形状不同可分为 ＿＿＿＿＿＿＿、＿＿＿＿＿＿＿ 和 ＿＿＿＿＿＿＿。

5. 电渣焊是利用 ＿＿＿＿＿＿＿ 通过液体 ＿＿＿＿＿＿＿ 所产生的 ＿＿＿＿＿＿＿ 热进行焊接的方法。

6. 常用的碳弧气刨枪有 ＿＿＿＿＿＿＿ 和 ＿＿＿＿＿＿＿ 两种形式。

7. Q235、Q355（16Mn）钢碳弧气刨时，其电源极性为 ＿＿＿＿＿＿＿，HT200、H62 碳弧气刨时，其电源极性为 ＿＿＿＿＿＿＿。

8. 电渣焊的材料有电极和焊剂，常用的电渣焊剂有 ＿＿＿＿＿＿＿ 和 ＿＿＿＿＿＿＿。

9. 碳弧气刨的设备由 ＿＿＿＿＿＿＿、＿＿＿＿＿＿＿、＿＿＿＿＿＿＿ 和 ＿＿＿＿＿＿＿ 组成。

10. 钎焊采用对接接头时，接头的 ＿＿＿＿＿＿＿ 比母材差，所以钎焊一般采用 ＿＿＿＿＿＿＿ 接头。

11. 摩擦焊是利用工件表面相互 ＿＿＿＿＿＿＿ 所产生的热，使端部达到 ＿＿＿＿＿＿＿ 状态，然后迅速_____，完成焊接的一种_____焊方法。

12. 摩擦焊根据工件相对运动形式和工艺特点来分，主要有_____、_____和_____。

13. 搅拌摩擦焊能完成_____、_____等多种形式连接。

14. 将螺柱一端与板件（或管件）_____接触，通电_____，待接触面_____后，给螺柱一定_____完成焊接的方法称为螺柱焊。

15. 螺柱焊根据所用电源和接头形成过程的不同通常可分为_____、_____和_____三种基本形式。

16. 电子束焊是利用加速和聚焦的_____轰击置于真空或非真空中的焊件所产生的_____进行焊接的方法。

17. 根据切割材料的机理不同，激光切割分为：_____、_____、_____及_____。

18. 激光焊是以聚焦的激光束作为_____轰击焊件所产生的_____进行焊接的方法，激光切割是利用激光束的热能实现切割的方法。

19. 一台完整的弧焊机器人由_____、_____、_____和_____等组成。

## 二、判断题（正确的画"√"，错误的画"×"）

1. 钢板电渣焊时，效率高，若不开 U 形坡口就不能保证其焊缝的质量。（　）

2. 电渣时，焊件应处于垂直位置，焊接方向是自下而上。（　）

3. 碳钢的电渣焊接头，焊后不需经正火处理。（　）

4. 气刨一般采用直流电源，并要求焊机具有陡降外特性。（　）

5. 碳弧气刨时，应该选择功率较大的直流焊机。（　）

6. 钎焊和焊条电弧焊、埋弧焊一样，焊缝都是由填充金属（焊条、焊丝、钎料）和母材共同熔合而成的。（　）

7. 钎焊常采用搭接接头，目的是增大焊件接触面积，提高焊接强度。（　）

8. 电渣焊焊后冷却速度较慢，所以焊缝及热影响区金属晶粒细小，焊接接头冲击韧性高。（　）

9. 钎焊时，若接头间隙过小，则毛细作用减弱，使钎料流入困难，易在钎缝内形成夹渣或产生未钎透。（　）

10. 由于钎剂残渣大多具有腐蚀作用，故焊后常需将其清除干净。（　）

11. 摩擦焊接头是在被焊金属熔点以下形成的，所以摩擦焊属于熔化焊。（　）

12. 搅拌摩擦焊（FSW）是一种新型的固相连接技术，除了铝合金以外，还可以用于镁、铜、钛、钢等金属及其合金的焊接。（　）

13. 将螺柱一端与板件（或管件）表面接触，通电引弧后，熔化结晶形成焊缝的方法称为螺柱焊。（　）

14. 螺柱焊的焊接材料是焊丝。（　）

15. 电子束焊接时可以不开坡口，实现单道大厚度焊接。（　）

16. 激光切割能切割金属、非金属、金属基和非金属基复合材料、皮革、木材及纤维等。（　）

17. 激光切割的不足之处是设备费用高，一次性投资大，现主要用于中小厚度的板材和管材的切割。（　）

## 三、问答题

1. 钎焊的原理是什么？钎焊与熔焊方法相比有何特点？

2. 什么是螺柱焊？螺柱焊有何特点？

3. 碳弧气刨的工艺参数有哪些？应如何选择？

4. 简述搅拌摩擦焊的原理与焊接过程。

5. 真空电子束焊的原理是什么？它有何特点？

6. 激光焊的原理是什么？有什么特点？

7. 激光切割的原理是什么？有什么特点？

8. 什么是焊接机器人？焊接机器人有哪些优点？

9. 什么是螺柱焊？有何特点？

## 焊 接 榜 样

### 大国工匠：李万君（中车长春轨道客车股份有限公司电焊工）

李万君先后参与了我国几十种城铁车、动车组转向架的首件试制焊接工作，总结并制定了30多种转向架焊接规范及操作方法，技术攻关150多项，其中27项获得国家专利。他的"拽枪式右焊法"等30余项转向架焊接操作方法，累计为企业节约资金和创造价值8000余万元。

所获荣誉：全国劳模、全国优秀共产党员、全国五一劳动奖章、全国技术能手、中华技能大奖、 2016年度"感动中国"十大人物、吉林省特等劳模。

笔 记

# 参考文献

[1] 中国机械工程学会焊接学会. 焊接手册：第 1 卷，焊接方法及设备. 3 版. 北京：机械工业出版社，2016.

[2] 赵熹华，冯吉才. 压焊方法及设备. 北京：机械工业出版社，2017.

[3] GB/T 3375—1994 焊接名词术语. 北京：中国标准出版社，1995.

[4] 邱葭菲. 焊接工艺学. 北京：中国劳动社会保障出版社，2020.

[5] 雷世明. 焊接方法与设备. 北京：机械工业出版社，2006.

[6] 殷树言. 气体保护焊工艺. 哈尔滨：哈尔滨工业大学出版社，2004.

[7] 赵熹华. 焊接方法与机电一体化. 北京：机械工业出版社，2001.

[8] 王长忠. 高级焊工技能训练. 北京：中国劳动社会保障出版社，2006.

[9] 陈祝年. 焊接设计简明手册. 北京：机械工业出版社，1997.

[10] 陈云祥. 焊接工艺. 北京：机械工业出版社，2004.

[11] 梁文广. 电焊机维修简明问答. 北京：机械工业出版社，2004.

[12] 吴敢生. 埋弧自动焊. 沈阳：辽宁科学技术出版社，2007.

[13] 劳动和社会保障部组织编写. 焊工. 北京：中国劳动社会保障出版社，2014.

[14] 伍广. 焊接工艺. 2 版. 北京：化学工业出版社，2009.

[15] 劳动和社会保障部教材办公室组织编写. 焊工工艺与技能训练. 北京：中国劳动社会保障出版社，2007.

[16] 方洪渊. 简明钎焊工手册. 北京：机械工业出版社，2001.

[17] 邱葭菲. 焊接工艺学教参. 北京：中国劳动社会保障出版社，2006.

[18] 朱庄安. 焊工实用手册. 北京：中国劳动社会保障出版社，2002.

[19] 周生玉. 电弧焊. 北京：机械工业出版社，1994.

[20] 胡特生. 电弧焊. 北京：机械工业出版社，1996.

[21] 美国焊接学会编. 焊接手册. 第 7 版：第 2 卷. 北京：机械工业出版社，1988.

笔记